U0916268

古往今来饮食杂谈

——清华大厨也文艺

王 俊 编

中国纺织出版社

图书在版编目（CIP）数据

古往今来饮食杂谈：清华大厨也文艺 / 王俊编. --
北京：中国纺织出版社，2015.7（2023.5 重印）
ISBN 978-7-5180-1575-7

Ⅰ. ①古… Ⅱ. ①王… Ⅲ. ①饮食－文化－中国
Ⅳ. ①TS971

中国版本图书馆CIP数据核字（2015）第085541号

责任编辑：卢志林　　　责任印制：王艳丽
装帧设计：品欣排版

中国纺织出版社出版发行
地址：北京市朝阳区百子湾东里A407号楼　邮政编码：100124
销售电话：010—67004422　传真：010—87155801
http://www.c-textilep. com
E-mail:faxing@c-textilep.Com
中国纺织出版社天猫旗舰店
官方微博http://weibo.com/2119887771
大厂回族自治县益利印刷有限公司印刷　各地新华书店经销
2015年7月第1版　　2023年5月第2次印刷
开本：710×1000　1/16　印张：18.75
字数：221千字　定价：58.00元

序言：历史脉络中的“舌尖文化”

古人云：“民以食为天”。饮食文化历来都是中华文化的重要组成部分，是中华民族世世代代辛勤劳作的精华凝结。“舌尖文化”留存在中华民族生生不息的血脉中，也流淌在炎黄子孙的血液里。

人生在世，吃穿二字。从古至今，解决“吃”的问题是人们得以延续繁衍的首要任务。吃什么、怎么吃，这些在现代人看起来无须烦恼的事情，对古人而言则是个挑战。

“吃”的活动中隐含着民族历史的秘密，它关联着民族心理、地域特征、物产分布、民俗礼俗、宗教信仰、艺术创造等，甚至形成了鲜明的哲学内涵。

“舌尖文化”并不俗，自我调侃式的“吃货”标签也不是自贬，毕竟人人都是“饮食男女”，现在的人们也开始重视并正视围绕在“吃”周围的种种现象。从某种意义上说，人类的历史就是一部“吃”的历史。如此而言，认识“吃”的祖先、考察“吃”的历史流变、记录“吃”的现实惊艳，成为加深对饮食文化认知的必要课题，也是每一个在餐饮界耕耘的技师的责任。

很多人品尝着美味，却并没有意识到是谁最早烹饪出了美味；很多人读史阅世之时，往往只重经义而忽视了隐含于文字背后的珍馐与生活；很多人沉醉于某道菜品的色香味，却对它的美味进化史浑然不知。或许人们已经被美味的口感所俘获，被珍馐的色泽所吸引，只追

求一时大快朵颐的欢愉，吃出了感觉，却没有吃出内涵。

更重要的是，饮食在带给人们味觉享受之时，却惨遭浪费的蹂躏。正是因为忽视了饮食所承载的文化内涵、饮食所代表的民族心理、饮食所凝聚的精神气质，人们往往只想着满足口腹之欲，而不考虑物质的可持续性，更谈不上为子孙后代传承“舌尖文化”了。中华民族历来就有勤劳勇敢、艰苦奋斗的光荣传统，边享受边浪费的风气与民族精神实在是格格不入。可见，“饮食男女”们需要必要的饮食历史、饮食文化的修为与教育，才能将蕴涵于饮食中的勤俭文化代代相承。

用饮食描绘历史，是为了以历史之眼谋求未来发展；用“舌尖文化”展现民族文化，是为了以民族之魂洗涤精神之污。在人们越来越重视饮食营养、饮食均衡，尤其是注重饮食安全的时代，“取其精华，去其糟粕”方是对待饮食史的正确态度，也是为未来奠基、为民族文化延续的要义。

这本书正是一个有心人的用心之作。王俊是清华大学饮食服务中心的一名高级烹调师，长期工作在餐饮第一线，为全校师生提供安全有保障的餐饮服务。他曾代表清华大学参加第五届全国烹饪大赛并荣获团体金奖。说此人是有心人，是因为他“干一行爱一行”，并在工作之余深钻、细挖，不仅擅长制作美味食品，还深知国人的饮食史。说此书是用心之作，是因为书中从考证餐饮始祖开始，用一个个故事、一册册文献展现出一道道大餐，从史书记载写到现实操作，从正史撰载写到野史传说。读罢，不仅能够使人口水涟涟，而且还能使人如临其境般地感受到中华饮食之大气、饮食历史之绵延、饮食文化传承之魅力。

人们在品尝“舌尖上的美味”之时，或许可以回首一下“舌尖上的历史”，品评一下“舌尖上的文化”，展望一下“舌尖上的未来”。与此同时，“舌尖文化”要勇于走出国门，毕竟这也是人类文明的重要组成部分。

李智铭

自　序

中国有着五千多年的悠久历史，创造出了无数灿烂的文明，正是这种底蕴深厚的灿烂文明才造就出博大精深的中国饮食文化。

现代人多称饮为喝，与食相对，有时又称食为吃，由于从口进入，所以饮食就是吃，而饮食文化也就是吃的文化。

见我这么说，可能有人会笑，吃有啥复杂？不就是往嘴里放食物，再嚼，然后咽下肚子就可以了，还能吃出文化来？千万别笑，仔细品味，吃能成为文化其实是很复杂的事。

文化的形成具有一定的历史积淀，历史的积淀往往也能造就一种文化的形成。在中国哲学思想、伦理道德观念、中医养生、文化艺术、审美风尚、民族性格等诸多因素的影响下，国人创造出了彪炳史册的烹饪技艺。中国烹饪技艺之高超，中餐菜式之多样，名菜佳肴造型之精致，着实令世人叹服。可以毫不夸张地说，中华民族是世界上最会吃的民族。

其实，吃最初的目的就是填饱肚子，只解决人最基本的生理需要。但随着社会的发展、生产力的提高、人们观念的转变，国人的吃已经与地理、物产、科技、医学、营养学、人类学、生理学、心理学、民俗、礼仪、政治、历史、经济、文化、艺术、宗教、哲学等学科密不可分，它几乎涵盖了中华文明的所有领域，进而形成了国人在世界上独有的饮食现象，这种现象上升到一定高度，就称为饮食文化。

军事学家研究历史，觉得人类历史是一部军事史；建筑学家研

究历史，觉得人类历史是一部建筑史；而我（厨师）研究历史，觉得从某种意义上来说，人类的历史就是一部吃的历史。因为不管是王公贵族还是贩夫走卒都离不开吃，说白了，只要不是神仙，是人，就得吃！所以，最初的象形文字似由“口”“乞”“人”开始。“口”为嘴，“乞”为求，二者组合成了“吃”。“口”“人”叠加便成了“史”。

但是，你知道那些历史上关于吃的秘密吗？下面，就让我们走进历史长河，用带着葱花味的厨师口吻，一起来轻松探讨吧。

王俊

目　录

第一章 厨师的祖师爷

从远古时代的茹毛饮血到现代的满桌珍馐，可以说，厨师是跟“吃”关系最密切的人。有人会说，妈妈也天天为我们做饭吃，家里饮食都出自她手，难道关系还不密切吗？我可以肯定地告诉你：密切！真的很密切，要不怎么说母亲伟大呢！而且我还是要说，母亲为我们做饭，那是为了解决我们的温饱和营养问题，当然还有对我们的爱。

那么厨师呢？

孙中山先生曾经说过：京剧、国画、医学、烹饪是中国最具代表性的四大国粹。可见烹饪地位之高。烹是煮之意，饪是熟，狭义地讲，烹饪就是制熟，广义地讲就是调味制熟。通俗点讲就是做吃的，归根结底还是饮食。

中国五千年的悠久历史创造出了博大精深的饮食文化，正是由于厨师的出现，才使中国的饮食文化得以发扬光大，并在世界四大菜系（中国菜、法国菜、土耳其菜、俄罗斯菜）中独占鳌头！所以，相对于妈妈来说，厨师才是跟“吃”关系最密切的人。

由于厨师是跟“吃”关系最密切的人，所以在侃“吃”之前，咱们热热身，先侃一下谁是厨师的祖师爷。自古民间就有“三百六十行，无祖不立”的说法，我想，咱们很有必要探究一下，以缅怀厨师的先祖。

中国厨师的历史很悠久，旧时代的人们称厨师为厨子、伙夫、厨

役，指的是以烹饪为行业，以烹制菜点为主要工作内容的那一行人。据考证，大约在奴隶社会时期就已经出现了厨师。从奴隶社会的下等人，到封建社会不入流的行业，一直发展到今天的“金油领”，可以说，厨师这一行业的发展非常曲折。现在，厨师的地位提高了，在咱们中国这个“民以食为天”的烹饪大国里，非常受人尊敬，而且厨师这个行业还是一个炙手可热的行业。

那么，厨师的鼻祖是谁呢？其实这个问题也一直困扰了我很长时间。据我所知，全国各地的厨师拜的祖师爷都不一样，他们分别是：彭祖、伊尹、易牙、汉宣帝和詹王大帝。那么，这五位前辈中到底谁才是厨师的祖师爷呢？我仔细地查过资料，还真不好说。

咱们先说彭祖。彭祖，一作彭铿，或云姓籛名铿，大彭氏国（江苏徐州）人，传以长寿见称。据说活了800多岁，原系先秦传说中的仙人养生家，后被道教奉为仙真。后人给他的名头很多：我国的烹饪鼻祖，中国第一位职业厨师；气功鼻祖，中华武术文化的鼻祖；房中鼻祖，中国最早的性学大师；长寿始祖，中国第一位养生学家。彭祖在历史上影响很大，孔子对他推崇备至，庄子、荀子、吕不韦等先秦思想家都有关于彭祖的言论。

《庄子·刻意》曾把他作为导引养形之人的代表人物；《史记》等史书也有关于他的记载；道家更是把彭祖奉为先驱和奠基人之一，许多道家典籍至今还保存着彭祖的养生遗论。

据《史记·夏本纪》记载，彭祖因为善于调制味道鲜美的雉羹（野鸡汤）献给帝尧食用，因此被帝尧封于大彭。彭祖是彭部族的始祖，以后子孙得以繁衍，所以后人便尊称他为彭祖，他的后裔则被人们称作彭祖氏。彭祖的“雉羹之道”后来也逐步发展成为“烹饪之道”。

雉羹是我国典籍中记载最早的名馔，被誉为“天下第一羹”。

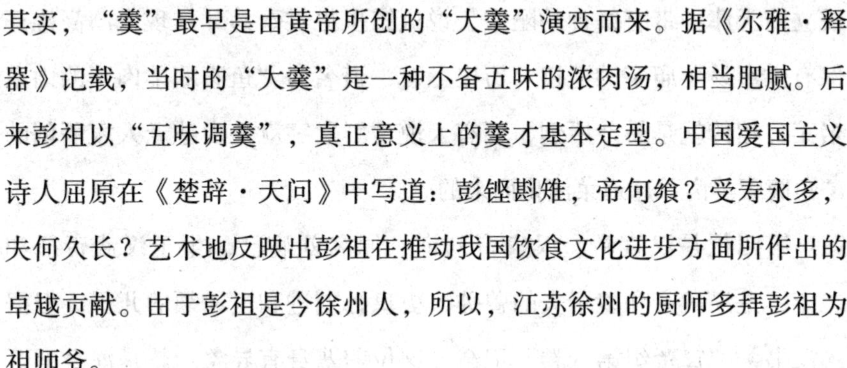

其实，“羹”最早是由黄帝所创的“大羹”演变而来。据《尔雅·释器》记载，当时的“大羹”是一种不备五味的浓肉汤，相当肥腻。后来彭祖以“五味调羹”，真正意义上的羹才基本定型。中国爱国主义诗人屈原在《楚辞·天问》中写道：彭铿斟雉，帝何飨？受寿永多，夫何久长？艺术地反映出彭祖在推动我国饮食文化进步方面所作出的卓越贡献。由于彭祖是今徐州人，所以，江苏徐州的厨师多拜彭祖为祖师爷。

第二位是伊尹。有些河南厨师认为厨师的祖师爷是伊尹。伊尹是商代人，祖籍在今天的河南伊川，官至宰相，是我国历史上有名的政治家、思想家、军事家，还有就是“厨祖”。

史书记载，伊尹曾辅佐汤建商灭夏，在我国的文化、医学、烹饪等领域都有卓越贡献，并有《汝鸠》《汤誓》《伊训》等著作，被后人称为元圣、厨圣，是和孔子齐名的人。

根据《尚书》《论语》《吕氏春秋》《列子》《楚辞》《孟子》等多种前秦古籍记述可知，伊尹曾经当过奴隶，幼年的时候寄养于庖人（古代的一种官衔，也指厨师）之家，后得以学习烹饪之术并成为精通烹饪的大师，并且由烹饪而通治国之道，说“汤以至味”，进而成为商汤心目中的智者、贤者，后被商汤任用为相，影响非常了得。

第三位是易牙。易牙是春秋时代的著名厨师。他是齐恒公宠信的近臣，也是一个雍人，就是专门料理齐恒公饮食的御厨。这位前辈擅长调味，再加上善于逢迎，所以很得齐恒公欢心。

据《左传》《吕氏春秋》《韩非子》《淮南子》等史书记载，易牙是第一位运用调和之事操作烹饪的庖厨，也是第一个开私人饭馆的人。由于擅长做菜，加之厨师出身，所以，多被北方厨师拜为祖师爷。

旧时天津饮食行业供奉的祖师爷就是易牙。俚曲《十女夸夫》中厨师之妻唱道：厨师的祖师是易牙。《津门杂谈》也记载了新中国

成立前天津一带有祭神的陋俗，说饭馆里也供奉易牙。现台湾高雄还保有供奉易牙庙宇的遗迹。历史上有一道名为“鱼腹藏羊肉”的山东名菜，相传就是易牙所创，还有人说“鲜”字就是由他老人家所创的“鱼腹藏羊肉”这道菜演化而来的。

第四位是汉宣帝。汉宣帝刘询，原名刘病已，生于汉武帝征和二年，是汉武帝和卫子夫的曾孙，史皇孙刘进和王翁须的儿子。根据《汉书》“宣帝纪第八卷”记载，这位前辈身有异象。就是浑身上下甚至脚底板上都长有长毛，用现在的话讲就是雄性激素分泌过剩。可就是这么一位身有异象的皇帝，却拥有雄才大略、文功武治，国家到了他手里，治理得是政治清明、社会和谐、经济繁荣。后来的学者称汉宣帝统治的时期为“宣帝中兴”。所以，也有厨师拜他为祖师爷。

第五位是詹王大帝。相传詹王又名詹鼠（詹王是隋炀帝封他的，至于为啥叫大帝，我想可能是人们对他的一种尊称吧！类似于球迷送给李毅的绰号），湖北应山（今广水市）县人氏，是南北朝时代的人物。

据《清波杂志》记载，詹王从小就聪明伶俐，长大后具有精湛的厨艺，并且还在不断的烹饪实践中发明了鸡粉，按照现在的话来说就是，此人乃是鸡粉调味品的发明人（可惜没申请专利）。此人不但爱发明，还爱组织厨师沙龙——詹鼠会，其烹制的“应山滑肉”更是广受美誉，至今还在湖北民间广泛流传。所以，湖北厨师就敬他为祖师爷。

这五位前辈的资料基本上介绍完了，要说谁是厨师的祖师爷，我还真有点儿蒙！那么，这五位前辈中到底谁才是厨师的祖师爷呢？咱总不能拎着猪头找不到庙门吧！其实，要想知道谁是厨师的祖师爷也不难，咱们先参谋参谋其他行业的祖师爷。

我们都知道，木匠的祖师爷是鲁班，酿酒业的鼻祖是少康，织布业的老祖宗是黄道婆，裁缝业拜黄帝为师祖，等等。这是一行一个的；也有几个行业争一个祖师爷的，比如典当业、算命业、香烛业、

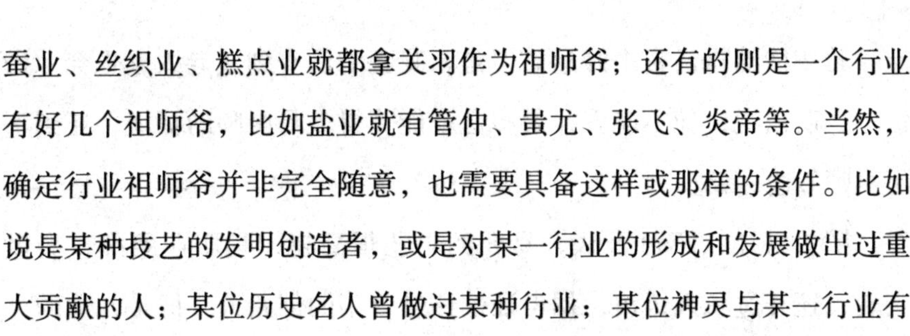

蚕业、丝织业、糕点业就都拿关羽作为祖师爷；还有的则是一个行业有好几个祖师爷，比如盐业就有管仲、蚩尤、张飞、炎帝等。当然，确定行业祖师爷并非完全随意，也需要具备这样或那样的条件。比如说是某种技艺的发明创造者，或是对某一行业的形成和发展做出过重大贡献的人；某位历史名人曾做过某种行业；某位神灵与某一行业有关，等等。

那么，到底谁才是厨师的鼻祖呢？咱总不能像盐业那样拜那么多祖师爷吧！俗话说人争一口气，佛争一炷香。祖师爷多了，准得掐架！再说，香火钱你也掏不起不是！但不用怕，咱们先用排除法考证一下。

要论贡献，好像彭祖多一点，要论时间的早晚他老人家也是最早的。要论身份高低，则数那位身有异象的皇帝最高。但要是论创造力，当然非詹王大帝莫属，人家至少有一项发明专利。要论行本和手艺就要数易牙前辈，人家好歹是“真正的”厨师，本行！可要论带给后世的宝贵财富最多的则要数伊尹前辈。你说让人为难不？在这个问题上是仁者见仁，智者见智，各个地方的厨师和流派拜的祖师爷都不一样，有的地方还拜关公呢！

看到这里有人会问：说了半天不是白说了吗？还真没白说，我个人的观点是：终上所述，厨师的祖师爷应该是伊尹。有的人又会问，你有啥根据？那我就说说我个人的观点。

咱们先说说汉宣帝，关于他老人家的故事，那可多了去了，可我到现在也没能弄明白，为什么后人把他当作厨师的祖师爷！我查阅了好多资料，唯一能跟厨师搭得上边儿的就是，他每次到卖饼的店铺里去买饼，被他光顾过的店立刻变得生意火爆，连他自己也不知道为什么。但这也是他登基以后才出现的说法。这时民间就有人把他描绘成是一位能给生意人带来好运的财神爷，甚至还把他的画像挂在墙

上，希望能给自己带来好运。但是，我真的没查到他老人家也会“做饭”，所以说，他不能算，最多也就能算得上是厨师的福星，还到不了祖师爷这一级。

第二易牙，不可否认，易牙的厨艺很高超，是职业厨师，会做买卖，还开过私人饭馆，据考证他还是鲁菜的创始人。但是，他的为人可真不咋样，单凭他“烹子献糜”就说明这个人道德水平“不入流”，更何况他还饿死了齐恒公。

《周礼·考工记》中讲：知者创物，巧者述之，守之世谓之工。百工之事，皆圣人作也。由此可见，要想成为祖师爷最少得是圣人，所以易牙得排除掉。

第三詹王，他人好手艺好，组织能力也强，还有专利在手，但是他有“污点”：给地主王山魁做饭！当然这是玩笑话。之所以詹王不能算，是因为他出现的时间比较晚。

先排除这三位，那么，剩下的就只有彭祖和伊尹这二位了。彭祖不用多说，对后世的贡献那是大大的，后人给他的名头也多。《中国烹饪史略》中称彭祖是我国第一位著名的职业厨师，而且还是寿命最长的厨师。

那么伊尹呢？说实话，记载伊尹烹饪实践的文字史籍倒是不多，最让人们津津乐道的就是说他去见商汤时烹调了一份“鹄鸟之羹”很受青睐。那么，为什么我认为伊尹是厨师的祖师爷呢？原因有六。

其一，伊尹由最初的陪嫁庖厨奴隶，靠烹饪理论知识获得了宰相的高位，而且还被后人称为古今第一贤相。《孟子》说：汤之于伊尹，学焉而后臣之，故不劳而王。可见伊尹不但是贤相，而且还是中国第一个帝王之师。

其二，伊尹不但是商代贤相，还被尊为“烹饪之圣”，因为“五味调和”之说就是由他所创。从《吕氏春秋·本味篇》伊尹说汤以至味那些话来看，他的烹饪理论水平在当时绝对一流。虽然他是借烹饪之事而言治国之道，但如果没有对烹饪理论的研究和烹饪实践的体会，我想，他不可能说得那么在行，那么精辟。

其三，伊尹的个人修养非常了得。“天作孽犹可违，自作孽不可逭（逃）”这句话就是出自他口。伊尹主张“德无常师，主善为师。”意思就是说，谁能积众善之德，谁就可以为师。对于德和政的关系，伊尹曾说过：七世之庙可以观德，万夫之长可以观政。据《史记》记载，当年太甲即位时昏庸无能，伊尹软硬皆施，把太甲流放到桐地（今河北临漳）建宫居住达三年之久。伊尹自行摄政管治国家（实质上的国王），直到太甲后悔了，才迎回太甲复辟执政，使太甲变成了一位圣君。一个人得到了之后再让他失去很不容易，更何况是王权，可见伊尹胸怀之宽广，修为之了得。

其四，中国几千年烹饪技术发展的长河中，曾经出现过许多厨艺高超的名人，这些人都各有专长，而且在烹饪技术的发展中都起到了很大的推动作用，但伊尹在烹调技术及其烹饪理论等方面却独树一帜，尤其是他的“五味调和说”与“火候论”更是后来厨师业的最基本精髓。厨艺，只是伊尹众多本领中的一种。

其五，伊尹虽然不是最主要的医药行业神，但大多数民众相信，汤液是由他发明的，汤液的发明提高了医药的疗效，成为中医药学最主要的特色之一。中国人信奉医食同源，所以他也是食疗的开创者之一。

其六，老子在《道德经》第六十章中所说的“治大国，如烹小鲜”，说的就是伊尹！一个人能把厨师的厨艺上升到治理国家的高度，你说他还不够格吗？

综上所述，我认为伊尹是厨师的祖师爷真乃实至名归。证明了那句话——“百工之事，皆圣人作也。”如今在中国香港、中国台湾、新加坡等地的中国烹饪同行也都奉伊尹为“厨圣”“烹调之圣”“中华厨祖”。

至于彭祖有意见，那就叫他有吧！因为他不是一个人，而是一族人，或是神仙。其实，对于历史上有没有彭祖其人，史学界也一直存在争论。他的真实身份，历史学家说不明白，考古学家也说不明白。毕竟那时还没有出现文字记载，至今也没有出土过考古实物。

《神仙传》（晋葛洪撰写）形容彭祖：殷末已七百六十七岁，而不衰老。少好恬静，不恤世务，不营名誉，不饰车服，唯以养生活身为事。

活了好几百岁，这不是神仙又是什么？

后来也有好事之人，说是用古代六十天为一年的计时方法计算，彭祖活了一百四十岁。其实这也是瞎说。就算现代人，想活到一百多岁，也很是费劲儿，更何况是在古代？古时人们的生存条件恶劣、生活水平和医疗水平都不发达，所以，明显违背常理和科学的！

其实，就连彭祖的养生之道《彭祖养性经》《彭祖摄生养性论》也是后人借彭祖之名所著而流传于世，而非亲出他手。现存于世且比较有说服力的《史记·楚世家》记载：彭祖氏，殷之时尝为侯伯，殷之末世灭彭祖氏。

“氏”在上古时期多用作宗族的称号。可见，彭祖实际上是以其命名的一个氏族，另外《史记》也记载了彭姓氏族被封国于大彭等地。清人孔广森在注《列子·力命篇》“彭祖之智不出尧舜之上而寿八百”之句时说：彭祖者，彭姓之祖也。彭姓诸国：大彭、豕韦、诸稽。大彭历事虞夏，于商为伯，武丁之世灭之，故曰彭祖八百岁，谓彭国八百年而亡，非实籛不死也。就很明确地说明了这种情况，所谓彭祖年长八百，实际上是大彭氏国存在的年限。

可以推想，正是由于彭祖这个氏族精于养生，族中长寿之人辈出，所以才逐渐产生彭祖享寿八百之类的传说。故彭祖这个氏族，可以说是上古时代一个有代表性的著名长寿家族，而并非指的是一个人。

说到这里，好像问题解决了，但有一天一位河南的厨界朋友告诉我，说他们那里还有厨师拜少康为祖师爷的呢！我查了一下资料，《说文解字·巾部》介绍：古者少康初作箕帚、秫酒。少康，杜康也。就是说少康在管理厨房时发明了簸箕、扫把（也有发明啊！），想来可以理解，发明的都是厨房用具。少康身为厨官，善于烹调，不仅烹饪技术娴熟，而且长于“调和”诸侯。

《国语·鲁语》记载，少康自幼历尽苦难，复国后能勤于政事，讲究信用，在他的治理下，天下安定，文化大盛，各部落都很拥戴他，夏朝再度兴盛，史称“少康中兴”。由此可见，少康是一位非常非常有作为的君王。但是，啥事儿就怕“但是”，少康的闻名千古反倒不是他的政绩和武功事迹，而是他作为酒圣的地位。

根据民间传说，少年时的少康以放牧为生，他把带的饭食挂在树上，常常忘了吃。一段时间以后，少康发现挂在树上的剩饭变了味，产生的汁水竟甘美异常，这引起了他的兴趣。于是，少康就反复地研究思索，并且发现了自然发酵原理，遂有意识地进行效仿，并不断改进，最终形成了一套完整的酿酒工艺，从而奠定了他在中国酿酒业开山鼻祖的地位，而其所造之酒也被命名为“杜康酒”。

看明白了没有？反正我是看明白了，人家少康是酿酒业的祖师爷，和人家争祖师爷这恐怕不太好吧！如此看来，我的观点没错，厨师的祖师爷就是——伊尹。

结果正确吗？说实话，我不敢肯定，毕竟我不是研究历史的专家，手头的资料也有限。但我突然想起《中国烹饪》杂志好像载有谁是厨师鼻祖的文章。于是，我翻箱倒柜，把订的《中国烹饪》杂志都找了出来，终于在2009年第6期的《中国烹饪》杂志上找到了赵节昌先生撰写的《烹饪三圣，鼻祖为谁》一文，他力推彭祖乃是厨师的鼻祖，我细读了一下，觉得他的观点也在理。

难道是我的观点错了吗？就在当天晚上，正在做作业的女儿问我：爸爸，谁是厨师的鼻祖？

我看了看她的作业，选择题，答案一共三个：A庖丁，B伊尹，C易牙。注意，没有彭祖。这可是我的本行，以我的水平那是老太太擤鼻涕——手拿把攥！刚刚考证完，准没错！所以，我毫不犹豫地选了B。

“不要佩服哥，哥只是一个传说……”

正当第二天晚上我吃着火锅哼着歌，沉醉在自我迷恋中的时候，放学回来的女儿拿着她的作业《十万个百科知识问答题》国学知识篇第一关第一道题来找我。她坏笑着告诉我：老爸，你错了，干了这么多年厨师连谁是祖师爷都没搞清楚？正确答案是选C——易牙。说实话，当时我羞愧得想钻地缝儿的心都有了！

这章咱们介绍完了，总结一下。我认为伊尹是厨师的鼻祖。当然，这只是我个人的愚见，虽然有点儿掉渣，但欢迎拍砖。多说一句，伊尹的族谱，也就是现在的《河南杞县伊氏家谱》，从夏末至清，历3400多年，且中无缺失，实在是个奇迹，可能这也是对他老人家最好的纪念吧！

第二章　单纯的吃——史前

中国上下五千年的文明造就了五千年的饮食文化，可以说，饮食和历史息息相关。那么，咱们该从何侃起呢？就从中国的历史侃起。

“夏商与西周，东周分两段，春秋和战国，一统秦两汉，三分魏蜀吴，二晋前后沿，南北朝并立，隋唐五代传，宋元明清后，皇朝至此完。”这是我上小学历史课时学过的历史朝代歌。这是有文字记载的历史，那么以前呢？

其实，在夏朝以前也有关于“饮食”的记载，只不过那时文字还没有出现，所以今天人们所知道的关于饮食的事儿都是以口头传说的形式流传下来的，不可考也不可证，但其中还是有一些蛛丝马迹可供我们参考。

人们将传说中的史前时期分为太古时期和三皇五帝时期。太古时期以前的就没法考证了，估计那时人和猴子差不多，甚至连传说都没有。那下面咱们就侃侃有传说的。

三皇指燧人、伏羲、神农。五帝为黄帝、颛顼、帝喾、尧、舜。不过我说的也不太准确，因为现在史学界也没有人给出一个准确的说法，咱们暂且信它。

为什么要介绍这一时期呢？因为做吃的离不开火，至少历史上的厨师如此。没火没法做饭。那时不像现在科技这样发达，现代厨师烹调可以用电，但那时候的人们还没学会用火，更别说发电了。

最早的原始人称作有巢氏，他们还不知道利用火，甚至对火有一种畏惧感。东西都是生吃，生吃植物果实还不算，就是打来的野兽也是生吞活剥，连毛带血地吃，要不咋叫“茹毛饮血”呢！

大熊猫肉是什么味道？你肯定没尝过，我也没尝过！可是，在史前时期的古人尝过。著名的古人类学专家中科院古脊椎动物与古人类研究所研究员黄万波，在三峡天坑地缝周边的洞穴里发现了8处古生物化石点，其中就有大熊猫、硕箭猪、双角犀、剑齿象、巨羊等大量哺乳动物化石。同时，他还发现了许多旧石器和3枚古人牙化石。经研究，黄万波认为，距今数十万年的“奉节人”就住在这些山洞里，而大熊猫等动物的遗骨就是他们狩猎所得的猎物吃剩下的部分。可以想象，当时的人们从磕头虫、“小强”到老虎、大象、国宝大熊猫等动物都吃，别的不为，就是为了活下去。

一直过了很久，人们才发明了用火。在周口店的北京人遗址，已经发现了用火的痕迹，说明那时的人们已经知道利用火，至少能用火取暖、驱赶野兽。其实，火的现象自然界早就有了。火山爆发有火，打雷闪电的时候，树林里也会起火。可原始人最初看到火时不会利用，反而怕得要命。偶尔有好运的人捡到被火烧死的野兽，拿来一尝，嘿！味道还挺香。后来经过胆子大、富有冒险精神的家伙多次“试验”，人们才渐渐学会用火来烧东西吃，并且还想办法把火种保存下来，使它常年不灭。

时间又过了好久好久，不知道是哪个聪明人，也不知道是有意还是无意，用坚硬而尖锐的木头在另一块儿硬木头上使劲儿地钻，钻出火星来，也有顽皮的家伙把燧石敲敲打打，发现也能敲出火来，就这样，远古的人们懂得了人工取火。

人工取火是一个了不起的发明，原来像鱼、鳖、蚌、蛤一类的东西，生的有腥臊味不好吃，有了取火办法，就可以烧熟来吃。熟食有

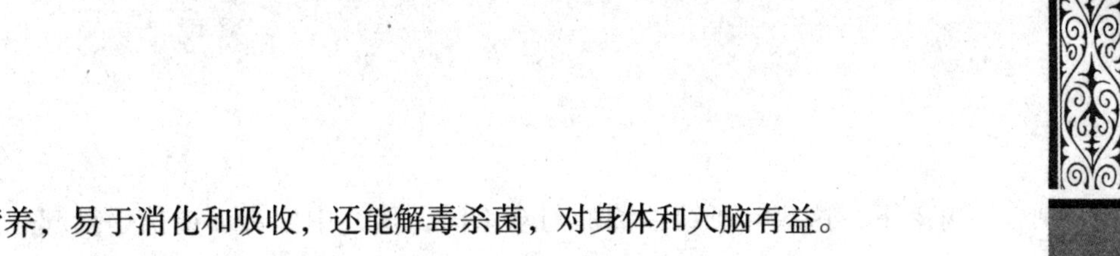

营养，易于消化和吸收，还能解毒杀菌，对身体和大脑有益。

如果说直立行走和制造工具是人类进化史上的“革命”，那么，以我一个厨师的眼光看，古人学会了使用火，就是进化史和烹饪史上的“里程碑”。人工取火的出现，让人类脱离了动物界而成为了万物之灵。

我们都应该感谢古人发明了人工取火，正是人工取火这一伟大创举，才使得荒蛮的远古大地升起了人类文明的袅袅炊烟，才使得世世代代的国人在炊烟中度过五味人生。

不抒情了，书归正传。可能有人会问，你在叙述古人利用火时为什么不用“烤”字而用“烧熟”来表达呢？那是因为“烤”字大致是满清以后才出现在烹饪中的，古代和“烤”这一烹调之法最贴近的是“炙”“炮”“燔”等。所以，我觉得用“烧熟”才贴切。

有人又问，那人工取火到底是谁发明的呢？当然是劳动人民发明的。但是，传说中又把劳动人民说成是一个人，叫“燧人氏”。

又不知过了多少年，人们开始用绳子结网，用网去渔猎，还发明了弓箭。弓箭这东西可比光用木棒、石器打猎要强得多，不但平地上的走兽，就是天空中的飞鸟，水里的游鱼，都可以射杀、捕捉起来。捕来的鸟兽多半是活的，一时吃不完，还可以养着留到下次吃，这样，人们又学会了饲养。这种结网、打猎、养牲口的活儿，都是人们在劳动中共同积累起来的经验。传说中又把发明这些东西的人称作“伏羲氏”，或叫“庖牺氏”。

侃到这里，咱们就不能不说说神农。神农是我国医药业的始祖。

传说在很早以前，有这么一天，神农在采集奇花野草时，尝到了一种草叶，使他口干舌麻，头晕目眩，于是神农放下草药袋，背靠一棵大树斜躺着休息。一阵风过后，神农似乎闻到有一股清鲜的香气飘过，但不知这清香从何而来。他抬头一看，只见树上有几片叶子冉

冉落下，这些叶子绿油油的与众不同，他心中好奇，遂信手拾起一片放入口中慢慢咀嚼，味虽苦涩，但有清香回甘之气，于是索性嚼而食之。神农食后更觉气味清香，舌底生津，精神振奋，且头晕目眩减轻，口干舌麻渐消。他好生奇怪，于是再拾几片叶子细看，其叶形、叶脉、叶缘均与一般树木不同，因而又采了些芽叶、花果而归。以后，神农将这种树定名为“茶”，这就是茶的最早发现。此后茶树渐被发掘、采集和引种，且被人们用作药物，还供作祭品。到后来，人们更是把茶当作菜食和饮料。再后来，神农依法而据，遍尝百草，又发现了好多草药的治病功效。为了纪念神农的功绩后人便把神农称作神农氏。传说神农氏还是农业的开创者。

侃到这里咱们再来说说黄帝。《续事始》和《事物原会》记载黄帝改灶坑为灶炉。最原始的灶是在地上挖土坑，直接在土坑内或在其上悬挂其他器具进行食物加工。这种灶坑在新石器时代广为流行，并发展为后世用土或砖、石等材料垒砌成的不可移动的灶。这东西至今仍在广大农村普遍使用。黄帝不仅改灶坑为灶炉还制造出了最早的蒸锅陶甑，教人蒸谷为饭，烹谷为粥，从此，人们便产生了吃饭的概念。

黄帝时期的诸侯夙沙氏首创了海水制盐。盐的出现，结束了有烹无调的历史，更是人类在吃的历史上一个质的飞跃。至此，“烹调”这个概念才算真正形成，人们也吃到了有滋有味的食物。

到后来，尧帝“以石制饼”，烹饪技术进入石烹时代。以石烹制饼的方法经过五千年的沧桑岁月一直流传到今天，至今在山西还能看到它的影子。具有深厚历史传统的山西风味小吃——石子饼，因其传承了远古的烹饪技术被专家称为“活化石”，更被誉为“远古华夏第一饼”。清《随园食单》的作者袁枚赞其为“天然饼”。

这个时期，通常被人们称为新石器时代。

新石器时代产生了最原始的炊具。有陶制的鼎、甑、鬲、釜、罐

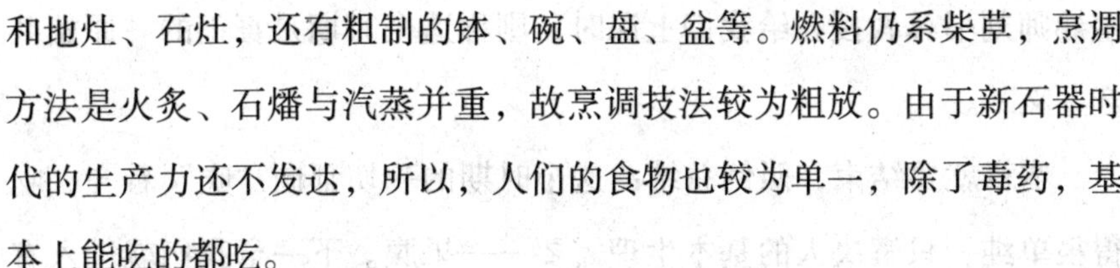

和地灶、石灶，还有粗制的钵、碗、盘、盆等。燃料仍系柴草，烹调方法是火炙、石燔与汽蒸并重，故烹调技法较为粗放。由于新石器时代的生产力还不发达，所以，人们的食物也较为单一，除了毒药，基本上能吃的都吃。

有人会问：你说了这么一大堆东西，咋没见你说史前的“职业杀手”——厨师啊？其实你错了，我之所以介绍这些，就是要告诉大家，这些都和厨师息息相关。燧人氏发明了人工取火，这是厨师的必备条件。伏羲氏发明了网和陷阱，能获取更多的食物，这也是厨师的必备条件。没有原料是没法做饭的。俗话说巧妇难为无米之炊，更何况是厨师呢？再说说为什么要介绍神农氏，要知道咱们中国自古就信奉医食同源，这不用我多说。黄帝做灶、夙沙氏制盐就更不用提了。以上这些，也是烹制食物的必要条件。

其实，厨师是在奴隶社会形成的产物。我想在远古时代，还没有产生厨师这个概念，那时人人都是厨师，为了活下去，人人都得出去找吃的，人人都得想办法把食物做熟，就算是那些原始部落首领也不例外，也得出去找吃的，急时还得“客串”一把“厨师”。还有，大家还记得我在前文介绍“伏羲氏”叫什么？对！叫“庖牺氏”，庖是厨房，牺是牲口的意思，你看，这不就和厨师扯上关系了吗？

多说一句，这个时期还谈不上餐制的问题，只要有吃的就随时吃，没有吃的，大伙就一起喝西北风。

孔子对这个时期的社会模式给予了极高的评价，他说“大道之行也，天下为公，选贤与能，讲信修睦，故人不独亲其亲，不独子其子。使老有所终，壮有所用，幼有所长，矜寡孤独废疾者，皆有所养。男有分，女有归，货恶其弃于地也，不必藏于己；力恶其不出于身也，不必为己。是故谋闭而不兴，盗窃乱贼而不作，故外户而不闭，是谓大同。”而清华大学马克思主义学院教学委员会主任、博士

生导师刘书林教授在给我们上课时，则称这个时期是真正的“原始共产主义”。

本章就要结束，照例总结：这个时期的一切都向“吃”看齐，吃得很单纯，只解决人的基本生理需要——果腹。下一章我们就进入有文字记载的夏朝。

第三章 吃的改革——夏朝

夏朝（约前21世纪—约前16世纪）是中国传统史书中记载的第一个中原世袭制朝代。一般认为夏朝是由多个部落联盟或以复杂酋邦形式组成的国家。根据《尚书·禹贡》和《史记·夏本纪》等史书记载，禹传位于子启，改变原始部落的禅让制，开创了中国近4000年世袭王位之先河。有的史学家认为“夏”是大禹受封在阳翟为“夏伯”后而得名。“夏”是从“有夏之居”“大夏”地名演变为部落名，遂成为国名，从此中国中原地区便出现了“国家”的概念。据《简明不列颠百科全书》解释，“夏”意为“中国之人”。

夏朝在中国历史上被国人惯称为“夏”。后人也常以“华夏”自称，并使之成为中国的代名词。虽然中国传统文献中关于夏朝的记载较多，但由于成书较晚，且又没有发现公认夏朝存在的直接证据，如夏朝同时期的文字作为自证物，因此，近现代史学界一直有人质疑夏朝存在的真实性。但《史记·夏本纪》中记载的夏代世系与《殷本纪》中记载的商代世系一样明确，加之商代世系在安阳殷墟出土的甲骨卜辞中已得到证实，因此，《史记·夏本纪》中所记的夏代世系被多数学者认为是可信的。而且近代发掘的“二里头文化”（包括二里头类型和东下冯类型）和豫西地区的“龙山文化”遗址出土的一些青铜和玉制的礼器，也说明了夏王朝的存在，其年代约在新石器时代晚期、青铜器时代初期。

说到夏朝，我们就不能不提到一个人，是谁呢？他就是夏朝的创始人——禹。禹，姒姓夏后氏，名文命，号禹，后世尊称大禹，是黄帝轩辕氏玄孙，中国奴隶制的创始人。

《史记·夏本纪》记载，帝舜在位33年时正式把天子位禅让给禹。在各路诸侯的拥戴下，禹正式即王位，那一年他53岁，后来禹又以安邑（今山西下县）为都城，定国号为夏，并改定历法为夏历（也就是阴历，现在农村很多地方还在沿用）。

说到禹又不能不说一件东西，那就是“鼎”。相传大禹集九州之铜筑九鼎。

要说起“鼎”可能有的朋友会说，那东西谁不知道！要问他，那“鼎”是干什么用的？他又会说，“鼎”是古代皇帝祭天用的法器。恭喜你，答对了，看来你的知识还挺渊博！可你不知道的是，“鼎”最初就是古代人用来煮饭的大锅。

其实说到鼎，没有哪个中国人会感到陌生。日常生活中人们经常会脱口说出一些和“鼎”有关的成语、俗语，如“一言九鼎”“鼎鼎大名”“人声鼎沸”“鼎力相助”“三足鼎立”，等等。就连在我们学过的小学和中学历史教材中也都出现过“鼎”的身影，如“世纪宝鼎”“司母戊鼎”等，并成为“鼎”在国人心目中的最初印象，也就是王权。

说实话，我对于“鼎”的最初印象就觉得它是个放大版的香炉。其实，鼎本来就是古代的烹饪之器，相当于现在的锅，用以炖煮和盛放鱼肉。许慎在《说文解字》里说：鼎，三足两耳，和五味之宝器也。

书史记载，夏朝的贵族通常用鼎来煮肉，并把不同类别的肉分别用几个鼎来煮，熟后直接取食，因此古籍中才有列鼎而食的说法。鼎是由青铜制造，这也预示着炊饮器皿的“革故鼎新”。至此，粗放笨重的石制、陶制饮食器具逐渐被淘汰，轻薄精巧的青铜食具登上了烹饪舞台。

其实，最初的青铜餐饮器具多作为祭祀时盛装贡品所用，那是只有先祖或是神仙才有资格享受的宝物。由于当时的统治者自命天子，所以，为了显示地位，他们在进餐时也就用起这些高级货来。当然，夏朝的普通老百姓是没有机会见到这些青铜器具的。

青铜食器的问世，不仅利于提高烹饪工效和菜品质量，还能够用来显示地位，装饰筵席，展现出奴隶主贵族饮食文化的特殊气质。我国现已出土的青铜器物有4000余件，其中大多数为炊器，如鬲、簋（guǐ）、盨（xù）、簠（fǔ）、敦等。可见，青铜餐饮器具在古代烹饪器皿史上的地位有多重要！

侃这些干什么？我就是想告诉大家，既然“列鼎而食”，就说明夏朝的人们吃的东西不单一。那么，夏朝人到底吃什么呢？

根据史书记载，夏朝普通人的食物是由各类谷物做成的粥饭，就是将黍、粟、稷、稻煮成稀粥、浓粥食用。社会上层则多食干饭，偶食青菜和肉类，一天两顿。看来有本事吃干饭，没本事喝稀粥的道理古今通用！现在教训人时也有人会说：真不知道你能吃几碗干饭？我想可能就是从那个时候传下来的。

夏朝人只有在举行大型的祭祀活动时才宰牲，但那是献给先人和神仙用的。当然，要是先人或是神仙不吃，统治者就可以打牙祭了，而普通人估计连味儿都闻不到。祭祀用的肉叫礼肉，置于鼎内并在地下储藏。二里头文化遗址出土的实物可供考证。

由此可见，统治者利用手中的权力占有更多的生产资料，他们衣食丰足，便开始追求美食带给他们的享受，这虽然极不公道，也给普通百姓带来了负担，但在一定意义上来说，倒也增加了食物的花色品种，促进了饮食结构的变化，并引发了食物分配和制作领域的一系列改革。

据《韩非子·五蠹》和《淮南子·精神训》等古籍记载，远古

的帝王们都有与民同苦的饮食习惯，但阶级的出现打破了这一原始的饮食习俗。原来是人人都得找吃的做食物，但阶级的出现，使高高在上的统治阶级不会去干这些粗活，这时就出现了专门做饭的人——厨师。但是，在夏朝专职做饭的人不叫厨师，叫庖正。

夏王朝在国王之下设三正：牧正、庖正、车正。庖正是夏朝的一个职官的名称，专门负责掌管天子和贵族的饮食，为庖人之长。由此可知，夏朝的厨师应该叫庖人。

现在，我们知道了夏朝厨师的名称，由此就引出了夏朝的一位名厨——少康。在前文咱们介绍过，少康原名姒少康，他的伯祖夏王姒太康在首领后羿叛乱下失国，姒少康的父亲夏后氏首领姒相被寒促杀死，姒少康是姒相的遗腹子。姒少康长大后为有仍氏的牧正（放牧的官），又逃至有虞氏任庖正（厨师），娶有虞氏之女，积极争取夏后氏遗民，志在复国，并派女艾于浇为内应，在同姓部落斟灌氏与斟鄩（xún）氏的帮助下，与夏后氏遗臣伯靡等人合力，攻灭了寒浞，恢复了夏王朝的统治。姒少康大有作为，后世史学家称姒少康统治的时期为“少康中兴”。

看来少康不光发明了秫酒，作为庖正的他肯定会做菜做饭，而且烹调的手艺肯定错不了，毕竟是做饭的头儿。少康这个人了不起，脑袋好使，很聪明，还有创造力（有三项专利），最难能可贵的是此人后来还当上了夏朝的统治者，要说他是第一位当上帝王的厨师，我想大家也没有异议。真给咱们厨师长脸！俗话说“虎父无犬子”，少康的儿子——黑塔也不简单，他用他爹酿酒的下脚料发明了醋。

再啰嗦一句，现代人把夏朝定义为奴隶社会。那时的庖人社会地位并不高，都是由奴隶和下等人组成。

好了，关于夏朝的事儿咱们就说这么多，不是咱不想说，而是关于夏朝的事儿史籍上介绍得实在太少，关于吃的事儿那就更少了。

结尾总结：夏朝好，虽然没啥好吃的，但可喜的是能喝到酒，阶级的出现，催生了厨师这一职业，也引发了吃的“改革”，而且这种“改革”的影响一直到了今天。

第四章　吃出来的兴亡——商朝

夏朝共历经13世、16王，前后约471年。夏王朝是一个古老的王朝，虽然距我们已经有4000多年，但关于夏朝的一些传说至今还广为流传。由此可见，夏对后世影响之深远。夏作为上古三代的开始，为华夏文明的发展奠定了良好的基础。可以说，没有夏朝，就没有此后中华民族四千多年光辉灿烂的文明。

当然，事物有盛就有衰，到了夏朝末年，夏王室内政不修，外患不断，阶级矛盾日趋尖锐。夏朝的最后统治者——夏桀即位后，也不思改革进取，骄奢淫逸，筑倾宫（建别墅）、饰瑶台（豪华装修），挥霍无度，日夜与妹喜饮酒作乐，置百姓的困苦于不顾。于是，老百姓指着太阳咒骂夏桀："时日曷丧，予及汝偕。"意思是说，你几时灭亡，我情愿与你同归于尽。大臣忠谏，他囚而杀之，四方诸侯也纷纷背叛他。因此，夏桀陷入内外交困的孤立境地。

商汤看到伐桀的时机已经成熟，乃以"天命"为号召，说："有夏多罪，天命殛之"，并要求大家奋力进攻夏桀，以执行上天的意志。后来的鸣条之战，商汤的军队战胜夏桀的军队，夏桀出逃后死于南巢，夏王朝灭亡。

而帮助商汤灭掉夏朝的人竟然是一个做饭的庖人！他是谁？他就是被我在前文中封为厨师祖师爷的伊尹。

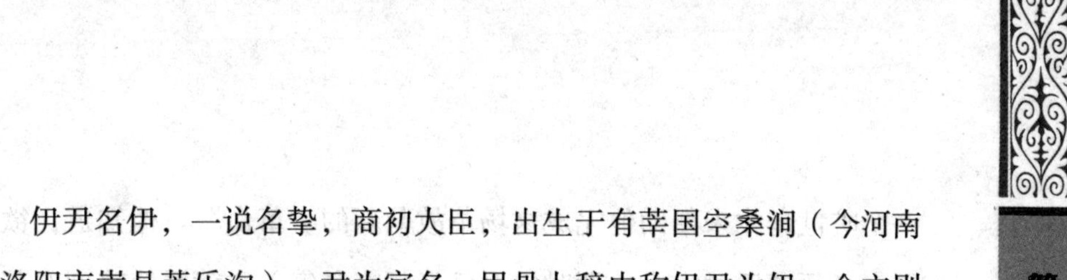

伊尹名伊，一说名挚，商初大臣，出生于有莘国空桑涧（今河南省洛阳市嵩县莘乐沟）。尹为官名，甲骨卜辞中称伊尹为伊，金文则称为伊小臣。伊尹曾辅佐商汤王建立商朝，被后人尊为中国历史上的贤相，奉祀为“商元圣”。也是历史上第一个以负鼎俎调五味而佐天子治理国家的杰出庖人。

《尚书·君奭》记载，伊尹曾帮助商汤制定了各种典章制度，使商朝初期社会稳定，经济发展，名扬天下。但是你知道他做相国以前是做什么的吗？你很聪明，答对了，他是庖人（厨师）。伊尹一生辅弼商朝五代帝王，他“教民五味调和，创中华割烹之术，开后世饮食之河”， 他创立的“五味调和说”与“火候论”，至今仍是中国烹饪的不变之规。这些功绩奠定了伊尹在中国烹饪文化史上的重要地位，更被中国烹饪界尊为“烹调之圣”“烹饪始祖”和“厨圣”。那么你知道他的出身是什么吗？猜不到了吧？我告诉你，是奴隶。

《吕氏春秋·本味》记载，伊尹的父亲是个既能屠宰又善烹饪的家用奴隶厨师（从这里我们可以肯定，伊尹肯定有他父亲的基因，可能长大后也得过他父亲的真传），他的母亲则是居于伊水之上采桑养蚕的奴隶。虽然先秦古籍记述的真实性不是十分准确，但通过《吕氏春秋·本味》我们得知，伊尹出生时的地位肯定不高。

史书记载，伊尹小时候就很聪明好学，成年后流落到有莘氏以耕地为生，地位虽卑，却心忧天下。他见有莘氏国君贤德，就想劝说他起兵灭夏。为了能够接近有莘国君，他自愿沦为奴隶，充任有莘国君的贴身厨师。国君发现他很有才干，遂提拔他为管理膳食之官（庖正）。经长期观察，伊尹发现有莘氏与夏同姓，均为夏禹之后（其实伊尹也是），血缘关系难以割断，况且有莘国小力弱，不足以担当灭夏重任，只有汤才是理想人选，于是他就想投奔汤。

其实，商汤也正在做着灭夏的准备工作。商汤思贤若渴，需要

一个旷世奇才来帮助他完成这场革故鼎新的“革命”。他知道，欲灭夏，必须请伊尹出山（那时伊尹已经颇有名气），就派使节到有莘国求贤，使节未能将伊尹请来，因为遭到了有莘氏国君的严词拒绝。

商汤不甘心，于是他就向有莘氏国求婚，一个大国的君主向一个小国的公主求婚，这对一个小国来说当然是件无比荣耀的事。于是有莘氏国君就欣然答应了，并命伊尹为陪送出嫁的媵臣送自己的女儿到商汤的都城亳成亲。看来商汤很聪明，开始玩“曲线”了。而伊尹也终于有了见商汤的机会。

让人大跌眼镜的是，伊尹到了商汤的王宫后并未立即获得汤的召见，而是被王宫的管理者派遣到厨房为奴（可能汤也想先考察一下伊尹是不是名不虚传）。

后来伊尹做了一道奇特的汤送给商汤品尝，商汤尝后非常满意，就令做汤的厨子来见，伊尹这才见到商汤。

汤问：“可以按照做汤的方法来治国吗？”

伊尹侃侃而谈，说：“君的国家太小，不可能都具备，如果得到天下当了天子就可以了。”

汤又问：“那怎样才能得天下当天子呢？”

伊尹说：“得天下当天子就如同烹调一样，最重要的就是调味和火候。味道的根本在于水，调和味道离不开甘、酸、苦、辛、咸。用多用少用什么调料，全根据自己的口味来调配。正所谓臣者以一味调五味，君者以无味调五味。另外，水、木、火三材也都决定了味道。味道烧煮九次变九味，火候很关键。一会儿火大一会儿火小，通过不同的火势可以灭腥去臊除膻，只有这样才能做出好吃的，才能不失去食物的品质。而掌握火候就像掌握射箭、骑马、治国那样微妙，又像阴阳转化和四季变换那样自然而然。所谓久煮而不过火，煮熟又不过烂，甘而不过于浓，酸又不太偏，咸又不咸得苦，辛又不得浓烈，淡

却不寡薄，肥又不太腻，这样才算达到了味美！至于说鼎中的变化，那就非常精妙细微了，不是三言两语就能表达出来的。”

此外伊尹还举例说到天下三类动物，水里的动物味腥，食肉的动物味臊，食草的动物味膻。无论恶臭还是美味，都是有来由的。

正是伊尹这段话奠定了他的厨祖地位，更没让他想到的是，在八百年以后的秦国有位相国也引用了他的理论，并编著了《吕氏春秋·本味篇》。当然，这是后话。

说实话，当时伊尹做了什么汤，我还真不知道，不知道不要紧，咱们可以查资料。要想知道伊尹究竟做的是什么汤，那我们就先说说商朝的饮食。

史书上记载，商朝就已经有“宫廷御膳”了，叫作“飨”，家庭便宴叫“燕”，和朋友上饭馆撮饭叫作“食”。“飨”一般指气氛郑重，排场宏大的国宴，如《周礼·春官·大宗伯》有云：以飨宴之礼，亲四方之宾客。既然商汤是帝王，那就肯定会享受宫廷御宴，有宫廷御宴就得有御厨，那时的御厨又分庖正、宰夫、司鱼等职位，分管帝王的膳食和祭礼。

据《吕氏春秋》记载，商朝帝王除了吃一些日常的谷物和猪、牛、羊、鸡、鸭、鱼肉外，还吃鹿、豹、熊、象、龟、海蚌等山珍野味，有时运气好，甚至连鲸鱼也吃。反正作为统治阶级，九州之美食肯定都能先尝个鲜儿。

试想，虽然商汤那时还没当上天子，但是作为一个强大的部落首领肯定也尝过不少好东西，怎么伊尹一道汤就把他打动了呢？我也是百思不得其解，于是乎，我就查啊查，找啊找，功夫不负有心人，还真让我找到了。

《楚辞·天问》记载：“缘鹄饰玉、后帝是飨。”汉朝王逸注：后帝，谓殷汤也。言伊尹始仕，因缘烹鹄鸟之羹，脩玉鼎，以事於

汤。鹄鸟就是天鹅，看来，伊尹当时是做了一道汤菜——天鹅羹。

说实话，天鹅汤咱没喝过鸡汤咱倒是没少喝，厨界有句俗话，一鸽顶九鸡。鸡汤的味道鲜美吧？九只鸡才顶一只鸽子的鲜劲儿，那天鹅不知道要比鸽子高级多少倍，那鲜味儿用脚后跟都能想得到！

当时伊尹运用五味调和说和火候论，肯定将这道天鹅汤做得前无古人后无来者，以至于商汤大悦之后才听他由汤的滋味侃到治国大道。而伊尹当时对商汤说的那番话则被后人称为“五味调和”和“火候论”。

那么，什么是“五味调和”和“火候论”呢？按照我一个厨师的理解，“五味调和”和“火候论”就是中国烹调的核心，也可以说是中国文化的核心。别的不谈，咱们单侃和烹调有关的。

饮食上的“五味调和”是由“本味论”“气味阴阳论”“时序论”“适口论”组成。就是说，要在重视烹调原料自然之味的基础上进行“五味调和”，还要运用阴阳五行的基本规律指导这一调和。调和要合乎时序，又要注意时令，调和的最终结果要味美适口。总之，除了调料品种齐全、质地优良等物质条件以外，关键是在于厨师调配得是否恰到好处。要想调和得恰到好处，就必须对调料的使用比例、下料次序、调料时间（烹前调、烹中调、烹后调）严格要求。要做到一丝不苟，才能使菜肴美食达到预定要求的风味。所以，中国菜几乎每个菜品都要用两种或是两种以上的原料和多种调味料来调和烹制。即使是家常菜，一般也是以荤素搭配的形式来调和烹制的，如最普通的鸡蛋炒韭菜，鸡蛋要用新鲜的（时长则寡），韭菜要用头一茬（久之则味淡）。

“火候论”也是中国烹调的精髓，就是指菜肴烹调过程中所用的火力之大小和时间之长短。在烹调时，一方面要从燃烧烈度鉴别火力的大小，另一方面要根据原料性质掌握成熟时间的长短，只有两者

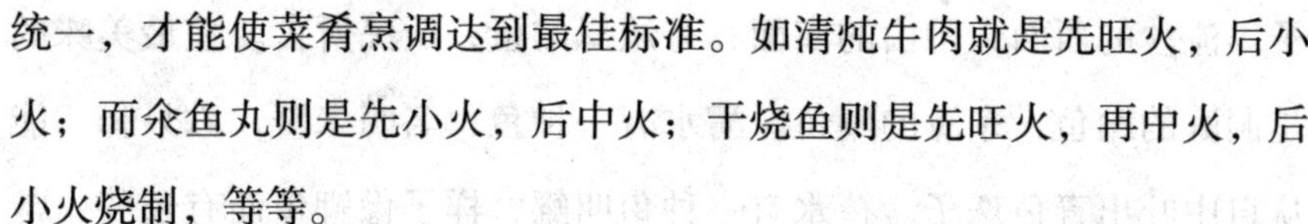

统一，才能使菜肴烹调达到最佳标准。如清炖牛肉就是先旺火，后小火；而氽鱼丸则是先小火，后中火；干烧鱼则是先旺火，再中火，后小火烧制，等等。

对于“五味调和”和“火候论”这里不用我多侃，古人早已经有精辟论述。

《黄帝内经》云：“五味之美，不可胜极”；《文子》则说：“五味之美，不可胜尝也。”；吕不韦在《吕氏春秋·本味篇》更是称赞“五味以和”是“鼎中之变，精妙微纤，口弗能言，志弗能喻”。说的就是五味调和可以给人带来美好的享受和烹饪所需的火候之微妙。

可以看出，“五味”是条件，“调”既是方法又是过程，“火候”是工具，结果才是“和”。“和”是我们中华民族的立国之本，又是我们国家文化的光辉之处，还是一切自然规律的体现。相信只要掌握了这个规律，世间的许多问题就可以迎刃而解，可能这也是“治大国如烹小鲜”的道理所在。当然，后世之人又在这基础上拓展了“五味调和”和“火候论”之精神，以至于“五味调和”和“火候论”在我国的哲学、中医中药、安邦治国，甚至是修仙炼丹等领域都能看到它的身影。

书归正传。这还不算，接下来伊尹趁热打铁还为商汤介绍了一系列美食，例如，肉之美者：猩猩之唇（指晒干的麋鹿前嘴的上下嘴鼻），獾獾之炙，隽（jùn）触之翠，述荡之挈（qiè），旄（máo）象之约。流沙之西，丹山之南，有凤之丸，沃民所食。鱼之美者：洞庭之鳙，东海之鲕（ér），醴（lǐ）水之鱼，名曰朱鳖，六足，有珠百碧。萑水之鱼，名曰鳐，其状若鲤而有翼，常从西海夜飞，游于东海。翻译过来就是：肉类里最美味的是：猩猩的唇，獾獾的脚掌，燕鸟的尾巴肉，述荡这种野兽的手腕肉，弯曲的旄牛尾巴肉和大象鼻

子。流沙的西面，丹山的南面，有凤凰的蛋，沃民所食。鱼最美味的是洞庭的鳙鱼，东海的鲕鱼。醴水有一种鱼，名叫朱鳖，六只脚，能从口中吐出青色珠子。萑水有一种鱼叫鳐，样子像鲤鱼而有翅膀，常在夜间从西海飞游到东海。

紧接着伊尹又为商汤介绍了菜之美者：如昆仑之苹草（状如葵，味如葱）、寿木之果实（指东方的中容国有赤木、玄木之叶）、余瞀之南的山崖有名的嘉树、其色若碧的佳蔬、阳华的云草、云梦的芹菜、具区的水草（一说为太湖纯菜）和名为土英的浸渊之草（苔藓类植物）。和（香料调味料）之美者有阳朴之姜、招摇山的桂、越骆之菌（蕈类、菇类）、鳣（zhān）鲔（wěi）这两种鱼的肉酱、大夏的盐、宰揭其色如玉的露、长泽的卵（注：可制酱）。饭之美者：玄山的稻、不周山的粟、阳山的穄和海南的黑黍米。水之美者：不外三危山的露水、昆仑山的井水、沮江旁的摇水、白山的水和高泉山上的涌泉。果之美者：冀州之原沙棠木的果实，常山之北、投渊之上的百果，箕山以东的青鸟山上的甘梨，江浦的橘子，云梦的柚子，汉水畔的石耳。

末了，伊尹又对商汤说，你要想获得以上美味，一定要用青龙、遗风这样的良驹。

我想，其实商汤对烹饪根本就不感兴趣，他肯定不是立志要当一个好厨师，而是想得天下当天子，至于调味和火候他也并“不感冒”，但伊尹最关键的一句“你要想获得以上美味，一定要用青龙、遗风这样的良驹”点中了他的要害。而伊尹这样的人才自然是他所需的青龙、遗风之类的良驹，所以两人才能越谈越投机。

最后，伊尹告诉商汤说：“然而，不先成为天子，不可得而具备，即使贵为天子，亦难勉强求得，必先明道济世。此道不在他人，而在自己手中，只有自己有成，而后可成天子，既然已是天子，至味

当可具备。”翻译过来就是说，如果君主将来做了皇帝，这些美食你都能吃得到。

伊尹从汤的滋味说到治国大道，从政治方略谈到军事谋略。商汤听后大悦，对伊尹很是信服。

我们不难想到，当时商汤肯定流着口水，觉得伊尹名不虚传，能把治国和做汤联系起来，真是旷世奇才！真是能帮助自己灭夏的不二人选。况且帝王之家抚有四海，要什么有什么，想吃啥就吃啥，只要灭掉了夏就能吃到伊尹说的这么多美味，想想都是很爽的，于是就任用他为相。至于商汤后来是不是吃到了伊尹所说的美味，我们无从考证，但是这个小故事说明了伊尹的智慧和学识，也说明了商汤的贤德。

讲到这里，我突然想起了一个笑话。说老百姓当了皇上之后想怎样：河北人认为，当皇上应该天天吃带肉丸的饺子，管饱；山西人觉得必须是顿顿刀削面，多切葱花多浇醋；陕西人则愿意吃羊肉泡馍，辣子管够。很显然，商汤（河南人）不是老百姓，胃口更大，天上飞的、地上跑的、水里游的都想尝尝，为了吃，能灭掉别人的国家，这就反映出商汤是历史上第一个真正的“馋货”。

闲话短说，商汤在伊尹的帮助下灭掉了夏，于公元前1600年建立了商王朝。历史上的商朝从商汤“革命”建国，中期的“武丁中兴”到后来的商纣国灭一共存在了500余年，其中在“厨子”伊尹的辅佐下曾一度达到了鼎盛时期。可以说，这个时期的文化，尤其是饮食文化，也就是吃的文化，对后世中州菜系的建立和发展起到了不可替代的作用。

一种菜系的产生和流行都和地理有着莫大的关系，夏商两代虽不断迁徙，但其都城多在河南境内，这就为后世的中州菜留下了深厚的底蕴。《左传》记载：“夏启有钧台之享。”后杜预注：河南阳翟县南有钧台陂，盖启享诸侯于此。这是我国有记载最早的宴会。

现中州风味泛指河南省的地方风味，也就是现在的豫菜。虽然它是在南宋以后才成为中国烹饪的地方流派，但因地处九州之中，一直秉承着中国烹饪的基本传统：中与和。

"中"，是指豫菜不东、不西、不南、不北，而居东西南北之中；不偏甜、不偏咸、不偏辣、不偏酸，而于甜咸酸辣之间而求其中、求其平、求其淡。"和"，是指容东西南北为一体，为一统，融甜咸酸辣为一鼎而求一味，而求一和。由此可见，中与和不单单是中华文明之本，也是中华烹饪文化之本。

历史上的豫菜以自己独特的色、香、味、形以及深厚的文化底蕴，深刻地影响着华北、西北以及江南地区的烹饪艺术，至今你还能在其他菜系里见到豫菜的影子。虽然现代豫菜在近代烹饪艺术流派中的地位已大不如前，但历史上的豫菜却借中州之地利，得四季之天时，调和鼎鼐，包容五味，以数十种技法炮制数千种菜肴风靡神州大地，并在南宋时期一度达到鼎盛。如今很多烹饪界的权威人士都认为，豫菜乃中国八大菜系的"母菜"。

书归正传。虽然商王朝在"擅割烹、善均五味"的中华厨祖伊尹辅佐下，曾一度达到了鼎盛时期。可是，历史有着惊人的相似之处，商朝到了最后一个君王——商纣这里就完结了。史书上记载商纣为人残暴，且好色无比。他宠幸妲己，酷刑于民，大修宫舍（筑鹿台），民不聊生。而此时西方的周国逐渐强大起来，最终将商灭掉，纣王自焚而死，商亡。而商纣与夏桀也成为了暴君的代名词——"桀纣之君"。其实差不多所有王朝的覆灭都可以用这几条概括，大同小异。

虽然商朝灭亡了，但商朝对历史的贡献是不可抹杀的，在商朝时期，法律、军事、农牧业、手工业、人口、宗教、科技都得到了长足的发展，尤其是在吃的上面，更是发展得"一塌糊涂"。

在中国古代烹饪史上，与商纣王挨得上边儿的是筷子及更多的美味。史书《韩非子·喻老》记载：昔者纣为象箸而箕子怖。以为象箸必不加于土铏，必将犀玉之杯；象箸玉杯必不羹菽藿，则必旄、象、豹胎；旄、象、豹胎必不衣短褐而食于茅屋之下，则锦衣九重，广室高台。吾畏其卒，故怖其始。居五年，纣为肉圃，设炮烙，登糟丘，临酒池，纣遂以亡。箕子见象箸以知天下之祸。故曰：见小曰明。

韩非子的这段话翻译过来就是：商纣王用象牙制作筷子，箕子感到十分恐怖。他认为如果使用象牙筷子必然不会再用普通的陶罐子去盛羹汤，而一定使用犀角美玉制作的杯盘。既然都使用象牙筷子和犀玉杯盘这般高档的餐具，必定不会吃什么粗劣的食品，而是要吃牦牛、大象、豹子的胎儿。既然吃牦牛、大象、豹子的胎儿，必定不会再穿粗布短衣，住在茅草屋里，必定要穿上层层华美的锦缎衣服，住进高大宽敞的豪宅。

这回看到了商纣王吃啥了吧？对了，他要吃牦牛、大象、豹子的胎儿，够奢侈吧！这还不算平常的美食。

看到《韩非子·喻老》上记载纣王用象牙制作的筷子，咱就不能不侃侃筷子。因为这两根小棍儿可是咱们吃饭时必不可少的餐具。从古代一直用到今天，可以说，筷子是中餐最具特色的餐具，有着不可替代的作用。

纣王为商代末期的君主。可见，早在公元前11世纪，我国就已经出现了用象牙精工制造的筷子。也就是说，我国有史记载的使用筷子的历史已有3000多年，但如果认为这是筷子的起源，那就错了。

民间关于筷子的传说不少，一说姜子牙受神鸟启示而发明丝竹筷；一说妲己为讨纣王欢心而发明用玉簪作筷；还有大禹治水时为节约时间以树枝捞取热食而发明筷子，等等。

其实，筷子的起源可以追溯到新石器时代，最初世上并没有筷子，古人们吃饭基本上都是用手抓，不卫生不说，抓热的食物也肯定

烫手，不知是哪位能人第一个发现用树枝夹食物既方便又实用，进而发明了筷子。当然，筷子又叫“箸”，带竹字头，可见先民们用的也可能是竹棍。

在古时被称为“箸”的筷子，现代在安阳侯家庄1005号殷商墓中已经发掘出土，经专家考证，其年代早于殷纣末期的纣王时代。商王朝的政治、经济中心一直地处中原的河南，河南古称为“豫”。“豫”的本义为欢喜、快乐，在甲骨文中理解为一个牵着大象的人。商朝时，河南大象成群，当年纣王征伐东南的人方部族时，打先锋的就是象阵突击队。想来纣王用象牙筷子夹菜也不足为奇（很有可能是用象牙筷子的第一人）。

据史料记载，秦朝末年，人们使用筷子吃饭的现象已经不新鲜了，但在特定场合还是没有筷子的用武之地，比如咱们后文提到的“鸿门宴”，参加宴会的人就没有使用筷子，直到汉代人们才普遍使用筷子吃饭。

有筷子当然也有勺子，要不鼎里的肉羹是吃不到嘴里的，你总不能把鼎举起来往嘴里倒着吃吧！估计你也没那个力气！不信可以参考博物馆中鼎的实物。

其实，在仰韶文化遗址中就已经出土了匕匙（勺），不过那时的勺都是木质、骨质或是陶质的。到了商朝，由于冶炼技术的发展才出现了铜质的勺，这种勺的勺头呈尖叶状，带有宽扁的柄，已经跟现代勺子别无二致。

说了这么多，有人会说：在商朝做厨师这行还不错啊！有厨师祖宗伊尹当后盾肯定有饭吃！

其实不然，伊尹那是厉害人物，最后被封为相，也是真有本事。那普通的厨师呢？当然，普通的厨师也有饭吃，但也有下面这么几位厨师，竟然为了做饭而丢了吃饭的家伙。

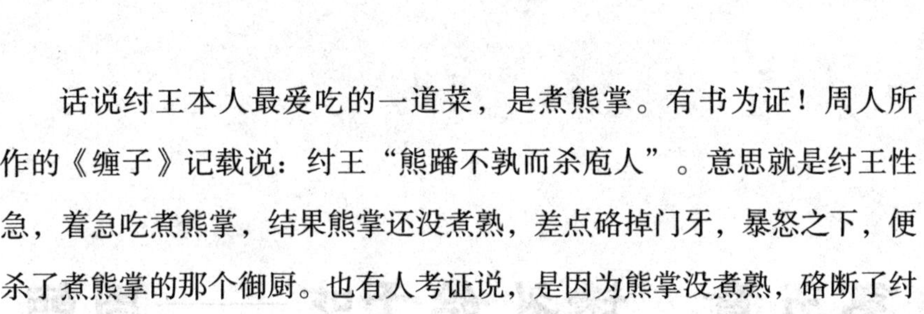

话说纣王本人最爱吃的一道菜，是煮熊掌。有书为证！周人所作的《缠子》记载说：纣王“熊蹯不孰而杀庖人”。意思就是纣王性急，着急吃煮熊掌，结果熊掌还没煮熟，差点硌掉门牙，暴怒之下，便杀了煮熊掌的那个御厨。也有人考证说，是因为熊掌没煮熟，硌断了纣王用的象牙箸，不管说法如何，总之，那个倒霉的御厨丢了脑袋。

在古籍记载中，这是第一个被帝王杀死的御厨。这还不算，到后来因煮熊掌未熟而丧命的御厨还有好几位。要说纣王也真是该死，谁让他杀了我的同行呢？后来商纣王被周武王消灭也是罪有应得！武王给咱们厨师报了仇，要说起来，他老人家也能算得上是咱厨师的恩人。

要说到周武王，咱就不能不说说商朝的下一个朝代——周朝，下面就让咱们看一看，在周朝，究竟发生了哪些你不知道的、关于吃的、出奇冒泡的事儿。

本章总结：从某种意义上来说，商朝的建立，起源于吃，兴盛于吃，也灭亡于吃！

第五章　诸礼始于吃——周朝

一

在上一章我们介绍了商朝最后一个帝王——商纣“不干正事儿”，为人残暴且好色无比，宠幸妲己，酷刑于民（挖心挖肝儿），大修宫舍（筑鹿台），整日胡吃海喝不理朝政，更可气的是他为了吃竟然还敢杀厨师，所以后来他亡国也是必然之事。

闲话短说。公元前1066年，周武王指挥大军向商军进攻。纣王大败，只带着少数卫士逃回朝歌。他知道自己的末日即将来临，就把玉石和其他宝贝围在腰上，在鹿台大吃一顿，然后放一把火，把自己烧死了。商纣一死，商朝也就跟着灭亡了，历史便翻过一页进入了周朝。

周朝是中国历史上继商朝之后的朝代，分为“西周”（公元前11世纪中期～公元前771年）与“东周”（公元前770年～公元前256年）两个时期。西周由周武王姬发创建，定都镐京（宗周），在今西安市长安区西北。公元前770年（周平王元年），平王东迁，定都雒邑（今河南巩义），这段时期称为东周。

对于历史上存在时间最长的朝代，咱们应该从哪里侃起呢？那咱们就从周朝人吃什么开侃。

《国语》载观射父语：天子食太牢，牛、羊、豕三牲俱全，诸侯食牛，卿食羊，大夫食豕，士食鱼炙，庶人食菜。《尚书·洪范》述：惟辟作福，惟辟作威，惟辟玉食。《礼记·王制》说：诸侯无故

不杀牛，大夫无故不杀羊，士无故不杀犬豕，庶人无故不食珍。

从以上史料中我们可以看出，周朝人对于食品消费的标准是有严格限制的。你是什么人、什么身份就得吃什么东西。

其实，远在3000年以前的周朝，由于生产力还不高，大多数人还是以蔬菜、粗粮为主食。即便是吃肉，也不是什么肉都可以吃，因为肉也分档次，你是什么人什么地位就得吃什么肉，不“对号入嘴”是要犯法的。

据《国语·楚恭王》记载，当时的国君吃的是牛肉，大夫吃的是羊肉，士吃犬肉、猪肉，而一般庶人最多只能吃鱼。当然，周朝的统治者也吃素食，但素食是和斋戒连在一起的。据《礼记·坊记》记载：齐戒以事鬼神。《礼仪·丧服》中也记载说亲人去世时也要食素。

不但这样，要吃东西你还得有理由。这么和你说吧：在周朝你还真别瞎吃，瞎吃就有可能把吃饭的家伙给吃丢了。因为在周朝等级制度非常严格，不但吃什么、什么时间吃都有具体的规定，就算是用什么东西装食物都被具体化了。

比如说，周代盛行的青铜饮食器具——鼎，便是衡量社会身份等级的标志物。国君用九鼎，卿用七鼎，大夫用五鼎，士用一鼎或三鼎（乱用鼎是要杀头的）。补充一句，鼎分三种：镬（hùo）鼎、升鼎、羞鼎。镬鼎形体巨大，多无盖，用来煮白牲肉。升鼎也称正鼎，是盛放从镬鼎中取出的熟肉的器具。羞鼎则用于盛放肉羹的佐料，与升鼎相配使用，所以也叫“陪鼎”。

豆也是如此，《礼记·礼运》记载：天子之豆三十有六，诸公十有六，诸侯十有二，上大夫八，下大夫六。看到这里就会有人不明白了，豆是啥东西？我告诉大家，这个“豆”不是咱们今天理解的意思，豆的本义是古代一种盛食物的器皿，形似高足盘，或有盖，新石器时代晚期才开始出现，盛行于商周时期，多陶制，也有青铜制或木制涂漆的，后世也当作礼器使用。《说文》上不是说了嘛！豆，古食肉器也，印盛于豆。

不但如此，在周朝，饮食礼节更加制度化，不但天子、诸侯、大夫、士进餐举宴要有一定规格，就连饮宴中什么时候奏什么音乐、唱什么歌，《仪礼》中也都有规定。

这时期的“钟鸣鼎食”可能给后人留下了深刻印象，以至于影响了我们国家几千年来的进餐方式。古人，尤其是皇帝和王公大臣在用膳时一定少不了音乐的伴奏，就连在饭馆用餐时，讲究一点的也会找女子唱个小曲助兴。

不但古人如此，今人也效仿之。现在高档一点的酒楼在开饭时都配有背景音乐，还有就是高档一点的西餐厅，在客人就餐时甚至有乐手在一旁演奏，可能这都是借签古人的做法吧！

有的人认为这是在摆谱，其实古人认为这样做很有意义。有什么意义呢？四个字可以概括：“礼乐化人”。就是说在吃饭时有音乐唱歌伴餐可以感化食者的心灵，陶冶食者的情操。现代科学家也曾经做过试验，在进餐时有悠扬的音乐伴奏，不但能增加气氛，还能使人食欲大增、促进消化。

《礼记》中的“进食之礼”，甚至对餐具用法，菜肴和调味品怎么放，吃饭时不许“抟饭”“扬饭”，不许大口喝汤，不许剔牙齿等细微末节都作了谆谆交代，就算是所食之羹不对自己的口味，您也不能往羹里加调料，不然会使主人觉得自己调的羹不合客人口味儿而感到难堪。《礼记·曲礼上》记载：羹之有菜者，用梜（筷子）；其无菜者，不用梜。《礼仪》也记载：餐时主食置左，羹置右，右手执食具；吃饭喝粥不能用箸，而用匕；夹取羹汤中的菜食，可用箸。

这是规定，在某种程度上来说，更是法律，违反是要受到惩罚的。

“夫礼之初，始诸饮食”，食礼是一切礼仪制度的基础。别以为那时的食之礼仪跟咱们毫无关系，其实那时的规矩一直流传到了现在，正在不知不觉间影响并支配着我们的生活，如果现在出去吃饭没“规矩”，在人们看来，就是没礼貌，也是没家教的表现。

不过话又说回来，帝王们什么好东西都可以吃（天子食太牢），庶人就只能吃菜了。庶人吃的东西不是妈妈做就是奶奶做，甚至有时得自己亲自做，那么天子呢？（不能说皇帝，历史上把君主称为“皇帝”，是从秦始皇开始的。在此之前，中国的最高统治者称“王”或单称“皇”和“帝”，周武王就把自己说成是上天的儿子，咱们暂且称他们为天子）。

天子吃的东西肯定都是厨师做出来的，而且还是高级厨师——御厨。根据《周礼》《仪礼》《礼记》《诗经》等文献记载，周朝宫廷御膳的规模已远远超过夏商时期，达到了很高的水平，出现了许多著名的肴馔。如为后人所熟知的“三羹五齑（jī）七菹八珍”。

“三羹”指太羹、和羹、铏（xíng）羹。太羹是不加五味的肉羹；和羹是用盐梅调味的肉羹；铏羹是用肉类加藿、薇等蔬菜及五味制成的羹。“五齑”：齑是切细腌制的蔬菜或鱼肉。“五齑”指昌本（蒲根）、脾析（牛百叶）、蜃（大蚌肉）、豚柏（猪肋）、深蒲（水中之蒲）。“七菹”中的菹是指整腌的蔬菜或鱼肉。“七菹”为用韭、菁、莼、葵、芹、苔、笋制成的菹。

《周礼》记载，周朝不但有“三羹五齑七菹八珍”，还有“八珍”。现在的厨师没有几个不知道“八珍”是什么东西的，但是，“八珍”在周朝就已经出现，可能就没几个人知道了，要不怎么说咱们中国饮食文化博大精深呢！不过周朝的“八珍”跟现在的“八珍”比还是有差别的。

周朝的“八珍”，主要是供周天子享用的食品，代表了当时烹饪

的最高水平。包括淳熬、淳母、炮豚、炮牂（zāng）、捣珍、渍、熬、肝膋（liào）。

淳熬、淳母，“淳”是“浇沃”的意思，“熬”是一种烹饪法，即加姜桂等调料来煎，这里指煎肉酱。“淳熬”即把煎熟的肉酱浇在黍米饭上，“淳母”则是把肉酱浇在旱稻饭上，类似于现代版的盖浇饭。

炮豚、炮牂，“炮”是包起来烤，豚就是小猪。“牂”指的是母羊羔。

咱们先看“炮豚”的作法。先把乳猪宰杀洗净，腹内塞满枣子，用芦苇包裹后，再抹一层湿黏土，用火将黏土烤干，剥去泥壳、芦苇，再涂上一层用稻米粉调成的糊，入油锅炸，将炸过的小猪取出切成片，加芗（紫苏之类的香草）等香料铺在小鼎中，隔水炖三天三夜即成，食时用醯（xī，醋的意思）、酱调和。“炮牂”制法同“炮豚”。

捣珍、渍，“捣珍”是取牛、羊、鹿、獐等动物的里脊肉，反复捶打，去其筋腱，捣成肉蓉，用水汆着吃或用油煎着吃。“渍”，取刚宰杀的牛羊肉，顶刀切薄片，浸入美酒，腌制起来放置一夜，次晨食用，食时用梅酱调味。

熬，取牛羊肉反复捶打，去其皮膜，加桂皮、姜末、盐腌，晾干后食用，类似于今天的牛肉干。

“肝膋”，是用火烤狗网油包裹的狗肝，网油烤焦狗肝即熟。切片蘸食。还可以将狗板油切碎与稻米合煮成羹，与肝膋配食。

由此可见，周朝“八珍”基本上是以家畜肉为主，加工方法以炮、烤、煎为主。调料则以咸、酸为主，香料用得也不多。其中除“炮豚”、“炮牂”制作较繁琐外，其余都简便易制。“淳熬”“淳母”“肝膋”三肴主、副食一体，“渍”还是生肉，但周朝的“八

珍”保留了原始烹饪的淳朴风格。

虽然周朝“八珍”没有“元代八珍”“明代八珍”和“清代八珍”的原料丰富，名字也不花哨，但是就周朝的生产力而言，烹调技法那是一点儿也不比现在的含糊！

看到以上美食流口水了吧！慢点吃，别噎着，不过噎着也不要紧，周朝的宫廷御宴还有酒水饮料让你喝呢！史书上记载周朝的宫廷饮料有“六清”“五齐”“三酒”“四饮”之说。

“六清”指的是水、浆（酢浆、酸汁酒）、醴（甜酒）、醇（淡酒）、医（用米煮成粥，加曲蘖酿成的酒）、酏（yī，用薄粥酿成的酒）；

“五齐”指的是用稻、粱、黍三米制成的五种有滓未澄清的酒。包括“泛齐”（汁液有些浊浮泛的甜酒）、“醴齐”（酒汁和酒滓相半，有很淡酒味的醴酒，也是甜酒）、“盎齐”（浊而微清的甜酒）、“缇齐”（酒色赤红，比盎齐更清些的甜酒）、“沈齐”（浊滓在下，清汁在上的甜酒）。

“三酒”指的是三种已经渗漉糟滓的酒，但它和“五齐”不同，齐酒多用于祭祀，给先祖或是神仙喝，而三酒是供人喝的。三酒是指酒的种别。按酒龄来说又分为事酒、昔酒和清酒。事酒：有事临时酿造的酒，类似于现代的醪糟汁。昔酒：是陈酒，此酒冬酿夏熟，口味比事酒更重。清酒：它比昔酒的酿造时间更长，冬酿之，到重夏才可饮用。

“四饮”，一曰清，是指将五齐中的醴齐经过滤去糟渣后的清汁之酒。二曰医，三曰酏，四曰浆。后三种在“六清”中已说过，就不再重复了。由此可见，不管是“六清”“五齐”“三酒”，还是“四饮”味道都有甜味，证明周朝人爱喝甜酒。需要指出的是，临时酿造的事酒类似于现代含酒精的饮料，味道很淡。

周初，统治者接受商纣王酒池肉林、作长夜之饮、“惟荒腆于酒”而招致灭亡的教训，要求百姓勤于劳务，尤其是官吏要勤于政务，不要饮酒。对群饮者更是处以严刑。周公曾告诫康叔，说：“群饮，汝勿佚，尽执拘以归于周，予其杀。”意思是说：有人聚众饮酒，别让他们跑掉，你要把他们逮捕起来解送到京城，我把他们法办。这就是西周法律中的一个罪名——群饮罪。群饮，即聚众饮酒。这罪名可比现在的酒驾罪大多了，要砍头的！

那么，为什么周朝禁酒这样厉害呢？《酒诰》给出了答案，并且指出酿酒饮酒的主要弊端有四：其一，浪费粮食。在战乱结束政局刚稳、农业生产遭受严重破坏的周朝初期，酿酒与粮食紧缺构成了非常尖锐的矛盾，粮食保命，浪费不得。其二，耽误事。饮酒，尤其是过度饮酒，是导致是非吉凶的原因之一，从某种意义上讲，现在也是。其三，违反礼节。“宾既醉止，载号载呶，乱我笾豆，屡舞僛僛”。意思是说，喝醉酒之后，往往醉态百出、丑态毕露，这在崇尚礼节的周朝是绝对不允许的。其四，亡国教训。周王朝的开创者意识到自己能够从商纣王手中夺取江山，“酒”发挥了一定的腐蚀作用。鉴于以上种种因素，到了周公旦（周武王的弟弟）辅政时，便把限制饮酒明文规定下来，并告诫人们谁要是违反这些规定，一定严办。

《酒诰》谓：文王诰教小子有正有事：无彝酒；越庶国：饮惟祀，德将无醉。厥父母庆，自洗腆，致用酒……

您看明白没有？反正我是看明白了，就是说在周朝要饮酒就得找一个合适恰当的理由。比如说在祭祀、孝敬父母、岁末丰收庆祝等方面是可以饮酒的。但是公职人员绝不准用公款饮酒，工作日饮酒就更不用说了（一经发现就往死里整）。这说明啥？这说明周朝的“禁酒”很人性化。

这回酒鬼笑了，没想到周朝的“禁酒令”也留有钻空子的余地。但是，这种想法是酒鬼的想当然，周朝之所以没把饮酒禁绝，主要从以下因素考虑：其一，联络情感。酒在周朝已成为协调人际关系的润滑剂；其二，维护其统治。在“民之所欲，天必从之”这一保民思想盛行的周朝，酒在一定程度上稳定了民心和统治秩序，缓和了“或以其酒，不以其浆”的阶级矛盾。其三，激发斗志。在战争中，酒能起到强官兵士气、鼓舞斗志的作用。其四，酒可以治病。马王堆汉墓中发现的春秋战国时期《五十二病方》里就有不少关于药酒的记载，在当时至少酒能够起到麻醉作用。其五，史书上记载周朝的天子们也都好喝几口，得给自己一个理由不是？

关于周朝的酒咱们就侃到这里。以上都是介绍周朝天子和贵族的饮食，那么，下等人或是说“庶人”吃什么呢？咱们在前文中只简单介绍了一句：庶人食菜。这里的菜不是现代人意义上的菜，而是指一些能够食用的“粗粮”。

据史书记载，周代末期就种植有大麦、小麦和大米。当然，大米之类的精细食物是只有贵族阶级才能享受到的。那时还没有面粉这样的吃法，大多时候是把整个的谷物蒸熟或煮熟了事。配主食的主要蔬菜是“菽”，也就是今天我们说的大豆，煮食。另外，大豆的叶子也可以吃，叫作“藿”。后来还有“葵”（不是现在的向日葵，那是以后从新大陆传来的），据说葵是一种茎叶有绒毛、开紫花的野菜，现在叫锦葵。《诗经》里常见的“葑”“菲”，就是现在说的大萝卜和红萝卜。

看得出，在那个时代，人的阶级地位差别还是很大的。地位高吃得好，地位低吃得不好，由于周朝的上层社会仍保留着食肉的传统，因此，统治者也被时人称作“肉食者”。

即使“肉食者”占据着更多的美味，但限于周朝保民思想的影响，统治者还是比较注重节俭的。《周礼·天宫·膳夫》记载：以乐侑食，膳食受祭，品尝食，王乃食，卒食，以乐彻于造。说明周礼规定不得浪费，每次宴毕，侍者都要在欢快的乐声中将余食撤回膳房保管。

虽然周朝人的饮食层次有明显差距，但是不管怎么说，周朝的饮食，不论是在选料、刀功配菜、烹饪方法、火候调味上都达到了一定的高度，说明中国烹饪的基本格局在周朝已具雏形。

更让人惊奇的是，在周朝还制定出了我国第一部“食品卫生法”，专门提出了对食品卫生的要求。如《周礼·天官·内饔》记载：牛夜鸣则庮（病牛，肉臭）；羊泠毛而毳（毛稀疏或结聚的病羊），膻；犬赤股而躁，臊……矢盲眡而交睫（眼光无神而睫毛交叉），腥（有囊虫病）；马黑脊而般臂（前腿有斑迹并溃烂漏孔），蝼（像蝼蛄一样臭）。就是说，以上禽畜是不能用作烹饪原料的。

那么，什么样的禽畜可作烹饪原料呢？《礼记·曲礼下》也有记载：牛曰一元大武；豕曰刚鬣；豚曰循肥；羊曰柔毛；鸡曰翰音；犬曰羹献；雉曰疏趾；兔曰明视……就是说，牛要选肥壮、蹄印深的；猪要选颈毛坚硬的；乳猪要选胖乎乎的；羊要选毛柔软而细密的；鸡要选鸣叫声长而且响亮的；狗要选用喂得好，长得肥的；野鸡要选脚趾分开的；兔子要选眼大目明的……

《礼记·内则》中又载：不食雏鳖，狼去肠，狗去肾，狸去正脊，兔去尻，狐去首，豚去脑，鱼去乙，鳖去丑……规定得很详细。

为什么规定得这样详细呢？这是因为“顾客”就是上帝，厨师是伺候人的工作，并不好干，即使你是御厨，也一样。饭馆厨师做的饭菜不好吃，最多也就是顾客不埋单，但御厨就不一样了，你做的饭菜不好吃或是出现了纰漏，那可是掉脑袋要命的事儿。所以从周朝开始，“膳夫受祭，品尝食，王乃食”。就是说，做出的饭菜，御厨得先尝上几口，咽到肚子里，证明食物无毒无害，帝王们才会吃。

更值得一提的是，周朝竟然还出现了食品雕刻，《管子·侈糜》中记述：雕卵然后瀹之，雕橑然后爨之。说明当时已有“雕卵”，即在蛋壳上刻花纹。“雕卵”后又称为“镂鸡子”“画卵”等。这等于

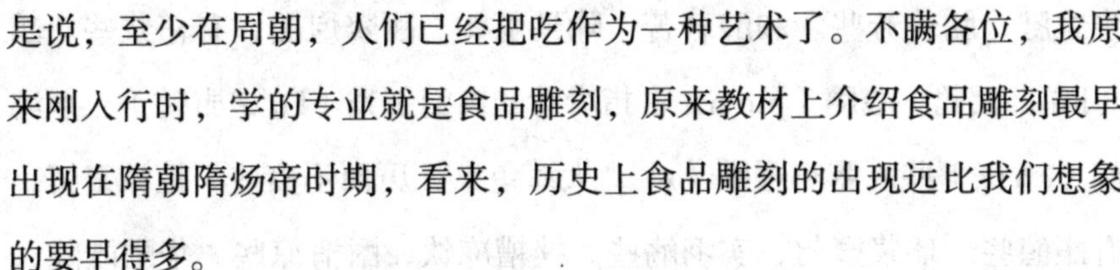

是说，至少在周朝，人们已经把吃作为一种艺术了。不瞒各位，我原来刚入行时，学的专业就是食品雕刻，原来教材上介绍食品雕刻最早出现在隋朝隋炀帝时期，看来，历史上食品雕刻的出现远比我们想象的要早得多。

先总结一下：虽然周朝的生产力不如现在，但作为周天子，天下美味自是尽享。吃的不简单，更是吃出了规矩、礼仪。

二

话说自犬戎之乱后，西北的戎和狄已经对西周构成了威胁，都城的安全已经成了问题，而“王师之败”更是让周天子的威信受到很大的挫折。当时府库空虚，宫室残毁，京城早已失去了往日的繁荣与稳定，而作为东都的雒邑却是一片繁华。其实，周平王只是一个偏安之主，没有号令天下的勇气和决心，故舍弃战守自如的镐，于公元前770年（周平王元年）东迁，并定都雒邑（今河南巩义）。而后世的人们则把这段时期称为东周。

多说一句，西周是中国第三个也是最后一个世袭奴隶制王朝，其后秦汉开始成为具有从中央到地方的大一统封建国家。另外史书上常将西周和东周合称为两周，东周时期又称“春秋战国”，分为“春秋”及“战国”两阶段。

书归正传。上一小节咱们侃了周天子和贵族宫廷御膳的一部分，那么，东周列国的诸侯王吃啥呢？下面，我们就再说说东周列国各诸侯王都吃些什么美食。

以楚国为例。《楚辞》中的《招魂》记载原文如下：……魂兮归来！何远为些。室家遂宋，食多方些。稻粢（zī，古指小米）穱（zhuō，泛指早熟的谷物）麦，挐黄粱些。大苦咸酸，辛甘行些。肥

牛之腱，臑若芳些。和酸若苦，陈吴羹些。胹鳖炮羔，有柘浆些。鹄（hú，天鹅）酸臇（juǎn，古指少汁的肉羹）凫（fú，野鸭），煎鸿鸧（cāng）些。露鸡臛蠵（xī，大海龟），厉而不爽些。粔籹蜜饵，有餦餭些。瑶浆蜜勺，实羽觞些。挫糟冻饮，酎清凉些。华酌既陈，有琼浆些……

译成现代汉语是这样的：家里的餐厅舒适堂皇，饭菜多种多样；大米、小米、二麦、黄粱，随便你选用；酸甜苦辣浓香鲜淡，尽会如意侍奉。牛筋闪着黄油，软滑又芳香；吴国厨师的拿手酸辣羹，真叫人口水直流；红烧甲鱼、挂炉羊肉，蘸上清甜的蔗糖浆；炸烹天鹅、红焖野鸭，铁扒肥雁和大鹤，喝着解腻的酸浆。卤汁油鸡、清炖大龟，你再饱也想多吃几口。油炸蛋馓、蜜沾粱粑，豆馅煎饼，又黏又酥香。蜜渍果浆，满盏闪翠，真够你陶醉。冰镇糯米酒，透着橙黄，味酸又清凉。为了解酒，还有酸梅羹……

《大招》里也记录了不少美食：魂乎归来！乐不可言只。五谷六仞，设菰粱只。鼎臑盈望，和致芳只。内鸧鸽鹄，味豺羹只。魂乎归来！恣所尝只。鲜蠵甘鸡，和楚酪只。醢豚苦狗，脍苴只。吴酸蒿蒌，不沾薄只。魂兮归来！恣所择只。炙鸹烝凫，煔鹑陈只。煎鰿臛雀，遽爽存只。魂乎归来！丽以先只。四酎并孰，不涩嗌只。清馨冻饮，不歠役只。吴醴白糵，和楚沥只。魂乎归来！不遽惕只……

现代译文如下：这里有很多精细的食粮，用菰米做饭真香。食鼎满案陈列，食物散发着芬芳。肥嫩的仓庚鹁鸠天鹅肉，还调和着豺狗的肉汤。魂魄啊，回来吧！任你品尝。鲜美的大鱼炖肥鸡，再放点楚国的乳浆。猪肉酱和苦味的狗肉，再切点苴莼加上。吴国做的酸菜，淡淡正恰当。魂魄啊，回来吧！任你选择哪样。烤乌鸦，蒸野鸭，鹌鹑肉汤陈列上。煎鲫鱼，炒雀肉，味道鲜美令人口爽。魂魄啊，回来吧！味美请先尝。一起成熟的四缸美酒，纯正不会刺激咽喉。酒味清

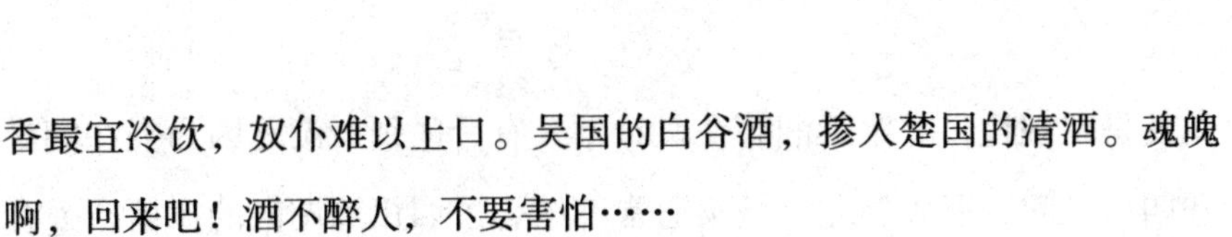

香最宜冷饮，奴仆难以上口。吴国的白谷酒，掺入楚国的清酒。魂魄啊，回来吧！酒不醉人，不要害怕……

这回知道东周列国诸侯王吃啥了吧？

通过以上文字，看得我都要流口水了。虽然这两篇译文翻译得可能不是十分准确，比如像红烧、炒、炸烹、红焖等烹饪技法是不可能出现在这个时期的，但不可否认的是，到了春秋战国时期，列国的烹调技法和烹调原料的多样性已经超出了今人想象的范围。

多说几句，《招魂》《大招》是屈原奉命为楚怀王招魂而创作的。古人迷信，以为人都有会离开躯体的灵魂。人生病或死亡，灵魂离开了，就要举行招魂仪式，呼唤灵魂归来。虽然古人迷信，但并不妨碍我们对古代美食的了解，你想，没有这样多的美食，游荡在外的魂魄能闻着香味回家吗？

这说明啥？这说明东周列国各诸侯王的饮食已经具有鲜明的南方特色。因为屈原是楚国丹阳（今湖北秭归）人，他记录的东周列国各诸侯王的饮食所使用的飞禽、野味不但比西周天子的多，还有很多水产品。

由此我们可以看出，这时的中国烹饪南北分野的局面已经初露端倪，也为湘鄂菜的起源打下了坚实基础。

鄂菜亦称湖北菜，古称楚菜、荆菜。我们从屈原在《招魂》《大招》中记载的楚宫佳宴筵席菜单，以及随州曾侯乙墓中出土的饮食器具可知，鄂菜于春秋战国时期已经基本定型。另外，这个时期的湖南也是楚人生息的地方，与湖北都隶属汉江平原，所以湘菜也借此诞生。人们常讲的“两湖饮食不分家”也是源于此。两湖因其气候温和湿润，故人们多喜食辛辣口味，当然，那时的他们还吃不上辣椒，要想吃辣椒还得等上好多年。

后来由于历史发展、地域、民族不同（湖南是古越人聚居地），

尤其是在现代，鄂菜跟湘菜在口味上又有所区别，湖北因为夹在湖南和四川之间，所以湖北人做菜通常都结合了四川和湖南的风格，爱食麻辣，与四川菜比较接近，而湖南则流行香辣的潇湘风味。因为都是“鱼米之乡，地势饶食，无饥馑之患”，所以鄂菜和湘菜在烹调风格上总体还是很接近的。这里多说一句，湘西之地擅长烹饪香酸辣之味，与两者还是有差别的。

书归正传。屈原在以上这两篇文章里记录了几十种美食和十几种烹调方法，明显比以前进步了不少。由此，我们在吃粽子纪念屈原时还可以联想到，屈原不仅仅是诗人、辞赋家，还有可能是一位美食家，更有可能是一位地地道道的“美食家”，要不怎么把吃的东西描写得那样令人垂涎欲滴呢！

看到这里，你是不是觉得在周朝做天子诸侯很爽？什么好东西都能吃到？什么美味都能享受到？但是，我要告诉您：您还真的想错了，在当时当天子诸侯那是要付出代价的，因为不但得需要有能力、有魄力，而且还需要有体力。

为啥说还需要有体力呢？因为，体力是逃跑的本钱，没体力跑，或是跑慢了，说不一定会成为别人的盘中餐、口中食。下面，咱就来侃侃周朝吃人和被人吃掉的天子诸侯。

大名鼎鼎的大圣人、大贤人周文王姬昌为了表示对纣王的忠诚，美滋滋地吃掉了用自己大儿子做成的肉羹，结果纣王就把“忠心耿耿”的周文王给放了回去。文王回到自己的领地，把吃下的肉羹吐了出来。据《封神演义》讲，吐出的肉羹变成了小兔子，也就是文王的儿子。要我说这肯定是瞎掰，神话是不可信的。但毕竟被人逼着吃掉了自己的儿子，所以周文王二话不说，立即起兵造反，最后在父子两代人的共同努力之下，灭商建周。这是历史上第一个吃掉自己儿子的帝王。

乐羊，中山国人，战国时魏国魏文侯时期的大将。史籍上记载：魏国将军乐羊率军攻打中山国。他的儿子在中山国当人质，中山国君将乐羊的儿子做成羹送给乐羊。乐羊用了缓兵之计，为了体现自己对魏国的忠诚，也将用自己儿子做成的羹吃进了肚皮。

相比周文王和乐羊被动地吃儿子，历史上的一个“名君”——齐桓公的臣子易牙就“忠诚”多了。他主动将自己3岁的儿子蒸了端来给齐桓公吃，这就是历史上有名的“烹子献糜”的典故，当然，这是后话，咱们在后文还有详细的介绍。

公元前661年，翟人进攻卫国，杀卫懿公并吃了他的肉，自此，卫懿公荣登历史上第一个被人吃掉的君王的宝座。

更有趣的是在公元前607年，宋国与郑国发生了战争。史书记载，当时的宋国由大臣华元统率军队抗击郑国。决战前一天，华元命令杀羊，分肉给武士们，指望明天能士气大振。没有想到，一个小小的忽略，竟然引发了巨大的“灾难”。

为华元赶车的羊斟，工作很辛苦，而华元竟然忘记了给他分羊肉，这可把羊斟气得要死。第二天，两军准备开战，华元登上了自己的战车。赶车的羊斟心里说：小样！昨天分羊肉是你说了算，今天该我做主了。于是，战斗还没有开始，羊斟忽然“发动”战车，直接把华元送进了郑国的阵营。结果可想而知。你说为了吃就把主帅送入虎口，我甚至怀疑羊斟是不是郑国的间谍。

这还不算，还有更离奇的。争食而斗不仅闹出人命，甚至连弑君造反都在所不惜。公元前605年，郑缪公去世，子夷即位，也就是郑灵公。那年春天，楚国为郑灵公送来一些鼋（yuán，大鳖）。这一天，卿大夫子家和子公正好要去朝见灵公，子公发现自己的食指动了起来，于是就对同行的子家说：我的食指一动，一定有好吃的要出现，特别灵。说着话两人走进灵公的殿堂，正好看到鼋羹已经做好，进献

上来。子公说：果然。两人不禁相视一笑。灵公看见他们的表情很不解，就问子公和子家笑什么？于是，两人就把刚才的事情原封不动地讲给灵公听。

要说这灵公也是一个倔种，还真不信邪，心说，小样！我今天就是不给你吃，看你能把我咋样？于是，上鼋羹的时候，灵公吩咐了，别人都给，就是不给子公。在子公看来，这是对自己严重的侮辱。子公发怒了，他把手指伸进盛着鼋羹的鼎里（染指于鼎），用手指蘸了蘸鼋羹，一边舔着，一边斜眼气哼哼地看着灵公走出殿堂。

国君不给子公鼋羹吃，子公就受不了，违令染指，针锋相对寸步不让。于是，意气之争在这个过程中迅速升级。郑灵公看见自己的命令不被执行，子公竟敢公然与自己叫板，怒不可遏，发誓一定要干掉子公。子公呢？也不敢怠慢，立刻跟子家商量，决定先下手。就在这年的夏天，郑灵公被子公等人杀掉了。可悲啊！这时的郑灵公在国君的位置上坐了还不到一年。俗话说：人为财死，鸟为食亡。这次相反，人为食亡了，为了口吃的值吗？

越王勾践兵败，带着夫人和大臣范蠡去吴国服苦役（就是当人质）。为了麻痹敌人，为图复国大计，勾践顽强地忍耐着吴国对他的精神和肉体折磨，越王给阖闾看坟，给夫差喂马，给夫差脱鞋，服侍夫差上厕所，夫差生病时，勾践观其粪便察看病情，更让人不可思议的是，据野史记载，据说勾践还亲自尝了尝。虽然后来勾践卧薪尝胆、发奋图强灭吴国报了仇，但是吃夫差的屎，想想都让人恶心，你说当个君王容易吗？不管怎么说，勾践最后成事儿了，咱再来侃侃“没成事儿”的。

《礼记·檀弓下》记载，春秋时齐国闹饥荒，黔敖在路旁施舍食物，用来给经过的饥饿的人吃。这时有个饥饿的人用袖子蒙着脸，拖着鞋子，昏昏沉沉地走来。黔敖左手拿着食物，右手端着水，说道：

“喂！来吃！”饥民抬起头瞪大眼睛盯着他说：“我就是因为不愿意吃带有侮辱性的施舍，才饿成这个样子的！”尽管黔敖向他道歉，但最后这个人还是不肯吃而饿死了，这就是“不食嗟来之食”的典故。

“嗟来之食”是指带有侮辱性的或不怀好意的施舍。

《史记·伯夷列传》载：武王已平殷乱，天下宗周，而伯夷、叔齐耻之，义不食周粟，隐于首阳山，采薇而食之。

古有伯夷、叔齐不食周粟，近有朱自清不领美国救济粮，饿死为小，志节为大，穷人有穷人的骨气。现代人也许觉得这是“愚”，只能说明是现在的世道变了，“不知廉耻”已经变得“时尚”了。须知，正是因为我们中华民族有了“不食嗟来之食”之精神才能创造出五千年的灿烂文化！

下面接着说正题，我再介绍两种大家耳熟能详传自周朝的美食：羊肉泡馍、岐山臊子面。

羊肉泡馍最早为西周礼馔，历史悠久。据史料记载，牛羊肉泡馍是在古代牛羊羹的基础上演变而成的。古代许多文献，如《礼记》以及先秦诸子都曾提及。

牛羊肉羹最初多用于祭祀及宫廷御筵。西周时就曾将牛羊肉羹列为国王、诸侯的礼馔。《战国策》记载，中山国君由于一杯羊羹而激怒了司马子期，司马子期怒而走楚，说楚王伐中山招致亡国的命运。据《宋书》记载：南北朝时，有个叫毛修之的俘虏因向宋武帝进献美味羊羹而被封为太官史，后又高升为尚书光禄大夫。到了隋朝，谢峰著的《食经》上出现了“细供没忽羊羹”。羊羹者，也就是用羊肉烹制的羹汤。此应为最初牛羊肉羹和面食混作的烹调形式。后经过唐、五代、宋、元、明、清等朝，逐渐演化成现在的羊肉泡馍。据说，现在西安老孙家的羊肉泡馍最正宗。

侃完了羊肉泡馍，咱再说说岐山臊子面。臊子面源于周代尸祭制

度的“竣余”礼仪，即先敬神灵祖灵。在当时，那是神仙才能吃的东西，神仙吃剩下的才能轮到君卿，估计最后轮到一般人时也就只剩汤没有面了。不过我倒是觉得臊子面的汤要比面更有技术含量。由于这种遗俗在陕西长期存在，尤以宝鸡市岐山县的岐山臊子面最为正宗最为出名，所以就称为岐山臊子面。

现在的臊子面也是岐山、关中一带招待客人的便饭，比如新媳妇过门，孩子生日、老人祝寿等仪式，通常都以臊子面招待客人。而且据说吃这东西还有讲究，不论谁家办红白喜事，第一碗臊子面是不能先上席的，而是由小字辈端出门外泼两次汤，象征祭祀天神、地神，剩下的汤称“福把子”，泼向正堂的祖灵牌位，然后才能上席，并按辈数和身份次序上饭。过去吃面剩下的汤不能倒掉，还得回锅，即取“竣余”的余字之意。不过现在敬神灵和祖灵，吃回锅汤的习俗已经改变了。

有人会问，周朝的美食那样多，你干嘛要介绍这两种面食呢？我告诉大家，其一，这两种东西我最爱吃，想想羊肉泡馍料重味醇，肉烂汤浓，肥而不腻。再想想岐山臊子面的薄、筋、光、煎、稀、汪、酸、辣、香就让人流口水。其二，在周朝只有神仙和天子才能享用这些东西，而现在普通老百姓也能吃到，说明生活在今天的咱们有口福啊！

讲到这里有的读者会问：你说了这么多周朝的好吃的，这都是谁做的啊？我可以肯定地告诉您，这些都是厨师做的，而且还是御厨。

据史书《周礼·天官·累宰》记载，周朝有“膳夫、庖人、内饔、外饔、亨人、猎人、食医”等职官，其中负责国王、王后膳馐、食疗的就有三千多人。

第一位隆重出场的是差点在我目中成了祖师爷的易牙。这位我曾在前文中简单地介绍过，虽然人品不咋样，但就对烹饪这一行的贡献来说，别人还真比不了。

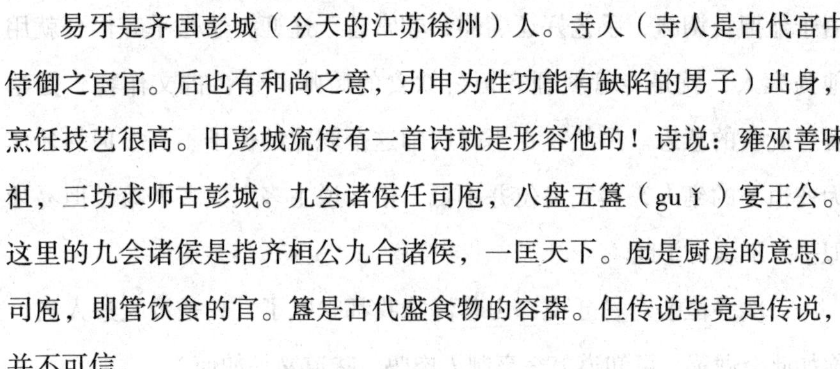

易牙是齐国彭城（今天的江苏徐州）人。寺人（寺人是古代宫中侍御之宦官。后也有和尚之意，引申为性功能有缺陷的男子）出身，烹饪技艺很高。旧彭城流传有一首诗就是形容他的！诗说：雍巫善味祖，三坊求师古彭城。九会诸侯任司庖，八盘五簋（guǐ）宴王公。这里的九会诸侯是指齐桓公九合诸侯，一匡天下。庖是厨房的意思。司庖，即管饮食的官。簋是古代盛食物的容器。但传说毕竟是传说，并不可信。

王充在《论衡·谴告》中说：易牙之调味也，酸则沃（浇）之以水，淡则加之以成，水火相变易，故膳无咸淡之失也。意思是说易牙通过水、咸（盐）、火的调和使用，能做出酸咸合宜，美味适口的饭菜来。这还不算，后人撰写食经之类的作品时，托名易牙也很常见。例如，明代人韩奕曾经以造、脯、蔬菜、笼造、炉造、糕饼、斋食、诸汤和诸药八类内容编成一书，书名就托称为《易牙遗意》。另外，明代人周履靖著《续易牙遗意》也是托名的仿古食经之作。看来这位前辈果然名不虚传！

不但如此，做为一个厨师，易牙对于味道也有惊人的鉴别力。《吕氏春秋·精谕》记载过孔子说的话：淄渑之合者，易牙尝而知之。“淄渑”是淄水和渑水的并称，都在今天的山东省，相传二水味道各不相同，混合则难以辨别，但易牙能够分辨出来。可见易牙味觉之敏感，厨技之高超，连孔子都倍加推崇。《临淄县志·人物志》也曾记载：易牙善调五味，渑淄之水尝而知之。

孟子在《孟子·告子上》中高度评价易牙调和口味的能力：口之于味，有同嗜者也，易牙先得我口之所以嗜者也……至于味，天下期于易牙，是天下之口相似也。由此可见，易牙的确是当时最为有名的善于调和口味的名厨。

易牙不但是厨师，而且他还是靠“卖盐发家”的齐桓公的近臣，

由于他擅长调味，手艺好还嘴甜，非常善于逢迎，于是乎齐恒公就用他为雍人，就是专管料理齐桓公饮食的厨师。雍，古文作饔，是早餐、晚餐的意思。虽然，在当时厨师这个职业的位子不高，但易牙作为齐恒公的雍人，其实地位并不低，俗话说主多大奴多大嘛！但易牙似乎并不满足于此。

一次齐桓公对易牙说：山珍海味我都吃腻了，只是没吃过人肉，你如此会做菜，可知道怎么烹制人肉吗？味道又是如何？

其实，桓公本是无心的戏言，而易牙却把这话牢记在心，一心想着怎样才能作顿人肉宴给桓公吃，好博得桓公的欢心。于是他想到了自己的儿子，于是……

齐桓公在一次午膳上，吃到一盘鲜嫩无比且从未吃过的肉菜，便问易牙：此系何肉？

易牙哭着说：乃臣子之肉，献于大王尝鲜。

当齐桓公得知这是易牙儿子的肉时，感到内心一阵恶心，很是不舒服，但他却被易牙杀子为自己做食的行为所感动，认为易牙爱他胜过亲骨肉，从此齐桓公便更加宠信易牙。这就是“烹子献糜”的典故。

从这里我们就可以看出来了，易牙“心黑手辣”、利欲熏心，简直就是心理变态，实在不是我辈之楷模！俗话说：虎毒还不食子呢！也难怪，他寺人出身，这就不奇怪了，一般这种人心理都比较阴暗。这也说明了齐恒公也是一个“缺心眼儿”的家伙，从史料上看齐恒公还真缺心眼儿，他还曾想把相位传与易牙。

周襄王七年（公元前645年），为齐桓公创立霸业呕心沥血的管仲患了重病，齐桓公去探望他，询问他谁可以接受相位。

管仲说：国君应该是最了解臣下的。可齐桓公欲任用鲍叔牙为相。

管仲诚恳地说：鲍叔牙是君子，但是他善恶过于分明，见人之一

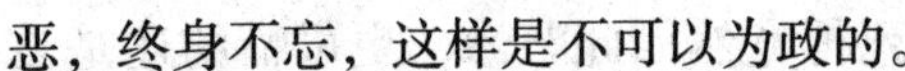
恶，终身不忘，这样是不可以为政的。

齐桓公问：易牙怎样？

管仲说：易牙为了满足您的要求，不惜烹了自己的儿子以讨好国君，没有人性，不宜为相。还恳请国君务必疏远这两个人，宠信他们，国家必乱。

管仲说罢，见齐桓公面露难色，便向他推荐了为人忠厚，不耻下问、居家不忘公事的隰（xí）朋，说隰朋可以帮助国君管理国政，这就是历史上有名的管仲遗训。

遗憾的是，齐桓公并没有听管仲的话，任用易牙、竖刁、开方等人为近臣。不久之后，齐桓公就尝到了自己“缺心眼儿”的后果。

“周公恐惧流言日，王莽谦恭未篡时。向使当初身便死，一生真伪复谁知。”白居易的这首诗说得太绝了，是非功过、忠奸与否，必须假以时日，才能看得清楚。可是时间不长，仅仅过了两年，也就是公元前643年，齐恒公也得了重病，国家是内忧外患，可那位会做菜的近臣易牙他老人家竟然与竖刁、开方等拥立公子无亏为新主子，还迫使太子昭奔宋，齐国五公子（公子无亏、公子昭、公子潘、公子元、公子商人）各率党羽争位。因此而发生内战。易牙等人派人堵塞宫门，并假传君命，还不许任何人进宫。

史载有宫女二人，乘人不备，越墙入宫，探望齐桓公，这时候的桓公正饿得发慌，就向宫女索取食物。宫女便把易牙、竖刁作乱，堵塞宫门，无法供应饮食的情况告诉了齐桓公。桓公仰天长叹，懊悔地说：如死者有知，我有什么面目去见仲父（管仲）？

当年冬天十月初七，齐桓公饿死。也有史书上说齐恒公是病死的。我更趋向于是病饿交加。齐恒公死后，五公子互相攻打对方，齐国一片混乱。齐桓公尸体在床上放了六七十天，尸虫都从窗子里爬了出来也没人管。直到十二月十四日，新立的齐君无亏才把齐桓公收

敛。可惜！春秋五霸之一齐恒公死得竟然如此悲惨，更可惜的还是被一个厨子给“涮”了，可能这也成就了易牙“辉煌业绩”中的一笔吧！

其实，齐桓公不是东周历史上因没有吃的而被饿死的皇帝。赵武灵王名气比较大，一提起他，马上就会有人想起那个著名的成语“胡服骑射”。但就是这位，在以绝对优势稳定了北方局势后，便不再满足于最初提出的奋斗目标，而是把主攻目标移到中原，力图完成全国统一大业。他将王位传给了次子赵何，自称“主父”，然后统率他亲手缔造的骑兵，准备从河套一带南下大干一场——袭秦。正当赵主父雄心勃勃之时，赵国内部发生了政变。由于他在立赵何为王之后，仍在长子赵章与次子赵何谁为继承人的问题上，感情用事，优柔寡断。正当他犹豫未决之时，政变发生了。

据《史记·赵世家》记载：惠文王四年，公子章“作乱”，先杀相国肥义，后公子李成、李兑起兵“靖难”，打败了公子章。公子章兵败后投奔主父，主父收容了他。公子李成、李兑围攻主父所居的沙丘宫，杀死公子章。他们害怕主父秋后算账，就将主父围困在宫中。“主父欲出不得，又不得食，探爵鷇（小麻雀）而食之，三月余而饿死沙丘宫。”

看来本事再大，没有了权力，没有了吃的，照样得被饿死，只不过多饿几天而已！

书归正传，咱们回到易牙这里。那么易牙呢？后来传说易牙干预国政，事败后避居彭城，重操烹饪业，干起了饭馆，后无诡被绞死，不得善终。不过，易牙死后，他所创的食疗菜却在彭城（今徐州）流传开来。

易牙虽“杀子以适君”，并参与发动政变，被后人所唾弃，但易牙作为厨艺的化身，已深深地融入到中华民族源远流长的饮食文化

中。更有人封他为厨师的祖师爷。

至打入行的那一天起，王永海师傅就教导我：做事先做人，人都做不好就甭谈做事了！可叹的是这么一位残杀骨肉、乱政弑君的家伙竟然被后世的人奉为始祖，是非善恶自在人心，还是任由后人评说吧！

说一句题外话，大家在削山药时是不是觉得手会被山药的皮刺激得奇痒难忍？史书上记载说，易牙通过多次实践终于找到了一个解除发痒的办法，就是在削山药之前先咬一口，嚼一嚼，这样在削山药时就不会再痒了。照这个方法我试了一下，结果不但手痒，就连舌头也痒痒！

易牙为齐国人，他所烹之菜也就是齐国菜。齐国菜是我国最早的地方风味菜，后来又发展成为鲁菜。鲁菜因其源于“齐鲁之邦”而得名，也是我国最早的地方风味菜。现鲁菜以其味鲜咸脆嫩、风味独特、制作精细而享誉海内外。理性地说，易牙无疑对鲁菜的发展是有功的，这一点咱还真不能抹杀。

侃起鲁菜就不能不说到另外一个人，他就是孔子。孔子是鲁国人，他的头衔很多，教育家、思想家、哲学家、社会活动家……长长的一串，有人认为，还应该再加上一个：美食家。

证据如下：孔子是一个十分讲究饮食的人，他的讲究涉及礼仪、卫生、口味等各个方面。《论语·乡党》有一节文字可以视为孔子的饮食文化思想纲要，即“食不厌精，脍不厌细”。食饐而餲（aì）、鱼馁而肉败，不食；色恶，不食；臭恶，不食；失饪，不食；不时，不食；割不正，不食；不得其酱，不食。肉虽多，不使胜食气。惟酒无量，不及乱。不撤姜食。祭于公，不宿肉。祭肉不出三日，出三日不食之矣。食不言，寝不语。虽蔬食菜羹，瓜祭，必齐斋如也。

由此可见，孔子对饮食的讲究之多，为常人所望尘莫及。但我认

为孔子是美食家似有不妥之处。

史书记载，孔子一生志向远大，一心想用自己渊博的学识为朝政出力。但事与愿违，孔子除了20多岁的时候在鲁国当过管理仓库的闲官之后就一直没有得到重用，直到快50岁的时候，才被鲁定公任命为地方的行政长官，第三年升为司空，相当于工程建设部长。第四年，51岁的孔子当上了鲁国大司寇，相当于今天的司法部长，但这也仅仅干了三个月，就被季氏等人撵下了台。

其实，孔子一直到73岁因病而卒，在50多年的仕宦生涯中曾遭受多次重大挫折，并被迫带领弟子周游列国，流离失所长达十四年之久。可见当时孔子的处境并不像今天这样好。因为儒家在当时还不是正统，也不太招人待见。直到汉代儒家学说才被统治阶级定为正统思想，当然，这是后话。

孔子说：自行束修以上，吾未尝无诲焉。这里的“修”，是指干肉，十条干肉为一“束”。“束修”就是十条干肉。孔子这句话的意思是，学生自己带来十条干肉，我从来没有不教诲的。也就是说，十条干肉是孔子规定入学的最低价格。咱们可以想到，以孔子的修养是不可能搞贪污的，可见孔子的生活水平并不太高，所以孔子才发出了“君子食无求饱，居无求安”之类的“感慨”。生活水平不高就不可能吃得太好，所以，给孔子定义为“理论美食家”才准确。但这并不妨碍孔子美食理论对鲁菜乃至中国文化的影响。而“食不厌精，脍不厌细”，更是成为后世对美食制作的最好注解。

多说几句，鲁菜的形成与发展，是由山东的历史文化、地理环境、经济条件和风俗习惯所决定的。山东是我国儒家文化的发祥地，所以说儒家文化对鲁菜的发展有着深刻的影响。

鲁菜选料考究，刀工精细，技法全面，调味平和，菜品繁多，对火候的要求尤为苛刻严格，强调鲜脆嫩的成菜效果。中低档大众菜

往往葱香、酱香突出，以炒、烧为主，佐面食为妙，在我国以面食为主的地区广泛流行；鲁菜高档菜品中常用高汤以及水发海参、新鲜鲍鱼、鱼翅、泰山赤鳞鱼等名贵食材，多采用扒、蒸等技法，具有宫廷菜、官府菜的流风余韵。鲁菜“堂堂正正，不走偏锋”，成菜大方古朴，口味鲜美纯正，符合儒家饮馔的美学要求。因此，鲁菜在中国饮食文化中有着举足轻重的地位。当然，这是现代的鲁菜。

鲁菜是山东及大部分北方菜的代表，菜系里最有地位的要算孔府菜。在中国封建社会，孔府即是公爵之府，也是圣人之家。号称“天下第一家”，比皇帝的家都要显贵。历代的统治者都把孔子的后裔封为“圣人”。从明清到近代，统治者更是尊封孔子的后人为“袭封衍圣公”，官列“文臣之首”，所以孔府也曾一度权势显赫。而孔府菜是由于孔府在历代封建王朝中所处的特殊地位而保全下来的。其实，孔府菜也曾一度是乾隆时期官府菜的代表。

“食不厌精，脍不厌细”是孔子的论述，历来作为饮食名言而带带相传。孔氏子孙在饮食方面较“圣人”孔子更是有过之而无不及。因此，经过千万厨役的劳动，才创造了独具特色的孔府烹饪。

孔府烹饪基本上分为两大类。一类是宴会饮食，一类是日常家餐。

宴会席用于接待贵宾、上任、生辰家日、婚丧喜寿时的特备，宴席遵照君臣父子的等级，有不同的规格。第一等用于接待皇帝和钦差大臣的“满汉全席”，是以清代国宴的规格设置的，使用全套银质餐具，上菜196道，全是山珍海味，熊掌、燕窝、鱼翅等。另一种喜庆寿宴的高摆宴席，宴席上有四个“高摆”，是用江米面做成的圆柱体，像一支粗大的蜡烛，外面用各种干果拼成图案和字形，写有“寿比南山”等吉言，每组一个字，摆在银盘中，成为宴席的特殊装饰品，庄重高雅。孔府菜中有不少掌故菜肴，如“孔府一品锅”“带子上朝”

“怀抱鲤”等。

孔府的另一类菜肴就是“家常菜”。从米粥、煎饼、咸菜、豆腐到豆芽、香椿、鸡蛋、茄子，这些来自民间的普通原料，经过孔府厨师的精巧制作，成为孔府的独特菜品。其原则是“精菜细作，细菜精烹”，所以孔府的家常菜也是别有风味的。宴席菜和家常菜虽然有时相互通用，但就烹饪本质而言还是有区别的，这里咱们仅侃其大势，勿过深究。

历史变迁，时光流转。一个个封建王朝兴亡更替，经过历史的淘汰，作为官府菜真正能够完整流传下来的，实在是凤毛麟角，所以孔府菜为菜中国宝。当然，当时的孔子显然没有这样的待遇。

关于孔府菜咱们就先侃到这里。下面咱们再来说一说另一位来自周朝的厨师，这个人名气更大，不能说是妇孺皆知，但绝对能让我们“热血澎湃”。在介绍他之前，我们还要说到另一位人物，他就是伍子胥。

伍子胥，名员字子胥，由于吴国封他于申，因此也有人叫他申胥。春秋时期楚国椒（今安徽阜南县焦陂镇）人。具体生辰不详（也有的人考证说他出生于公元前559年），死于公元前484年，春秋末期吴国著名军事家、谋略家。史书记载伍子胥其父、兄为楚平王所杀，他逃至吴国，助吴王阖闾筑城练兵，发愤图强，官至相国。

难道这位相爷也是厨师？那倒不是，但是他却发明了一道美食——年糕。

相传吴王阖闾命伍子胥筑阖闾大城，建成后办大宴为众将群臣庆功。席间唯有伍子胥闷闷不乐，因为他料吴王骄奢不防备越王勾践和范蠡，国家迟早将亡。于是回营后他便密嘱身边随从，说我死后，如国家遭难，民饥无食，可往相门（苏州六个主要城门之一）城下掘地三尺得食。果如所料，伍子胥后来遭诬陷身亡，吴国被越军横扫而灭。这时都城断粮，饿殍遍野。随从们带领百姓前往相门拆城掘地，这才发现原来相门的城砖不是泥土所做，而是用糯米磨成粉做成的。从此，人们为了纪念并铭记伍子胥的功绩与忠烈，就在春节这一天家家吃年糕。虽然这事儿未见正史记载，有的历史学家对伍子胥“背叛”自己的祖国，掘楚平王墓，鞭尸三百，以报父兄之仇很有争议。但我们在品尝美味年糕时，还是别忘了这东西是伍子胥他老人家发明的。

其实，年糕作为一种食品在中国具有悠久的历史。1974年，考古工作者在距今七千多年的浙江余姚河姆渡遗址（余姚河姆渡母系氏族社会遗址）中就发现了颗粒饱满、保存完好的水稻种子，这说明早在七千年前我们的祖先就已经开始种植稻谷。汉朝人对米糕就有“稻饼”“饵”“糍”等多种称呼。汉代扬雄的《方言》中就已有“糕”的称谓，魏晋南北朝时就已流行。从米粒糕到米粉糕的制作过程，古人在公元六世纪的食谱《食次》中就已有记载了。方法如下：熟炊秫稻米饭，及热于杵臼净者，舂之为米咨糍，须令极熟，勿令有米粒……即将糯米蒸熟以后，趁热舂成米咨，然后切成桃核大小，晾干油炸，滚上糖即可食用。只不过那时这种食品还不叫年糕，而是称作“白茧糖”。

书归正传。正是由于伍子胥的引荐，才引出了下面这位春秋时期的名厨。那么，他是谁呢？他又干了哪些彪炳史册的事儿呢？各位别急，听我慢慢侃。他就是大名鼎鼎的专诸。啊？专诸不是刺客吗？没错，下面要介绍的这位名厨，就是号称中国古代“四大刺客”之一的专诸。要说刺客怎能和厨师扯上关系，那真是小孩儿没娘——说来话长，听我慢慢道来。

专诸，生辰不详，死于公元前515年，亦称鱄设诸，籍贯为春秋时吴国堂邑（今南京市六合区西北）。史书上说专诸是屠户出身，长得

目深口大，虎背熊腰，英武有力，整天打架滋事、惹是生非，而且还天不怕地不怕，唯有他的妻子出来唤他回家的时候，他二话不说乖乖地跟着回家。

清人袁枚引《越绝书》称：专诸与人斗，有万夫莫当之气，闻妻一呼，即还，岂非惧内之滥觞乎？所以袁枚认为专诸“惧内”——怕老婆。后来大家就人云亦云，也都以为专诸惧内。其实，专诸的妻子手里拿的是他母亲的拐杖，专诸是不想让母亲着急生气，所以才乖乖回家。从这里我们可以看出，专诸其实是一个十分孝顺的孩子。

赶巧这事儿让伍子胥（就是发明年糕的那位）碰见了，子胥很奇怪：一个有万夫莫当之勇的大汉，怎么会被一个小女子拿住？专诸告诉他，能屈服在一个女人手下的，必能伸展于万夫之上。伍子胥见专诸是个人才，便把他引荐给了公子光。这才引出了后来的专诸刺王僚。

有人就问了，这不还是刺客吗？顶多也就是一个杀猪的，哪里有一点厨师的影子？看您，又心急了不是？史书上又说了，专诸得悉僚爱吃炙鱼，为了接近以便刺王僚，便在太湖畔拜太和公为师，学做炙鱼。你看这不就跟厨师扯上关系了嘛！

话说专诸学艺3个月，终于把炙鱼手艺学成（类似于今天的速成班儿，这期不会下期免费再学）。这期间的学习过程咱就不侃了，史书上也没记载太多，反正专诸把做炙鱼的手艺学成了。

说到专诸的师傅，就引出了太和公（也有叫太湖公的）这位春秋时期的名厨。

太和公，姓箫名良，春秋末年吴国无锡人。精通制作水产品为原料的菜肴，传以炙鱼闻名天下，深得吴王姬僚的喜爱。有后人评价：凡啖箫良炙鱼者，三月不思异味。意思就是说：凡是吃了太和公做的炙鱼，三个月内别的东西都不想吃。由此可见他老人家的炙鱼做得有多好！手艺得有多高超！不过话又说回来，太和公的超凡手艺，后竟被专诸刺杀王僚用于宫廷之乱，这可能连他自己也是始料不及的。多聊几句，现在苏杭一带的名菜“糖醋鱼”乃“糖醋黄河鲤”的简称或俗呼，其实就是“全炙鱼”（又称全鱼炙）的传承及代表，而它的发明者便是教专诸做鱼的太和公。

闲话短说，咱们还是回到公元前515年，公子光乘吴国内部空虚，与专诸密谋，以宴请吴王僚为名，藏匕首（鱼肠剑）于鱼腹中进献，姬僚因贪食炙鱼，遂特来参加姬光的家宴。专诸藏短剑于炙鱼腹内，鱼脊朝外，鱼肚朝己，进献炙鱼。专诸还未走近王僚，炙鱼的香味就已飘满整个屋子，馋得王僚口水直流。然后，专诸把鱼放在桌子上，从炙鱼肚子里抽出鱼肠剑，刺死了王僚。而专诸也被吴王的卫队乱刃杀死。史称“专诸刺王僚”或“鱄设诸刺吴王僚”。

这之后，杭州便留下了一个规矩，上鱼菜时，鱼脊不可朝向主人。

专诸和王僚死后，公子光自立为王，是为吴王阖闾，为了纪念专诸的功绩，阖闾封专诸之子为卿。专诸死后葬于鸿山东岭，相传无锡市大娄巷的“专诸塔”就是阖闾替他葬的优礼墓。因专诸在太湖边学过炙鱼之术，所以也有无锡厨师把他奉为“厨师之祖”。相传在旧时，城内居民还时常前往焚香祭奠。

那么，当时专诸究竟做了一道什么菜让王僚丧命了呢？我查阅一下资料，史书上只简单地介绍，专诸做的是“炙鱼”，其他并无详细记载。后有人考证认为，现在苏杭一带流行的名菜“糖醋鱼”（糖醋黄河鲤）就是专诸所做之鱼。但我对这种说法并不是十分认同。虽然诗经《大雅·绵》中就有“堇荼如饴”，《战国策》中也有“调饴胶丝”的记载，说明这一时期已经出现了糖；虽然在3000多年前的《周礼》中就有记载周朝朝廷设有管理醋政之官——“醯人”，说明这个时期也发明了醋，但我总觉得哪里不对劲儿。至于后来用番茄沙司做的“糖醋鱼”就更不对了，要知道西红柿是明朝时才传入中国的。

那么，当年专诸究竟做了一道什么鱼菜呢？我们都知道，现代餐桌上的“糖醋鱼”是炸熟的，难道专诸做的鱼也是炸熟的吗？

咱们先考证一下“炙”字的本义。炙是古代重要的烹饪方法之一，在我国烹调史上占有特殊的地位。《诗·小雅·瓠叶》中有“有兔斯守，燔之炙之”。“炙”从字面上解释为肉在火上烤，本意是烧烤。《说文解字》云：炙，炮肉也，从肉火之上。炮当做灼也，火灼曰炙。凡炙之属皆从炙。《颜氏家训》记载得更为详细：炙，炮肉也，凡傅于火曰燔，毋之而加于火曰炙。裹而烧者曰炮，柔者炙之，乾者燔之。因此专诸所做的菜应该是烤鱼了。

有的人说专诸烤的是鳜鱼，而有的人说是鲤鱼。对此我也一直困惑，百思不得其解。直到有一天我在新浪博客里浏览时，发现了亚里斯多锐同志的博文，我才恍然大悟。原来专诸做的不是“糖醋黄河鲤”这道菜，而是“梅花凤鲚炙”。

梅花是严冬的寒梅，凤鲚是太湖里只在酷暑时才出现的梅鲚（吴县的太湖梅鲚被誉为“太湖三宝”之一）。我见过这种鱼，形状跟匕首相似（藏刀正合适），体侧扁，尾尖，形似竹刀，银白色，因其尾部分叉，尖细窄长，并呈红色，犹如凤尾，故又称“凤尾鱼”，是太湖名贵鱼类品种。这种鱼骨嫩鳞细，银光闪闪，肉质肥嫩，一般身长6~12厘米，隔年的梅鲚身长可达三四十厘米。不过现在由于滥捕滥捞，身长三四十厘米的梅鲚已经很少见了。前几年为了开发新菜肴，我也从市场上买了几条梅鲚试制，想重现当年的美味，只可惜买来的梅鲚太小，鱼肉太薄，最后只能做成香酥鱼。看来，由于原料所限，当年的“梅花凤鲚炙”是不可能“重出江湖”了！

梅鲚鱼肉嫩味鲜，富含蛋白质，特别是它的软骨和卵含有大量的钙质，是滋补人脑和骨髓的佳品，尤其适合青少年。所以，历朝历代都将梅鲚视为人间难得的美味。而在明朝，梅鲚就作为“贡品”献给朝廷。《万历野获编》中这样记载：从明朝洪武年起，太祖命每年岁贡梅鲚万斤。故梅鲚又称作“贡鱼”。

“梅花凤鲚炙”就是用严冬寒梅的枝干来烤炙盛夏太湖里的凤尾鲚鱼。据说以此法烤炙出来的凤尾鲚鱼，鱼肉中带着梅花的清香，热焰中带着冬梅的寒气，温而不燥，其肉质之鲜嫩，香气及美味，无法用语言来描述。据说此菜在春秋末年的吴国昙花一现后，就失传了。问世间食客无数，仅吴王僚一人闻过此香味，却还没来得及品尝一口、发出一声赞叹就魂兮归去了。

也有人考证，专诸烤的应该是酿馅的白鱼，但孰对孰错已经不重要了，专诸所炙之美味就如《广陵散》一样，随着嵇康的离去，只能出现在我们饕餮的梦里，而成为千古绝唱。

看到这里有人不禁会问：你说的专诸是厨师？怎么看也是刺客！

专诸是刺客，但是他是以厨师的身份行刺的，半路出家学厨的也是厨师，更何况专诸的厨艺能让一个人冒着生命危险去品尝进而丢掉性命！

都说吃能改变历史，恐怕专诸刺王僚就是个很好的例子。如果王僚不贪吃，就不会被人暗杀；如果王僚不死，就没有后来的吴王……可历史不能假设。

其实，不单是专诸能跟吃的扯上关系，和他一样，号称四大刺客之一的荆轲也跟“吃”有渊源。据《东周列国志》记载：太子丹有马日行千里，荆轲言马肝味美，须臾，庖人进肝，即所杀千里马也。大概意思是，荆轲刺杀秦王前，燕太子丹为他送行，在请他吃饭的时候，荆轲随便说了句“马肝菜”很好吃，太子丹就让人把自己的千里马杀掉，做了道“马肝菜”给荆轲吃。具体“马肝”这道菜是怎么做的已不可考，但以动物的肝脏做菜须严格的掌握火候，可见当时的烹调技术已经达到了一定的水平。

这章就到这里。在感叹齐恒公、王僚为了“吃”付出“惨痛”代价之余，我们照例总结：周王朝共传30代37王，存在了800余年。可以说，周朝的饮食发展为中国的烹饪文化打下了坚实基础，并在中国饮食文化发展中占有很重要的地位，堪称饮食文化的奠基期。尤其到了周朝后期，也就是春秋战国时代，各路诸侯争霸，更是出现了“百家争鸣”的局面，饮食文化也出现了一个小高潮。而这个时期，周室开始衰微，只保有天下共主的名义，而无实际的控制能力。同时，一些被称为蛮夷戎狄的民族，在中原文化的影响和民族融合的基础上很快赶了上来。中原各国因社会经济条件不同，大国间争夺霸主的局面出现，各国的兼并与争霸促成了各个地区的统一。因此，春秋战国时期的社会大动荡，也为全国性的统一准备了条件。下一章我们将进入大一统的秦朝。

第六章　融合的吃——秦朝

要说秦朝，咱们就先介绍一下秦国，有的人经常把它们两个名称混淆了，其实这是两个不同的概念。

秦国，是秦朝的前身，本来是春秋战国时期的一个诸侯国。秦人也是华夏族的一支，传说周武王因秦的祖先善养马，因此将他们封在秦地。公元前770年，秦襄公因护送周平王东迁有功，被封为诸侯，建立秦国。而秦朝则是中国历史上第一个帝国，由秦始皇嬴政一手创立，秦国自公元前230年至前221年，先后灭韩、魏、楚、燕、赵、齐六国，建立了中国历史上第一个统一的、多民族的、专制主义中央集权制的国家——秦朝。说白了，秦国原来只是周朝的一个诸侯国，始皇登基才建立了秦朝。

书归正传，还是回到“吃”的上面来。在上一章里咱们讲到了周朝，话说到了春秋战国时期，随着周王室权威的衰落，各个诸侯国之间开始互相攻击。其实，春秋战国数百年来，一直就是强国吞并小国的历史。而各个诸侯国互相吞并，又造成了各个民族之间的融合，并在饮食文化上逐渐形成了多种风味。

在北方，古齐鲁是我国古代文化发祥地之一，其饮食文化历史悠久，烹饪技术比较发达，形成了我国最早的地方风味鲁菜的雏形。

在南方，楚人称冠，此时的楚国，东滨大海，西拥云贵，南临太湖，长江横贯中部，水网纵流南北，气候寒暖适宜，土壤肥沃，占有

今天的“鱼米之乡”。“春有刀鲚，夏有鲥，秋有肥鸭，冬有蔬”，一年四季，水产畜禽菜蔬相继上市，为烹饪技术发展提供了优越的物质条件，并逐渐形成了今天苏菜的雏形。

在西边，由于秦国和秦朝曾先后两次大量移民蜀中，这给四川地区带来了先进的生产技术，也对四川的饮食发展起到了巨大的推动和促进作用。

其实，早在秦惠文王九年（公元前316年），秦国吞并蜀国后，秦为了将蜀地建成其重要的后方基地，就决定彻底治理岷江水患。公元前256年—前251年，李冰被秦昭王任为蜀郡（今成都一带）太守。

李冰是战国时代著名的水利工程专家。有人会问，一个水利工程专家跟吃的有啥关系？我可以肯定地告诉您，有关系，非常有。

古代蜀地（今四川）非涝即旱，有“泽国”“赤盆”之称，由于环境恶劣，那里的人们也没得吃，从来就是饥一顿饱一顿，而李冰的出现，将这一切都改变了。

中外驰名的都江堰位于四川省中部岷江中游，2012年我参加了清华大学“走进四川”的社会实践活动，曾亲眼看见了这个具有历史意义的伟大水利工程。整个工程是由分水堰、飞沙堰和宝瓶口三个主要工程组成的，它的规模宏大，地点适宜，布局合理，兼有防洪涝、灌溉、航行三种作用。都江堰的修成，不仅解决了岷江泛滥成灾的问题，而且从内江下来的水还可以灌溉周围十几个县，面积达三百多万亩，确保了当地农业生产，而李冰正是都江堰的设计者和兴建的组织者。

除都江堰外，李冰还主持修建了岷江流域的其他水利工程，“导洛通山，洛水或出瀑布，经什邡、郫，别江”“穿石犀溪于江南”“冰又通笮汶井江，经临邛与蒙溪分水白木江”“自湔堤上分羊摩江”，等等。

水利的开发，使蜀地农业生产迅猛发展，并成为闻名全国的鱼米之乡。“下巴蜀之粟致之江南” “剑南（治今成都）之米，以实京师”。水道开通，使岷山梓柏大竹“颓随水流，坐致材木，功省用饶。”而且有名的蜀锦等当地特产亦通过这些水道运往各地。

这时的蜀地成为“旱则引水浸润，雨则杜塞水门，故水旱从人，不知饥饿，则无荒年之地。”天下更谓之曰“天府”。

值得一提的是，两千多年来，都江堰一直发挥着巨大的排灌作用。可以说，李冰修建的都江堰水利工程，不仅在中国水利史上，而且在世界水利史上也占有光辉的一页。

李冰任蜀守期间，还对蜀地其他的经济建设做出了贡献。“识察水脉，穿广都（今成都双流）盐井诸陂地，蜀地于是盛有养生之饶”。在此之前，川盐开采处于非常原始的状态，多依赖天然咸泉、咸石。李冰创造的凿井汲卤煮盐法，结束了巴蜀盐业生产的原始状况。这也是中国史籍所载最早的关于凿井煮盐的记录。

李冰为蜀地的发展做出了不可磨灭的贡献，他不像“胸怀天下”的帝王那样拥有伟大的理想，而是为了让人们能吃饱食，以自己特有的方式造福百姓，同样是真英雄，值得人们永远怀念他。由于他的功德，四川人民更是尊之为“川主”。

正是由于李冰的创业，才使成都不仅成为四川而且是西南政治、经济、交通的中心，同时也成为全国工商业和交通极为发达的城市。城市的发展，更是带动了饮食的发展，这个时期，无论是烹饪原料的取材，还是调味品的使用，以及刀工、火候的要求和专业烹饪水平，均已初具规模，已具有菜系的雏形，但那时的四川还没有辣椒。

在西南，秦国人进入云南垦殖，给西南边远山区的人们带去了先进生产力，并使汉族饮食文化和云南少数民族饮食文化相交融，进而出现了滇味，产生了云南菜的雏形。

在东南，秦国的统一大业进行到后期，为了显示出始皇帝的文治武功，秦国进军岭南，和当地的土著进行多年的战争及文化交融（饮食也交融）。史书上记载：当时赵佗为南海郡龙川县令（后为南海尉），后发兵兼并桂林、南海和象三郡，建立南越国（汉高祖十一年受封为南越王）。他利用广州地处东南沿海，珠江三角洲气候温和，物产丰富，可供食用的动植物品种繁多，水陆交通发达的优势，建立了岭南的政治经济文化中心，那时这里饮食就比较发达。当下广东的饮食文化是由赵佗将中原地区先进的烹饪艺术和器具引入岭南，并结合当地的饮食资源，使“飞、潜、动、植”皆为佳肴，流传至今，进而产生了粤菜。

粤菜源远流长，历史悠久。它同其他地区的饮食和菜系一样，都有着中国饮食文化的共同性。其实早在远古，岭南古越族就与中原楚地有着密切的交往。随着历史变迁和朝代更替，许多中原人为逃避战乱而南渡，那时就已经为粤菜的产生打下了坚实的基础，许多饮食理论学家考证粤菜起源于汉朝是不准确的，确切地说应该起源于秦末。

至此，我国最有影响的“四大菜系”（鲁菜、苏菜、粤菜、川菜）的雏形已经初步形成。

这里要补充的是，秦末时期的四川饮食文化尚未出现地区性特色。从扬雄在《蜀都赋》里记载的“调夫五味，甘甜之和，芍药之羹，江东鲐鲍，陇西牛羊”等信息来看，古典四川菜在西汉晚期才初具规模，那时中原烹饪文化的精神——“五味调和”刚成为四川至少是上层人士饮食才有的基调。虽然“江东鲐鲍，陇西牛羊”说明了四川烹饪原料不是单纯就地选取，而是通过水陆运输从长江下游和秦岭以西获得，但我们应该注意到，上述描述只是暗示这一时期上层饮食情况，古川菜还未出现地区性的特征。在这以前，从《史记》里记载的“文君当垆”，虽然可以推想到蜀地的餐饮业也已经出现，但总体

来说，川菜在秦末基本上被秦先进文化同化。

咱们还是回到大一统的秦朝。话说从公元前230年到公元前221年秦始皇嬴政先后灭掉了六国，完成国家统一，而秦朝从统一六国到灭亡，也只有短短的15年。这期间秦国净忙着打仗，一切都以军事化为标准来满足秦国一统天下的愿望，在“吃”上更是如此。

后人分析秦军打败六国的原因时不外乎以下几条。第一，秦国君贤臣佐；第二，兵多将广、武器先进、士兵勇猛。我是厨师，要以我的眼光看，其实秦军还有一套秘密的制胜法宝，那就是秦军的食物（也就是军粮），这是其他六国都不能比的。要说当年部队打仗吃的东西都差不多，秦国的军队之所以胜出，是因为他们有加餐，也可以说是快餐。

中华饮食博大精深，在春秋战国时已经发明了“方便食品”——年糕，这时发明点“快餐”也没啥好奇怪的。

据考证，在春秋战国时期就已经出现了米饭、大饼。而秦军吃的是肉夹馍。米饭得蒸，虽然大饼可以提前烙好，但是里面没啥“内容”，营养低还不解馋。但是肉夹馍就不一样了，这东西用个面饼夹上香喷喷的腊汁肉，不但可以为战士提供优质的蛋白质和必要的脂肪酸，还可以加强部队的行军和进攻速度。

咱们可以大胆地想象一下，六国的军队和秦军都在为一个重要的战略目标长途奔袭，到了开饭时间，战士们都饿了。其他六国军队的“炊事班”赶紧埋锅造饭，蒸米饭的蒸米饭，烙大饼的烙大饼，可战士们还是没吃上饭。因为做这几样东西费劲儿费时间！秦军就不一样了，战士们一边跑（或是骑马），一边一人一个肉夹馍。就是六国军队都吃烙好了的大饼也赶不上秦军有肉馅的肉夹馍！所以打败仗也就难免了。据史料记载，腊汁肉在战国时称为“寒肉”，当时位于秦晋豫三角地带的韩国已能制作腊汁肉了，后来秦国人完善了加工工艺，

又天才地用大饼夹上吃，才发明了肉夹馍。

猪肉（马肉、牛肉，羊肉等）不但为战士提供优质蛋白质和必需的脂肪酸。还可提供血红素（有机铁）和促进铁吸收的半胱氨酸，能增加血液循环和改善缺铁性贫血，所以说，秦军不打胜仗才怪！

闲话几句，刚开始我见到“肉夹馍”的时候还怀疑过，这不明明是“馍夹肉”，干嘛叫“肉夹馍”呢？首次听说肉夹馍的人，都认为这是病句。其实，“肉夹馍”的叫法是古汉语的省略句式。肉夹馍乃是“肉夹于馍中”。

书归正传。要说“吃”造就了秦国一统天下有可能是天方夜谭，但1975年，湖北云梦县睡虎地11号秦墓出土“喜”的竹简就说明了一切问题。“喜”在竹简上说：在秦军中，级别高低，待遇不同。爵位的高低决定了每顿吃的饭菜都不一样。三级爵位有精米一斗、酱半升，菜羹一盘。两级爵位的只能吃粗米，没有爵位的普通士兵能填饱肚子就不错了。你说为了吃，士兵作战能不勇敢吗？

军粮作为一种战略物资，可以说，能对战术、战略起到决定性作用。在后文咱们还将介绍被欧洲人称为“上帝之鞭”的蒙古骑兵。据说，蒙古骑兵在打仗时，每人都配备两到三匹战马，轮流着骑，既可以保证进攻和行军的速度，还可以在断炊时杀掉一匹马作为军粮。这种“军粮”不仅携带方便，还能保鲜，这也是蒙古骑兵驰骋欧亚大陆的原因之一。

介绍完了秦军的快餐，咱再来讲一讲秦朝的美食家。

吕不韦（公元前292年—公元前235年），姜姓，吕氏，名不韦。原是卫国阳翟的大商人。吕不韦往来各地，以低价买进，高价卖出，所以积累起千金家产。后因协助子楚成为秦国的国君（秦庄襄王）有功，所以秦庄襄王便封他为相国。吕不韦曾组织门客编纂《吕氏春秋》。

据《史记》《汉书》等古籍记载，豪门养士是秦汉以来颇为流行的一种习俗，据说吕不韦掌权时，有门客三千、家童万人。秦庄襄王更是把河南洛阳十万户封为他的食邑。有这样的物质条件作基础，编纂起《吕氏春秋》来自是容易。

《吕氏春秋》共26卷，内计12纪、8鉴、6论，共160篇，为先秦时杂家代表作。其中第14卷的《本味篇》记录了商朝开国宰相伊尹以“至味”说汤的故事。文章提出了我国、也是世界上最古老的烹饪理论——“五味调和”，可以说，《吕氏春秋》是我国烹饪史上的伟大经典。

虽然从史料中未发现吕不韦他老人家爱吃啥美食，但从《吕氏春秋·本味篇》可以判断，对于美味他老人家肯定没少享受。虽然说他后来饮鸠而死。

吕不韦是来至河南的商人，虽家财万贯，但是跟天下最古老的商帮比起来，还是小巫见大巫。中国古代有徽、晋、陕、鲁、闽、粤、宁波、洞庭、江右、龙游等十大商帮。要论实力和规模要属徽商和晋商，可要论历史，秦商是最悠久的。

秦商古称“西秦大贾”和“关西商人”。《天工开物》作者宋应星在《野议·盐政议》中论述：商之有本者，大抵属秦、晋与徽郡三方之人。他把秦商排在第一位。可以说，从秦朝一直到清朝，秦商在中国历史上都是实力雄厚的大商帮。秦商最兴盛的时候，由秦商出资兴建的陕西会馆遍布全国，总数达200多所，而且规模都很大，建筑也很雄伟。不用说，里面经营的定是秦商的家乡味——秦菜。

这里为什么要介绍秦商呢？因为这些商帮财力雄厚，自然也就把家乡的口味带到了全国各地，就如后来流行的徽菜、晋菜一样，在当时，秦菜也曾一统江湖。而历史上好多地方菜系的流行，其实跟实力雄厚的商帮都有着密切的关系。俗话说，还是家乡的味道美。这就如中国人不管到天涯海角都喜欢吃中国菜一样，谁不喜欢家乡味呢？

秦菜又称陕西菜，以关中菜、陕南菜、陕北菜为其代表。陕西在中国文化发展史上具有重要地位。而秦菜的起源更可以上溯至仰韶文化时期。现如今的八大菜系中虽没陕西菜的名字，但不少饮食界的专家都认为，秦菜是中国最古老的菜系之一。它的形成发展和秦商或多或少都有些联系。

陕西菜很“朴素”，这和秦商“吃”的风格有关系。史书记载：与其他各地商贾不同，陕商富贵后亦能保持富而不奢，生活朴素的厚重精神。一部分陕西秦商居扬州贾盐富厚后，亦能保持秦人生活俭朴的淳厚民风，淡泊自守，不为声色犬马所动。

秦商中的代表人物梁竹亭号称梁巨万，居扬州时“广陵富贵鳞集，俗侈误以衣食居屋相高，又最荡好狭游娼家，君在广陵促屋居隘，仅容膝身，常衣浣濯衣，日食仅一鲑，菜无重味也。”可见其吃的朴素。

秦商主要有三大历史贡献：一是“丝绸之路”，与中外商人开辟通往世界的商业大道；二是康定茶马古道之行，民间称为“蹚古道”；三是去蒙古做生意，称为“走西口”。秦商不仅促进了民族间经济的交流，民族间的融合，更促进了饮食的发展。细细品味，现如今好多地方菜系里都有秦菜的影子。虽然历史上的陕西菜如秦商一样没落了，但现代的陕西菜随着改革开放又得到新的发展。饺子宴、小吃宴、羊肉泡馍等秦菜风味又声名鹊起，进入国人视野。

有人会说：说了半天，也没见你介绍一下秦朝人吃什么食物？好，咱们就书归正传，介绍一下秦朝人到底吃什么食物。

说实话，虽然秦始皇统一了六国，建立了中国历史上第一个统一的多民族的专制主义中央集权制的国家。但是，由于当时生产力的限制，秦朝人，尤其是普通人，吃得并不好。当时的“首都”咸阳，人们吃的主食还是粟（稷），也就是小米，还有黍、大豆、小麦。当时，大麻籽也是主食之一。如果你是皇亲国戚还有可能吃来自南方的大米。秦朝的首都市民虽然已经吃上了面食，但是加工方法还是很糟糕，由于石磨还未普及，普通人家的麦子往往被直接蒸着吃，叫作“麦饭”，即《尚书》中所说的“粒食”。《孔子家语·卷二》中有“煮食薄膳也”，说明当时的孔府有时也“粒食”。把麦子磨成面粉当时还属于“高科技”，属国家和军队，要不，秦军怎能吃上“肉夹馍”呢！不过，据史书记载，当时已经出现了蒸饼和汤饼，但还没学会让面团发酵，所以秦朝的“肉夹馍”都是死面儿的。而发明让面团发酵的技术则是汉朝以后的事儿。

这个时代的肉食还算丰富，除了现在的猪、牛、羊肉还有狗肉。西汉开国将领樊哙就是“以屠狗为事”的屠夫，说明秦朝人吃狗也很普遍。那时的羊肉比狗肉贵，于是一些不法商贩就挂羊头为幌子，其实卖的是狗肉。另外，秦朝人还很爱吃野味。和现在正好相反，那时是人少兔子多，猎点野味，打打牙祭也方便。但是，其中一些野味你也许不敢吃，如猫头鹰、乌鸦、老鼠等。

其实中国自春秋战国以后，在农业结构中种植业占绝对优势，人们的食物来源主要依靠种植业，食物中谷物占主要成分，很少的情况下才能吃到肉。东周时期，只有70岁的老人才能吃上肉。此外，官高禄厚的人也能吃到肉，所以就被人们冠以“肉食者”的称号。而普通百姓的生活是很苦的，在大多数情况下难以吃到肉，一般收成较好，在有限的节日里也许能破例吃到肉，这一局面一直持续到封建社会瓦解。当然，这是后话。

比起肉食，秦朝人吃水产品就比较正常，鲜鱼之脍被人认为是高贵的食物，还有龟和鳖，青蛙也是常吃的，但是，这些是普通人的美食，贵族是不屑一顾的。秦朝人的烹饪方法比较简单，醋、酱、豆豉是一般用来烹调的调料，生姜的种植倒是很普遍，花椒也被用来调味

儿，只不过大多是贵族才能享用得起。秦朝人吃的水果还是比较丰富的，如现在见到的桃、李、枣、樱桃、海棠果和枇杷都能吃得到，但是东部沿海地区可能还吃不到葡萄，因为当时的葡萄，可能只传输到了关中地区。

秦朝后期，始皇采用商鞅的重农抑商、奖励耕织政策，严格限制商业的发展，主要措施有：在集市收取高额的市场租金，在主要道路关卡收取高额的关税，对商人编商籍（类似工商登记），若商人破产则将被收编为国家苦役。这些措施实施后，使得商人的可预期利润远低于农户，于是自由商人自行消亡。商人都消亡了，开饭馆的也就没了，所以餐饮业也没有发展起来，这期间，名厨就更难出现了。

虽然在民间没出现什么名厨，但是，这并不耽误秦始皇的御膳。虽然史书上没有确切地记载秦始皇每天都吃些什么，但是，作为皇帝，好东西自然吃得不少，因为从陕西出土的兵马俑一号坑里我们得知，他老人家各种珍馐美味都吃得到。

其实，对于这些美食他老人家都不太想吃。他最想吃的就是“药”，具体地说就是仙药，而且还喜欢吃服下就能长生不老的那种。只可惜到死的那一天他老人家也没吃到。

随着秦国统一大业的迅猛发展，我国的饮食文化对朝鲜的影响逐渐加大，这大概就始于秦代。据《汉书》等记载：秦代时的燕、齐、赵居民避战于朝鲜数万口。这么多的中国居民来到朝鲜，自然就把中国的饮食文化带到了朝鲜，所以说，朝鲜的饮食源于中国是有根据的。

结尾照例总结：最原始的四大菜系，在“书同文，车同轨”的秦朝，你都能品尝到。从某种意义上讲，吃，成就了秦朝。

第七章 吃的重要——西汉

一

话说秦始皇死后，赵高勾结胡亥与李斯，伪造遗诏立胡亥为帝，并赐秦始皇长子扶苏死。秦二世胡亥昏庸，没有应对各地反抗力量的能力。二世元年（公元前209年）七月，陈胜、吴广领导农民起义。

俗话说“墙倒众人推，破鼓万人捶”。在陈胜和吴广死后，反秦斗争由项羽与刘邦分别领导，起义军西入关中攻秦。这时赵高杀丞相李斯，杀二世，立始皇孙子婴为秦王。公元前207年，项羽大破秦军，巨鹿一战，秦军被歼灭殆尽。公元前206年刘邦入关，子婴出城降，后被项羽杀，秦朝灭亡。

刘邦入咸阳后，项羽也立即率军入关，驻鸿门，后也进入咸阳，并大肆烧杀掠夺。项羽在诸王并立的既成局面下，自立为西楚霸王，都彭城，建立了西楚政权。

西楚其实是一个存在于秦汉之际的古地名，秦国统一各诸侯国后，原楚国地被称为三楚：即西楚、东楚与南楚。《史记·货殖列传》记载：夫自淮北沛、陈、汝南、南郡，此西楚也。彭城以东，东海、吴、广陵，此东楚也。衡山、九江、江南、豫章、长沙，是南楚也。故彭城以西可称西楚，彭城以东可称东楚也。秦亡后，项羽以楚国王室后裔熊心为义帝，自立为西楚霸王，辖地有西楚、东楚与梁地共九郡，因建都于西楚重镇彭城，所以国号定为“西楚”。

西楚自公元前206年建立到公元前202年灭亡。但是，就这短短的五年的时间里却出现了一些好厨师。因为在这个时候出现了千古第一名宴——鸿门宴。

既然鸿门宴被称作是千古第一名宴，想必做饭的厨师也差不到哪里去。不过历史就是这样奇怪，我翻遍了所有能找到的资料也没能找出他们的名字，我又想从鸿门宴上的菜品可以了解这些个名厨的厨艺到底如何。于是乎，我又开始查资料，可还是一无所获。现实再一次让我失望了，史书上关于鸿门宴上都有啥名菜，可以说是只字未提，更别说厨师的名字了！那下面咱们就来探讨一下，究竟是什么人烹制了千古第一宴。

历史上，鸿门宴被人们称为千古第一宴。其实，“鸿门宴”只是公元前206年在秦都城咸阳郊外的鸿门举行的一次具有历史性的宴会。赴宴主角是当时两大军事政治集团的最高级别领导人，也就是两支抗击秦军的领袖级人物，一位是楚霸王项羽，另一位是汉王刘邦。

项羽会宴请刘邦？他其实想要的是刘邦的小命。宴请刘邦只不过是个借口而已，刘邦要是不来，等于是给项羽留下了口实，正好出兵灭了他。他要是敢来，就埋伏二百刀斧手于帷帐后，以摔杯为号，趁机杀了刘邦。这就是项羽以宴请为名头给刘邦布下的局，后来被人们称为“饭局”。

古人要干掉一个人或是要做成一件大事，好像很热衷于请客吃饭。前文咱们说了专诸刺王僚，是发生在宴会上，在后文中，咱们还会介绍到很多发生在宴会上的历史事件。其实今人也是如此，比如《亮剑》中的楚云飞宴请李云龙。可见，“赴宴”并不是简单的吃啊。

从中国饮食发展历史来看，秦末主要的动物性饮食品种有：猪、牛、羊、鸡、鸭、鹅、鱼、兔、鹿等，香料有花椒、肉桂、香茅草等，调料有酱油、豆豉。另外，那个时候的炉灶还多为火塘，放个铁

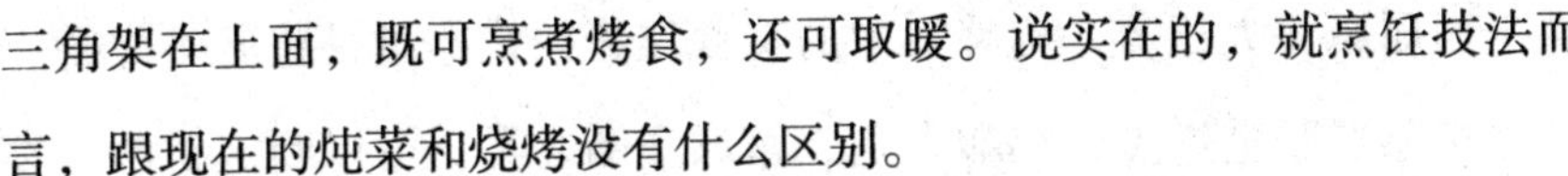

三角架在上面，既可烹煮烤食，还可取暖。说实在的，就烹饪技法而言，跟现在的炖菜和烧烤没有什么区别。

楚汉相争时，兵荒马乱，民不聊生，根据《史记》记载，项羽带兵进入汉中后，老百姓也只能献一些牛羊慰问。因此，可以想象鸿门宴上也不会有多少珍馐美味。

项羽是今江苏人，项氏世世代代做楚国大将，被封在项地，所以姓项，属于贵族出身。楚地“春有刀鲚，夏有鲥，秋有肥鸭，冬有蔬”，一年四季，水产、畜禽、菜蔬相继上市，人家什么好东西没吃过？可刘邦就不同了，他出身农家，也是今江苏人，虽说早年当过小官，但不事生产，也没见过市面。

既然俩人是老乡，应该在口味上差不多吧！所以后人推测宴会上应该有刘邦喜欢的菜：“沛公狗肉”“鱼汁羊肉（羊方藏鱼）”“卢府肘子”“雉羹”等。再说，请谁吃饭也得做人家爱吃的！

近年来更有好事者推出了所谓“项羽鸿门宴席”，共有凉菜12道，热菜15道，汤点3道，主食5种，共计35道。凉菜代表为：百果千珍、羊腊鹿脩、白糟豕条等。热菜代表为：红焖驼蹄、阿胶栗枣、范增银鱼、白壁鳕鱼、玉斗凫雁、霸王三鞭等。汤点是：莼菜鳜鱼清汤、竹荪汤、江陵皮蛋羹。主食是：山栗面窝窝头、芸豆蒸面、黄米汤圆、陕西拨鱼儿等。

我想，这些菜多是现代人凭借想象杜撰出来的，而绝非当年秦汉之交新丰鸿门军营中的项王酒宴。

我们都知道，中国菜名素以巧思生动、雅致而闻名，但是在两汉之前，关于酒宴上菜肴的文字记载还十分有限，我们所知道比较完整的菜单，是在晚于鸿门宴仅几十年的马王堆汉墓中出土发现的。虽然其中的名目和《礼记》《吕氏春秋》等先秦古籍中所提到的相似，但相当直观，多数以原料和烹调法命名，一看名字就知道具体是什么菜

肴。而屈原《大招》《招魂》中的美食佳肴，只不过是些肥牛之腱、胹鳖炮羔、胹鳖炮羔、鹄酸臇凫、露鸡臛蠵之类。可以断定，鸿门宴上的菜名不可能像上面说的那样精致。

根据秦相吕不韦编撰的《吕氏春秋·本味篇》，发现这是与鸿门宴时间最接近的食物描写资料，仅早于鸿门宴30年。但是，我想吕氏书中提到的什么猩猩之唇、二头兽的肘子（述荡之掔）、牦牛尾大象鼻（旄象之约）还有什么沃土的凤凰蛋什么的，在战乱年代的军营里要齐备应该比较困难。不过像烤鹳鸟（獾獾之炙），烧燕尾，还有什么洞庭湖里的江豚、华阳山的芸菜、云梦湖的芹菜以及沙棠之实、江浦之桔、云梦之柚之类倒还是完全有可能的。

咱们继续探讨"鸿门宴"是当时两大军事政治集团最高级别领导人举行的宴会，从饮食的规格上来看，应该具备了当时最好的食材特征。当然，这种宴会酒是少不了的，尤其是好酒。酒其实是古人间交往的润滑剂和调节剂，因而，酒才是"鸿门宴"中的饮食主角。

应该说，在这场充满刀光剑影的政治斗争的饭局上，酒起到了不可替代的调节和缓冲作用。刘邦向项伯示好时用的是奉卮酒为寿的方式；项羽听了项伯为刘邦的辩护之言后，也用"即日因留沛公与饮"的方式来增加宴会的气氛；当面对高大勇猛的樊哙时，项羽则以赐酒的做法来传达钦佩之情；宴会上刘邦想溜走避祸，张良亦是以"沛公不胜杯杓"为托辞，给刘邦找到了逃跑的借口。总之，在鸿门宴上，酒成为贯穿始终的一条主线，连接起各个事件，酒才是宴会的主角。

当然，这场被称为"鸿门宴"的宴会上，不仅有美酒，肯定也有美食。

《史记·项羽本纪》中说："如今人方为刀俎，我为鱼肉。"在秦汉时期，人们习惯于席地而坐。猪肉在镬中煮熟后，用匕将肉取出，放到一块砧板上，这块板叫俎。把俎移到席上，用刀割着吃。

刀、俎不可缺一，所以也用来比喻宰割者。

鸿门宴上项羽见樊哙高大勇猛，不仅“赐之卮酒”，而且还“赐之彘肩”。“卮”是古代的一种盛酒器，“卮酒”就是酒杯之意。“彘肩”是猪肘子，就是猪腿的最上边部分，这在当时是一种美食。“樊哙覆其盾于地，加彘肩上，拔剑切而啖之。”当时，樊哙后进营帐，身份又低，自然与坐席无缘，只好以其盾为俎，以剑代刀，大杯喝酒，大块吃肉。由此不难看出，“鸿门宴”其实是以烤肉为主的宴会，是军营野餐性质的一次领导人的政治饭局而已。看来，能做“千古第一饭局”的“名厨”，最有可能的就是部队中的“火头军”，只不过是能做些烧烤的小兵罢了。

在鸿门宴过了约60年后，淮阴枚乘做赋《七发》，其中有一场宫廷酒宴，菜单如下：

犓（chú）牛之腴（yù 指腹部的肥肉），菜以笋蒲。肥狗之和，冒以山肤。楚苗之食，安胡之飰（fàn同饭），抟之不解，一啜而散。于是使伊尹煎熬，易牙调和。熊蹯之臑，芍药之酱。薄耆之炙，鲜鲤之鱠。秋黄之苏，白露之茹。兰英之酒，酌以涤口。山梁之餐，豢豹之胎。小飰大歠（chùo，就是喝的意思），如汤沃雪。此亦天下之至美也……

其实，史书上虽然对“鸿门宴”的珍馐美味着墨不多，但我们还是可以通过“鸿门宴”这被称作千古第一饭局上的美食和传奇，尽情地品味楚汉相争那个时代舌尖上的文化。

介绍完了惊心动魄的鸿门宴，咱们再谈谈与项羽有关的一道名菜，那就是“烧杂烩”。据说，项羽生性有两大特点：一是室无二妻，终身以虞姬为伴；二是每顿饭菜无二样。而这第二个特点，伤透了手下厨子的脑筋。为了使驰骋沙场、鞍马劳碌的大王有个健壮身体，厨子们左思右想。其中一个小厨子想出个办法，他将一些鸡、鱼

肉等放入一锅，精心烹制后，战战兢兢地端到大王面前。当项羽吃了第一口，胃口就被吊了起来，一大碗杂烩顷刻之间就被吃完，而且食后还批示厨师，今后为了节省时间，菜就这么烧。

从此，手下厨师尊命，每菜必是杂烩。为了使杂烩不致太单调，厨师们想方设法改进配料，尽量让杂烩烧得花样翻新。后来，人们为了怀念楚霸王，“烧杂烩”便在民间很快流传开来，一直沿袭到今天。至今在苏北一带，无论是寻常人家，还是星级宾馆，在酒筵上，“烧杂烩”都是必不可少的一道菜。尤其是在操办红白喜事时，此菜更作为众菜之首被推上席间，让众食客大块朵颐。

据说这道杂烩菜荤素搭配，鱼肉并列，将一些味性相佐的菜肴一并相烹，又调以各种佐料，所以很是美味。近些年来，随着人们生产条件的提高，此菜在民间得到了进一步的“优化组合”，原菜的搭配更趋合理科学，不仅有鱼有肉，还兼有海产野味，使得大杂烩杂而不乱，大有吃头。

这只是传说，传说是美好的，但不一定真实，其实真正的“杂烩菜”是汉朝楼护发明的，根本就与项羽无关。当然，这是后话。

鸿门宴结束了，可鸿门宴上的两个主角命运大不相同，结果是一个生，一个死。一个生得忐忑，一个死得坦荡。“鸿门宴”不仅决定了人的命运，还决定了当时两大军事政治集团的命运，结果西汉走向新生，西楚走向衰亡。

项羽没有达到自己的目的——“吃”掉刘邦，刘邦跑了，而且跑得很狼狈，据说是借尿道而遁。刘邦跑回自己的封地立马整顿军队对项羽发动进攻，可前期并不占优势，刘邦的军事才能无法与项羽相提并论！但是刘邦善于用人，他重用萧何、张良、陈平等谋士为他效力。更重要的是，他得到了不被项羽重用的将领韩信，正是韩信出众的军事才能使局面出现逆转。在最后的垓下战役中，刘邦赢了项羽，而项羽拒绝了属下东渡乌江卷土重来的建议后，在乌江边自刎，与他相随的绝世佳人虞姬也为他殉情，存在了五年的西楚政权正式宣告灭亡。

其实，项羽是可以打败刘邦的，尤其是在“鸿门宴”上，他早就该让项庄一剑砍了刘邦，可在关键时刻他手软了，放走了“祸根”，以致兵败亥下。有后人评价项羽优柔寡断，实在不是“大料”，这也不能怪项羽，项羽贵族出身，“力拔山兮气盖世”，气质像个英雄，而刘邦就不同了，基本上属于泼皮无赖之列，顶多就算是个枭雄，历史再一次证明，有时“会吃的”英雄并不一定干得过“不会吃的”枭雄。

项羽不杀身成仁，有可能卷土重来，但他的气质决定了结局。这就是著名的历史典故“霸王别姬”的出处。也有后人根据这个典故发明了一道“霸王别姬”的菜品。“霸王别姬”是徐州古典名菜，“霸王”指老鳖（王八），“虞姬”指鸡，它以造型别致，肉质酥软，鲜香味美和汤汁醇厚光润而著称，是营养价值极高，又寓意深长的美味佳肴。

先总结一下：千古饭局上的美味不一定好吃，吃完了脑袋还在就不错了，有人说项羽败在“吃”上面了，我不反对！

二

公元前206年刘邦称帝，定都长安，国号汉，史称西汉。

汉高祖刘邦称帝后，有鉴于秦亡经验，遂在政策上采取道家“黄老治术”“无为而治”的理念。首先采取“郡国制”，郡县和封国并存，就是在中央实行与秦朝相同的郡县制，地方实行分封制。皇帝分封侯国和王国，其中侯国只享有封地内的税收无军事和行政权，并受郡的管辖，而王国则拥有独立的政治和军事权力。另外，对内注意兴修水利，减免赋税，为恢复农业发展创造条件；对外则和亲匈奴，维

持边区和平。

在汉初时，刘邦虽然曾禁止商人衣丝乘车、作官为吏，但国家的统一，经济的恢复和发展，山泽禁令的放弛，还是给商业的繁荣创造了有利条件。据说当时的富商大贾“周流天下”，非常活跃，甚至富比天子。

西汉时商业经营的范围很广，据《史记》所载，当时市场中陈列着粮食、盐、油、酱、果类、菜类、牛、马、羊、布、帛、皮革、水产等各式各样的商品。可以说，在刘邦统治的这一时期内，民生得到了很大的改善，人民的生活水平提高了，有的吃了，自然而然也促进了当时饮食业的发展。

在这个时期出现了一位有名的厨师，这位前辈不但是厨师，而且后来还凭借高超的厨艺发了大财，而且她还是一位女厨师。她就是浊氏。

《史记·货殖列传》上记载：胃脯，简微耳，浊氏连骑。意思是说：西汉时，有一位专卖胃脯的浊氏，靠这种手艺发了大财，出门的时候，坐骑相连，贵比王侯。

浊氏胃脯是用羊胃做的，常在农历十月制作，先烧沸汤，把羊胃焯洗干净，然后在羊胃中放花椒末、生姜末等调料拌匀，放于太阳光下曝晒，使其干燥。这种胃脯可以久贮不败，适于远行食用，其味很美，所以销路很广。看得出，浊氏是我国香肚的创始人。这说明了厨师靠“吃”的手艺，也是能发家致富的。

老百姓搞发明做吃的发了大财，皇亲贵族也没闲着，在这里要郑重地介绍一个人，他就反对儒家的淮南王刘安。

刘安（公元前179年—公元前122年），西汉皇族，人称淮南王。汉高祖刘邦之孙，淮南厉王刘长之子。刘安博学善文辞，好鼓琴，才思敏捷，还奉武帝之命著了《离骚传》。

我们都知道豆腐及其制品所含的植物蛋白非常丰富，还含有人体必需的八种氨基酸，人常食用豆腐，可以降低血液中胆固醇的含量，减少动脉硬化的危险。嫩豆腐中还含有大豆磷脂，是生命的重要组成部分，对人体细胞的正常活动和新陈代谢起着重要的作用。经常食用豆腐不仅对神经衰弱和体质虚弱的人大有裨益，而且对高血压、动脉硬化、冠心病、糖尿病等患者有一定的辅助疗效。据研究，经常食用豆腐不仅能延年益寿，还能减肥。俗话说：饮泉食豆，健康长寿。不无道理！据说，目前豆腐已经被全球公认为“国际性保健食品”。

可以说，只要是中餐厨师就没有几个不知道豆腐的，现在豆腐已经作为一种普通的食材进入千家万户，就算高中低档饭馆的菜单上也少不了它的身影。但是你知道它是由谁发明的吗？就是淮南王刘安发明的（不是王致和，他发明的是臭豆腐）。

淮南王刘安之所以发明了豆腐，是因为他有一个异于常人的爱好，就是好黄老之术，通俗一点讲，就是炼制丹药。

刘安袭父封为淮南王。淮南国当时的地域还是很广阔的，东到今凤阳、滁县，西到河南唐河，南至巢湖、肥西，北到淮河，都城建在寿春。寿春曾为楚国京畿腹地，山川秀丽，土地肥沃，资源丰富，文化发达，可谓人杰地灵。

史书记载，刘安喜读书鼓琴，为饱学之士。他招养天下才俊之士三千余人，云集古都寿春，议论天下兴亡，寻求治世良方，探讨学术方技，搜集古史逸闻。在众多的人才中，苏非、李尚、左吴、田由、晋昌、雷被、毛被、伍被八人名气最大，号称“八公”。八公经常陪刘安在寿春城北山上炼长生不老之灵丹妙药，北山因此也改名为“八公山”。

相传刘安一干人等在炼丹时，偶尔将石膏点入“丹母液”即豆浆之中，经化学变化成了豆腐。豆腐便从此问世。其实好多美食也是无

意中发明的，如包子、油炸桧等。

话说刘安发明豆腐之后，并不满足现状。他是位饱学之士，对每项事业总是精益求精。他同李尚经常一道研究豆腐制作方法和技术，并成立豆腐生产作坊，专门培养豆腐生产的专业人员。这些人在生产操作的过程中，逐步完善生产设备，改进生产技术，提高豆腐质量，同时还把豆腐的制作技术传授给当地农民，并逐渐向外扩散。

这些都是有根据的。淮南王刘安发明豆腐，在经典史籍中，记载刘安发明豆腐的达45种之多。例如：《辞源》载曰："以豆为之。造法，水浸磨浆，去渣滓，煎成淀以盐卤汁，就釜收之。又有人缸内以石膏末收者。相传为汉淮南王刘安所造。"

元代吴瑞作的《日用本草》写道："豆腐之法，始于汉淮南王刘安。"多说几句，此书记录食物多达540多种，分米、谷、菜、果、禽、虫等8类，是元朝一部专论食疗的代表作。

明朝叶子奇著的《草木子·杂制篇》记载得更加详细，此书写道：豆腐始于汉淮南王刘安，方士之术也。刘安雅好道学，欲求长生不老之术，不惜重金广招方术之士，其中较为出名的有苏非、李尚、田由、雷被、伍被、晋昌、毛被、左吴八人，号称"八公"。刘安幽八公相伴，登北山而造炉，炼仙丹以求寿。他们取山中"珍珠""大泉""马跑"三泉清冽之水磨制豆汁，又以豆汁培育丹苗，不料炼丹不成，豆汁与盐卤化合成一片芳香诱人、白白嫩嫩的东西。当地胆大农夫取而食之，竟然美味可口，于是取名"豆腐"。

由此可见，淮南王刘安是无意中发明了豆腐，并成为了豆腐的老祖宗。

据史料记载，刘安还是孝子，其母患病期间，刘安每天用泡好的黄豆磨豆浆加麦芽糖喂给母亲喝，刘母十分爱喝，之后刘母的病很快就好了。从此豆浆也渐渐在民间流行开来。

由于刘安活着的时候一直攻击儒家为“俗世之学”，所以孔府祭品从来不用豆腐，也不让孔姓人吃。当然，后来的孔府宴用豆腐做菜，可能孔家人在心底里已经原谅刘安了吧！

提起中国的豆腐来，日本人总是怀着敬佩的心情竭力赞扬。1963年，中国佛教协会代表团到日本奈良参加鉴真和尚逝世1200周年纪念活动，当时，日本许多从事豆制品业的头面人物都参加了。据说，他们之所以参加纪念活动，就是为了感谢鉴真东渡时把豆腐的制法带到了日本。引人注目的是，这些参加者手里都提着装满各种豆制品的布袋，布袋上还写着“唐传豆腐干，淮南堂制”的字样。由此可见，日本人对于发明豆腐的淮南王刘安还是很喜欢的。

据说当年鉴真东渡日本，给日本人带去了豆腐，当然，还有豆腐皮。当日本人看到豆皮上面有花纹（纱布纹络）时，感觉很奇怪，于是就问鉴真：贵国的豆腐皮真好吃，请问阁下，可不可以告诉我是用什么方法“织”出来的呢？

可以说：中国是豆腐的师傅之国。豆腐丰富了人们的营养，这是对人类的一个伟大贡献。吃豆腐的时候我们可不要忘了淮南王刘安。

后来老百姓传说刘安吞服丹药与八公携手升天，余药鸡犬啄食亦随之升天。其实，史书记载，刘安乃自杀。

有时我就在想，你说刘安那样聪明的一个人，干嘛不学学浊氏。也整个专利，再办一个跨国大企业，干嘛非得造反呢？最后被人逼得自杀，看来人的追求不同啊！

跨国企业是现代人的说法，在当时可能也不这么叫，但是不证明没有，我这篇文章也是参考历史资料写的，在汉代绝对有“跨国企业”。因为在汉代出现了两个人，一个是西汉的张骞，一个是东汉的班超。虽然说他们两个人带着商队是按照皇帝的旨意去“联外”，但“丝绸之路”的打通还是为“跨国贸易”的发展打下了坚实的基础。

丝绸之路前已有之，但在汉朝才全线贯通并且向更远的地方延伸。如果没有两位前人的开拓，如芝麻、葡萄、核桃、胡萝卜、胡椒、胡豆、波菜（又称为波斯菜）、黄瓜（汉时称胡瓜）、石榴、大蒜等好东西我们不可能那么早吃到。另外，在打通了丝绸之路以后，胡饼、胡饭等西域美食也进入中原地区。

胡饼就是类似今天的芝麻饼（烧饼）。据说，当年的汉灵帝就很喜欢吃这个东西。《后汉书·五行志》所记：汉代时候的灵帝好胡服、胡帐、胡床、胡座、胡饭。胡饭是用酱瓜，烤肥肉，生菜卷在面中，卷两层，并切成两寸大小的六小段食用。可以说，西域美食的传入，为汉朝人的日常饮食增添了更多的选择。

农历正月十五是元宵节，又称上元节、元夜、灯节。史书记载，元宵节是汉文帝为庆祝周勃于正月十五勘平诸吕之乱而定。据说，汉文帝每逢此节必出宫游玩，与民同乐。在古代，夜同宵，正月又称元月，汉文帝就将正月十五定为元宵节。正月十五吃元宵，这我们都知道。但你知道元宵的来历吗？

“元宵”作为食品，在我国由来已久。其实“元宵”的前身是“汤圆”。民间相传，在楚昭王复国归途中，经过长江，见江面有漂浮物，外白微黄内红。船工捞起来献给楚昭王。楚昭王不识，就请教孔子。孔子说：“此物乃浮萍果也，得之主复兴之兆”。后楚国果然得以中兴。

楚昭王食“浮萍果”，见内中有红如胭脂的瓤，味道鲜美，于是就令人以山楂为馅仿制供臣民食用，以庆祝家国团圆。由于这一天正好是正月十五，所以后世就相沿成习。

其实，这只是传说，而正史未记载。真正的“元宵”出现在宋代，宋诗人周必大在《元宵煮浮圆子·前辈似未曾赋·坐间成四韵》中写道：今夕是何夕，团圆事事同。汤官寻旧味，灶婢诧新功。星烂乌云里，珠浮浊水中。岁时编杂咏，附此说家风。诗中的“团圆事事同”，就是在说元宵夜里月是圆的、圆子是圆的、人是团聚的意思。

诗中描写的水煮圆子的情景，很像今天的开水煮汤圆。圆子浮在水里，像珠子一样翻滚，盛在碗里白白的、圆圆的，很像天上的月亮，这可能也就是后来圆子又称“汤圆”的原因。这里要说的是，北方人管汤圆不叫汤圆，叫元宵。汤圆是包的，而元宵是在糯米粉中“滚”成的。或煮或油炸，不过以油炸居多，炸出来的元宵色泽金黄，香酥甜美。所以北方生意人就美其名曰“元宝”或“金团”。象征红红火火，团团圆圆的意思。

其实，以前的古人过元宵节是吃不上元宵的，但能吃到别的应节食物。比如在南北朝元宵节时，人们吃浇上肉加上汤汁的米粥或豆粥，但这种食品主要用来祭祀，还谈不上是节日食品。到了唐朝郑望之的《膳夫录》中记载了：汴中节食，上元油锤。油锤的制法，据《太平广记》引《卢氏杂说》中一则“尚食令”的记载，类似后代的炸元宵。也有人美其名为“油画明珠”。唐朝的元宵节吃的是“面蚕”。王仁裕的《开元天宝遗事》记载：每岁上元，都有人造“面蚕”的习俗，到宋代仍有遗留，但不同的应节食品则较唐朝更为丰。吕原明的《岁时杂记》也提到：京人以绿豆粉为科斗羹，煮糯为丸，糖为臛，谓之圆子盐豉。捻头杂肉煮汤，谓之盐豉汤，又如人日造蚕，皆上元节食也。到了南宋时，就有所谓的“乳糖圆子”出现了，这应该就是汤圆的前身。由此可见至少在明朝，人们就以“元宵”来称呼这种糯米团子了。明朝太监刘若愚在《酌中志》记载了元宵的作法：其制法，用糯米细面，内用核桃仁、白糖、玫瑰为馅，洒水滚成，如核桃大，即江南所称汤圆也。清康熙年间，御膳房特制的“八宝元宵”，是名闻朝野的美味。马思远则是当时北京城内制元宵的高手。他制作的滴粉元宵远近闻名。符曾在《上元竹枝词》中云：桂花

香馅裹胡桃，江米如珠井水淘。见说马家滴粉好，试灯风里卖元宵。诗中所咏的，就是鼎鼎大名的马家元宵。

近千年来，由于饮食的发展，汤圆品种也逐渐多起来，像成都赖汤圆、四川心肺汤圆、长沙姐妹汤圆、上海擂沙汤圆、宁波猪油汤圆、苏州五色汤圆、山东芝麻枣泥汤圆、广东四式汤圆等。而元宵的制作也日见精致，就面皮而言，就有江米面、黏高粱面、黄米面和苞谷面的。馅料的内容更是甜咸荤素应有尽有。甜的有所谓桂花白糖、山楂白糖、什锦、豆沙、芝麻、花生等。咸的有猪油肉馅，可以作油炸元宵。素的有芥、蒜、韭、姜组成的五辛元宵，有表示勤劳、长久、向上的意思。由此可见，其实元宵、汤团是两回事。一个炸一个煮，一个滚成一个包成。也可以说是北方、南方之不同渊源所致。

书归正传。话说将正月十五定为元宵节的汉文帝刘恒是一位明君，他是汉高祖刘邦的第四子，其为人宽容平和，在政治上保持低调。史书上记载他还比较节俭，曾“亲耕籍田，以供粢盛”。意思是说他自己亲自种植以满足食用，不需百姓“纳粮”。公元前158年，汉文帝下令，开放原来归属国家的所有山林川泽，准许私人开采矿产，利用和开发渔盐资源，从而促进了农民的副业生产和与国计民生有重大关系的盐铁生产事业的发展。弛禁的结果就是如前文所说的：富商大贾周流天下，交易之物莫不通。据说，当时的百姓富裕，粮仓里堆积的谷物都发霉了，穿钱用的绳子都烂掉了，达到了小康水平。可见这时候的百姓生活还是很不错的。

结尾照例总结：西汉好，有香油、豆腐吃，还能吃到西域的新鲜玩意儿！但这些都不重要，重要的是得有命吃！

第八章　吃出来的悲哀——东汉

一

话说西汉经过“汉武盛世”“昭宣中兴”，老百姓有的吃，社会发展得还不错，但汉宣帝刘询去世后，汉元帝刘奭即位，从此，西汉便开始走向衰败。汉元帝刘奭，柔仁好儒，导致皇权旁落，造成了外戚与宦官势力的兴起。

汉元帝死后，汉成帝刘骜即位。汉成帝好女色，先后宠爱许皇后、班婕妤和赵氏姐妹（赵飞燕、赵合德）。由于赵氏姐妹不能生育，汉成帝与其他妃嫔的子女均为赵飞燕姐妹所残害，史称“燕啄皇孙”。关于他们的故事，正史野史都有很多记载。由于刘骜他老人家崇信赵氏姐妹“酒色侵骨”，不理朝政，最后竟死在温柔乡中。汉成帝刘骜一死，就为外戚王氏集团的兴起提供了便利条件，皇太后王政君的权力也急剧膨胀。汉成帝刘骜死后，刘欣即位，是为汉哀帝。

汉哀帝有断袖之癖，终日与宠男董贤厮混玩耍不理朝政。外戚王氏的权力进一步膨胀。公元前1年8月15日，汉哀帝刘欣去世。8月17日，皇太后王政君派王莽接替董贤成为大司马，并迎接汉平帝刘衎。至此，刘衎即位，是为汉孝平帝。但是，汉平帝已经沦为王莽的傀儡。公元6年2月3日，年仅14岁的汉平帝刘衎病死，王莽立刘婴为皇太子，自己任“摄皇帝”。8年12月，王莽废除孺子婴的皇太子之位，建立新朝，西汉正式灭亡。

王莽就是新始祖，也称新太祖高皇帝、新朝建兴帝，简称为新帝。新王朝（9—23年）定都长安（今陕西西安），在位15年。要说这15年不长，但是也不算太短（比项羽建立的西楚多10年），就在这不长不短的朝代却出现了一位有名的“大厨”。

他就是楼护，据《汉书》卷九十二《游侠传·楼护传》记载：楼护字君卿，山东人，父乃世医。他本人少年时就读过数十万字的本草、医经、方术等书籍。不但医术高明，他还善辞令。

据说楼君卿唇舌，为时人称道，甚得名誉。他做京兆吏时，认识了汉成帝母舅王谭、王根、王立、王商、王逢这五位同时被封侯的“五侯”，他们之间经常串行走动，关系亲密。五侯各家经常用山珍海味款待楼护。

但好东西吃多了也会厌倦。“每旦，五侯家各遗饷之。君卿口厌滋味，乃试合五侯所饷之鲭而食，甚美。世所谓五侯鲭，君卿所致。”楼护就把五侯各家馈赠的菜肴用一锅杂烩出来，没想到的是，竟然出现了新的口味。

此事《语林》《世说》《西京杂记》等书均有记载。“五侯鲭”就是用鱼和肉为原料合烹的“杂烩”，也就是今天的大烩菜的雏形。后世著名的“五王庖艺”“五福长生”“烩五球”“五品砂锅”“烩什锦”等烩菜都是在“五侯鲭”的基础上演绎来的。现在烩菜已经传遍了大江南北，走进了千家万户，没有楼护的创举，我们恐怕没机会享受到这样的美食，所以说，楼护乃烩菜的创始人。

说过楼护喜欢吃“杂烩”，咱们再回过头来说说王莽喜欢吃什么。王莽篡位后，国内政局动荡不安，而且外面战事连连，非常不安稳。所以他“忧懑不能食”，唯一能吃的东西就是鳆鱼（鲍鱼）。当时的鳆鱼从沿海运到长安得花多少人力、物力？忧国忧民，每天只能吃鲍鱼，太可怜了！于是后人就给鲍鱼起了个外号叫“新餐氏”。不

过王莽还是干了一些实事儿，至少在我看来如此！

其实，王莽是一位在历史上备受争议的人物。古代史学家以“正统”的观念，认为其是篡位的“巨奸”。但近代帝制结束之后，王莽被很多史学家誉为“中国历史上第一位社会改革家”。认为他是一个有远见而无私心的社会改革者。也有著名学者认为他是1900年前的社会主义皇帝，但是，这位仁兄的死法可有点惨——让人给吃了。

在新朝末年，王莽的反对者打倒了这个汉朝的篡位者，并把他分尸以施行报复。“传莽首诣更始，县（悬）宛市，百姓共提击之，或切食其舌。”意思是说：王莽政权崩溃后，老百姓割了他的头，还将其舌头切了分吃。

在汉朝，把人当作食物吃掉的事情还很多，在读《后汉书》《资治通鉴》时我们就经常可以看到这样的记载：汉高祖二年大饥荒——人相食，死者过半；汉武帝建元三年——河水溢于平原，大饥，人相食；汉元帝初元元年——关东郡国十一大水，饥，或人相食；汉成帝永始二年——梁国平原郡，人相食；到了王莽时代，也就是王莽天凤元年——缘边大饥，人相食。

虽然吃人肉是战争、经济、自然灾害的原因，但自从我们人类进入文明社会以后，就已经改掉吃人的陋习了，那些食人者无不是被逼入绝境才做的事，这也说明了在那个时代，尤其是生活在社会底层的老百姓生活是很难很苦的。

总结：新朝在世时间比较短，百姓虽贫苦以致人相食，但是也能吃到大烩菜。这一时期虽有争议，但随着王莽被人吃掉，新朝至此也就烟消云散。

二

25年刘秀称帝，仍沿用汉的国号，以这一年为建武元年，定都洛阳，从此历史便进入东汉。

东汉（25—220年），是中国历史上大一统的鼎盛时期之一。东汉又称为后汉，乃是为区别于汉朝之前汉。东汉时的首都洛阳被称为东京，因此又以东京为东汉的代称。

刘秀是个明君，他勤于政事，“每旦视朝，日仄乃罢，数引公卿郎将议论经理，夜分乃寐”。他在位期间，曾多次发布释放奴婢和禁止残害奴婢的诏书。为了减少贫民卖身为奴婢，还经常发救济粮，减少租徭役。他主持兴修水利，发展农业生产，裁并郡县，精简官员。结果，历史上又一个盛世出现了。历史上称刘秀统治时期为“光武中兴”。这期间国势昌隆，也号称“建武盛世”。

57年农历二月初五，刘秀在南宫前殿逝世，享年62岁。他的后代也不简单，汉明帝和汉章帝在位期间，东汉进入全盛时期，史称“明章之治”。此期间民生得到了改善和发展，东汉人崔实所写的《四民月令》中记载了当时的情况：田庄里种植着小麦、大麦、春麦、粟、黍、粳稻、大豆、小豆等粮食作物，胡麻、牡麻、蓝靛等经济作物，瓜果等蔬菜；自己制作各种酱、酒、醋及饴糖等食物；又种植药用植物，以配药品。在大田庄里，还种植各种林木及果树，饲养马牛等耕畜和家畜。

史书上记载东汉时期就出现了一位对吃很有研究的人。他就是何胤。

何胤，字子季，官至齐中书令，国子祭酒（相当于现在的大学校长）。生于宋文帝元嘉二十三年，卒于梁武帝中大通三年，享年86岁。何胤好学，从刘献受易及礼记、毛诗，又入锺山定林寺听内典，

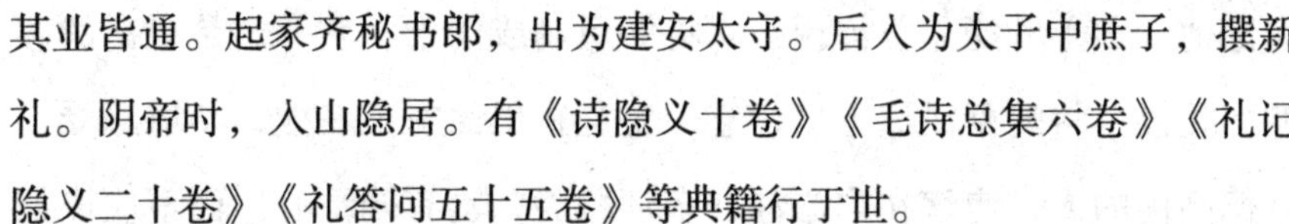

其业皆通。起家齐秘书郎，出为建安太守。后入为太子中庶子，撰新礼。阴帝时，入山隐居。有《诗隐义十卷》《毛诗总集六卷》《礼记隐义二十卷》《礼答问五十五卷》等典籍行于世。

何胤兄弟三人，宰相何尚之是他们的祖父，何家世代信佛，后来三兄弟无意进取官场，遂一味倾心道场。他们先后皆隐居于山林寺庙中，高蹈远行，时人称为“何氏三高”。现安徽省潜山县天柱山脚下三祖寺内还有“三高亭”之遗迹。何胤晚年入山寺隐居，高祖屡诏不起，言辞恳切也终未能使胤心动。高祖慕其学识，遂转而遣送学子前往山中求学，希望能承继一二。何胤喜与学僧交游，与汝南周居士、开善寺法藏和尚交游很深。《南史》卷三十记载说法藏法师临死前曾派人把自己的经书和香炉送给了他，可见他们交谊深笃。

何胤精信佛法，一生持戒不懈，但早年时讲究食味，据说用餐时特别铺张，“食必方丈”。后来虽稍有收敛，但仍难禁肉食，于是平时就吃些白鱼、鱼脯、糖蟹等，并且都是腌腊风干之物。虽是肉食，因不见生物，也就搪塞而过。

有次，何胤欲食新鲜的蚶蛎，恐心有内疚，于是便提出来让学生们评议，学生不予置评。何胤笑曰：车螯蚶蛎，眉目内厥，渐混沌之奇，曾草木之不若，与瓦砾其何算？故宜长充庖厨，永为口实（啖食）。意思是说，蚶蛎之类，眉目内藏，混混沌沌，不要说低等生物，连草木也不如，直如瓦砾之类，大可放心地取食。显然，何胤是为吃肉找借口、自我辩护。当崇信佛教的竟陵王子良听到这种议论后，非常气愤，责其歪曲佛道。为此，周居士还曾与胤书，劝其改吃素。到了晚年，何胤终于“遂绝血味”。

另据《太平广记》记载，年轻时的何胤在饮食上非常奢侈。据说他每次吃饭都必须摆上极为丰盛的菜肴，更甚时竟啖活驴。后来虽然稍稍节俭，但还是经常吃些白鱼、䱇腊、糖蟹等荤食，以致属僚们都议论他。学士钟鲘品曾评说："将鲘鱼制成肉干，它一定是拼命的屈伸挣扎过；将螃蟹浸渍上糖，它一定是在里面左突右撞，不堪忍受。品德高尚的人，应该在内心深处多怀恻隐，富有同情心，而不应该如此的。

对何胤生割驴肉来吃，元代大画家倪云林对此也很有看法，说："礼始诸饮食。饮食，人之大欲存焉。固日中之不可缺者。若何胤朵颐'石甚'几，以刳脔取味，非所为训，非先王养老之意也。"

翻译成现代文大意是：礼节是从饮食开始的。饮食，是人的"大欲"，不可缺少。"衣食是本"，自有人类，就是每日在忙这个。但囿于其中，终究还不太像人。

其实，后人效仿何胤生啖活驴的做法在历史上并不少见。据《朝野佥载》所记，唐武则天时，宠臣张易之、张昌宗兄弟就曾把活驴拴在一间小屋子里，其中放炭火、五味汁，直到把活驴内外烤熟而后食用。而宋人韩缜更狠，这家伙爱吃驴板肠，每次宴客必用此菜。在制作时，先把驴绑在柱子上，待客人喝酒传杯之时才活取驴肠烹制。

书归正传，咱们还是回到东汉。何胤生割驴肉来吃，后来受到很多人的谴责，那是很自然的事情。那么，汉朝普通人一日三餐到底都吃什么呢？

在汉朝，如果你是个平民，一天吃两顿饭，早晚各一顿，如果你是个贵族，那么你是一日三餐，基本上和现在差不多。但如果你是大汉皇帝，那么正常情况下，你就可以吃四顿了，而且是想吃几顿也没人管，也没人敢管。

其实，中国的三餐习惯，从庄子的"适莽苍者，三餐而返，腹犹果然"语句中，就可以证实早在公元前四百多年，中国人已有一日三餐的习惯，但这也就是贵族的权力，普通人想吃三餐，也没那么多粮食。这是汉朝人餐制的问题，咱们再介绍一下烹饪方法的问题。

在汉朝的时候，主要烹饪的方法基本上都有了，那在汉朝出现了炒菜吗？这个还真不好说，因为在西汉的《盐铁论》中，虽然已经有了客店里贩卖韭菜鸡蛋的记载，但我们还是不敢肯定这个时期出现了炒菜。虽然在随后南北朝时期的《齐民要术》中详细记载了菜的炒作过程，当时被称作“煎菜”，但汉朝的韭菜鸡蛋是不是现在意义上的炒菜还真不好说。

在汉代，一般人喝粥，有麦粥和米粥，米粥中又分糯米粥、黄米粥、小米粥、大米粥。当然了，你还可以喝豆粥，就是淘米水和豆子熬成的，而且你还可以吃到饼。在宋朝之前，饼是面食的总称，一般是用开水和面，也可以直接用冷水和面，然后蒸或煎成。另外，在汉朝你还可以吃汤饼，类似今天的“片儿川”。当然了，也有干饭，都是粒状的，和今天的大米饭、黄米饭差不多。在汉代，人们都爱吃带黏性的米，所以在南方，常常吃的是糯米饭，北方则吃黄米饭。那汉朝皇上吃什么呢？

强大的汉王室在饮食方面比秦朝更进一步。汉朝皇帝拥有当时全国最为完备的食物管理系统。负责皇帝日常事务的少府所属职官中，与饮食活动有关的有太官、汤官和导官，它们分别“主膳食”“主饼饵”和“主择米”。

这是一个人员庞大的官吏系统，太官令下设有七丞，包括负责各地进献食物的太官献丞、管理日常饮食的太官丞和太官中丞等。太官和汤官各拥有奴婢3000人，为皇帝和后宫膳食费开支一年多达二亿钱。这笔开支相当于汉代中等水平百姓二万户的家产。每天开支达54.8万钱，相当于当时2700多石上好的粱米，或是91000多斤好肉。由此可见，皇帝所食之丰富。

我们都知道季节气候对饮食状况有着不小的影响。汉末人徐干记载说：在炎气酷烈的夏季，贵族们也能感受到“身若点漆，水若流

泉，粉扇靡效，宴戏鲜欢”。可见，季节对饮食生活的限制在汉朝皇帝和其后妃那里被降至当时的最低程度。

在寒冷的冬天，皇帝可以享用春季才生成的葱、韭黄等蔬菜，而这些蔬菜是耗费大量钱财的。太官“覆以屋庑，昼夜蕴火，待温而生”。而在炎热的夏季，皇帝与后妃则是：坚冰常奠，寒馔代叙。看来汉代人就已经掌握了温室栽培和食品冷冻保鲜技术。

1979年，考古人员在扬州胡场清理西汉古墓群时，发现了十多件漆笥。漆笥是古代一种盛食物或衣物的器物，春秋战国至秦汉时期，漆器手工业空前繁荣，漆制餐饮器具也成为统治阶级餐桌上的必备之物。据悉，当时出土的这些漆笥呈长方盒形，分大、中、小三种，笥盖顶呈覆斗形，纹饰均用朱红和暗绿二色描绘，主体纹饰为流云纹，更可喜的是，盖壁一端注明了藏物的名称。例如，“肉一笥”“脯一笥”“鲍一笥”“䱇一笥”“梅一笥”“餳一笥”“钱金一笥”“居女一笥”等。据说，当时出土的漆笥里还分别放着梅、枣、陶、五铢钱等物品。

从墓主人的随葬品中，我们能看出当时汉朝人的饮食文化。胡场汉墓上标明的“鲍一笥”，说明当时的汉朝人就已经吃鲍鱼了。当然，秦朝人也肯定吃过，要不怎么赵高、李斯秘不发丧，以鲍臭掩秦始皇的尸臭呢？不过，鲍鱼这东西在汉朝只有皇上和贵族才能吃得起。普通老百姓是吃不到的。

此外，考古人员还发现了冥器木猪圈及长嘴伏地状的木雕猪，这带有生活气息的场景也是告诉我们，汉朝人的院落里专门设有猪圈养猪。可见当时的猪肉已经成了汉朝人餐桌上的美味。

另外，在甘泉一带的西汉古墓里，还出土过一个形似小火锅的“铜染炉”。这东西质地为青铜，是由盘、炉和耳杯三部分组成，盘为长方形宽平沿浅底盘，盘上放置着四足炉，其平底镂空，腰沿上方为镂空博山式支边，悬空支撑着一只耳杯，腰沿下是炉膛。炉壁四周设置14道竖条状气孔，炉底亦有条状气孔10道，炉下置一横穿炉底的长方形孔道。据考证，它是一套组合式烹饪炊具。有学者表示：从出土的这件器物来看，汉代人吃的方法和作料很讲究，白水煮，然后用精心调制好合乎自己口味的作料蘸着吃，就跟吃火锅一样。

那么，汉朝宴会场景如何呢？从考古发掘中我们同样可以知道。根据1979年胡场四座西汉墓的考古发掘资料，发现了当时出土的壁画“墓主人生活图”。整个画面分上下两部分，“墓主人生活图”上部由左至右绘四人，左边的一个人坐在榻座之上，体态高大，衣施金粉，右边三人尽管模样模糊，但还是能够分辨出大概。其中二人佩剑，一人跽坐，均面向着左边第一个人。

“墓主人生活图”下部为宴乐场面，朱幕高悬，墓主人端坐在床榻之上，前置几、案，案上有杯盘，几下放香熏，侍女跪从身前。还有伶者表演，一人做倒立状，一人做反弓状，旁边则是观众。再前面为宾客，双人对坐，中间设有杯盏，衣着华美。右部为乐队，画面不太清晰，仅能辨别出有弹瑟者、吹笙者等。这是一幅封建贵族家庭宴会的图景，也正是这幅珍贵的“墓主人生活图”，让我们仿佛穿越时空，一窥汉代人宴会的盛况。

介绍完了汉朝皇帝和贵族吃什么及怎样吃的，再来谈谈汉朝时的餐饮具。

提起瓷器大家肯定不陌生。中国是瓷器的故乡，可以说，瓷器的发明是中国对世界文明的伟大贡献，在英文中，“瓷器（china）”就与中国（China）同为一词。

其实，大约在公元前16世纪的商代中期，中国就出现了早期的“瓷器”。因其无论在胎体上还是在釉层的烧制工艺上都尚显粗糙，烧制温度也较低，表现出原始性和过渡性，所以一般也称其为“原始

瓷”（其实就是白陶）。但在汉朝这个时期出现了真正意义上的瓷器——东汉青瓷器。

东汉青瓷常见的器形有碗、盘、盏、耳杯、钵、洗、壶、盆、钟、瓿、罍、坛、斗、唾盂、砚、五联罐等。现代瓷器种类繁多。具体按照年代来分就是古代瓷器和现代瓷器；如果是按照实用来分类，就是工艺瓷器和用具瓷器。其实，瓷器最初的用途就是餐饮用具。东汉青瓷大多数也都跟吃有关。由于瓷器的出现，漆器餐具就逐渐退出了历史舞台。

中国菜肴在餐具的选择使用上十分考究，清朝美食家袁枚说过："美食不如美器"。人们从来就把使用和欣赏制作讲究、美观淡雅、朴素大方、配备合理的餐饮具视为一种享受。精制的瓷制美器，不仅把菜肴衬托得更加美观生动，给人悦目爽心之感，使食者食欲大大增加，还改善了人们饮食生活的条件。瓷器以其丰富的造型、精美的纹饰及绚丽的釉色，给人们带来了一种美的享受，更是成为人们日常生活中必需的用品。

其实，中国饮食器具之美，美在质，美在形，美在装饰，美在与馔品的谐合。中国古代彩陶的粗犷之美，瓷器的清雅之美，铜器的庄重之美，漆器的透逸之美，金银器的辉煌之美，以及玻璃器皿的亮丽之美，都曾给使用它的人以一种美好的享受，而且是美食之外的另一种美的享受。

由此可见，中国人不但对吃有研究，而且对于盛放食品的餐饮具也颇有心得，对于这一点，外国人更是佩服得五体投地，称瓷器几乎可以算是中国的第五大发明。

就在我们开始使用瓷器的同时，中国人卫满一度在朝鲜称王，此时的中国饮食文化对朝鲜的影响最深。朝鲜习惯使用筷子吃饭，朝鲜人使用的烹饪原料及在饭菜的搭配上，都明显地带有中国的特色。甚

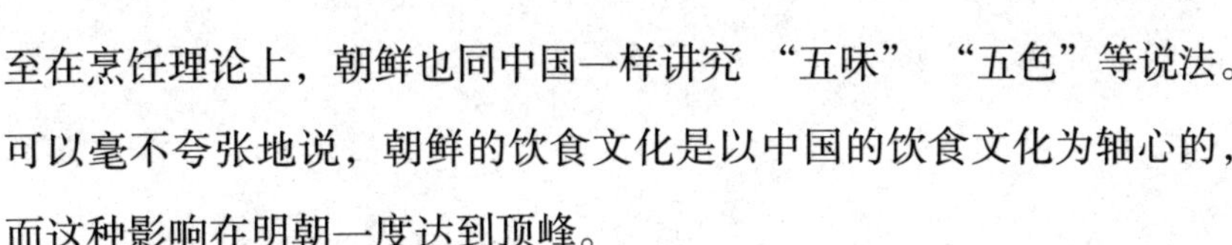

至在烹饪理论上，朝鲜也同中国一样讲究“五味”“五色”等说法。可以毫不夸张地说，朝鲜的饮食文化是以中国的饮食文化为轴心的，而这种影响在明朝一度达到顶峰。

书归正传。好景不长，历史就像俄罗斯轮盘赌一样，又是一个轮回。汉朝末年，公元184年爆发了黄巾之乱。196年，曹操迎汉献帝到许昌之后，曹操逐渐掌握朝廷权力，汉献帝只能听命于曹操。220年，汉献帝禅位，曹丕称帝，改国号为“魏”，东汉结束，至此，历史进入三国时代。

后人总结东汉灭亡的原因不外乎是以下几种：地主豪强势力的发展，在汉朝后期逐渐成为一种地方割据势力，并威胁到中央政权；宦官专权（外戚宦官分别结党，后期斗争愈演愈烈）；后期皇帝继位的年龄较小，因而又形成外戚专权；皇帝昏庸，苛捐杂税繁多等。但以一个厨师的眼光来看，正是汉朝后期的地主庄园经济，造成了土地兼并严重的局面。农民失去了赖以生存的土地，自然也就吃不饱饭。吃不饱饭再遇上个灾年，就造成了人吃人的惨剧，反正是死，还不如拼一把，兴许还有活路。这很有可能也是当年起义军的想法。可以比较偏激地说，吃，也是推动东汉政权走向灭亡的原因之一。

本章结束，照例总结：东汉的统治者很幸福，吃得很丰富，但也有被人吃掉的时候。有钱人可以变着花样吃，但跟统治者比，老百姓就不那么幸福了。

第九章　吃的传说——三国

三国（220—280年）是中国东汉与西晋之间的一段历史时期，主要有曹魏、蜀汉及东吴三个政权。赤壁之战中曹操被孙刘联军击败，形成了三国鼎立的雏型。220年曹操之子曹丕篡汉称帝，国号“魏”，史称曹魏，三国历史正式开始。次年刘备在成都重建汉朝，史称蜀汉。222年刘备在夷陵之战失败，孙权获得荆州大部。223年刘备驾崩，诸葛亮辅佐刘备之子刘禅与孙权重新联盟。229年孙权称帝，国号“吴”，史称东吴，至此三国正式鼎立。

在此后的数十年内，这三个政权相互斗争。这期间，许多勾心斗角的故事早已被大家熟知，就不多说了。只要说说关于吃的那些事儿。

三国是中国封建社会一个急剧变化、动荡的历史时期。而饮食文化发展的水平取决于生产力的发展水平。据《三国志》《晋书》等文献记载，三国经济比较发达的地区除黄河下游地区外，还出现了东北的辽河流域、西北的凉州地区，以及东南的江南地区。特别是江南地区，已开始成为全国经济的一个中心，这就为三国时期的饮食文化发展奠定了坚实基础。

在饮食烹饪方面，各民族把自己的饮食习惯和烹饪方法都带到了中原腹地。从西域地区来的人们，带来了胡羹、胡饭、胡饼、胡炮、烤肉等制法；从东南来的人们，带来了叉烤、腊味等制法；从南方沿海地区来的人们，带来了烤鹅、烧腊、鱼生等制法；而从西南滇蜀来的人们，则带来了山珍野味等饮食珍品，这些都极大地丰富了三国时期饮食文化的内容。

这个时期，中原地区与长江流域的饮食文化交流开始频繁，烹饪技艺也开始出现黄河流域与长江流域的大融合。这是三国时期饮食的总体特点。下面咱们就具体地来介绍一下三国时期普通人吃什么、怎么吃。

虽说三国鼎立的存世时间不长，但那个时期的农业生产力还是有了较大的发展，除了很少一部分人还实行两餐制以外，其他人都是一日三餐，但吃的时间和现代有点儿不同。第一餐为朝食，也就是早食。一般在天色微明时；第二餐为昼食，就是在上下午交替之时；第三餐为飧食，一般在下午3：00～5：00时。可见，三国时期人们的就餐时间基本符合农业社会的特点。

三国时，由于还是采用食案，分食制也保留下来。“五胡乱华”后，胡床、椅子、高桌、凳等座具相继问世，合食制（围桌而食）才在唐末宋初流行开来。

三国时期的人们对于节日饮食是很讲究的，比如元旦饮椒柏酒、屠苏酒、吃五辛盘、胶牙饧等美食；元宵节喝豆粥、赏灯、吃小点心；寒食节（原来是一个月，后曹操下令革除，改为三天）吃饧大麦粥（其实是一种糕）、干粥（有点像现代的即食粥）、煮鸡蛋、盐醋拌生菜；端午节吃角黍（粽子）、饮菖蒲酒、雄黄酒；重阳要佩茱萸、食蓬饵（米粉糕）、饮菊花酒等，和现在基本相同。

这是正常人的吃法，那么和尚道士怎么吃呢？据《三国志·吴书·笮融传》记载：笮融放纵擅杀，大兴佛教时，多设酒饭，布席于路。可见当时佛教并未实行素食，也未禁酒。

其实，早在东汉佛教传入我国时，其戒律并没有不许吃肉这一条。僧徒托钵化缘，沿门求食，遇肉吃肉，遇素吃素，并不挑剔，只不过吃的是“三净肉”（自己不杀、不叫他人杀和未亲眼看见杀）。

后来南北朝时期的南梁武帝萧衍笃信佛教，禁肉腥和酒，素食才在佛教徒中流行开来。当然，这是后话，我们在以后的章节里会详细介绍。

道教是中国土生土长的宗教，三国时期刚兴起。道教认为，人体里有三虫，亦名三尸，常居人脾，是欲望的根源，是毒害人体的邪魔。而三尸是靠五谷的谷气生存的，所以要“辟谷”。所谓“辟谷”，并不是不吃东西，指的是不食五谷，而以菌类、蜂蜜、枣类等代替。还有的就是食丹。曹魏正始年间的何晏，为求长生而服“五石散”（又称寒食散），以钟乳石、阳起石、灵磁石、空青石、朱砂等矿物质炼之。其实，三国时期的道教还处于起始阶段，到晋朝才发展到鼎盛，并出现了被道教奉为真仙的葛洪。

介绍完了这些，咱再来谈谈三国时期出现的一位美食家，他就是曹操。

和影视作品及小说上刻画的人物不同，曹操不但会吃、讲究吃，还对美食有着特殊研究。实际上，曹操还著有一本美食“专著”——《曹操集·四时食制》。

《曹操集·四时食制》记载了一道名菜“羹鲶”，即用鲶鱼做的肉汤。鲶鱼古时候称为鲇龟，是夏天吃的美味，还有食补的功能。

还有一道菜叫“驼蹄羹”。其实，从严格的意义上讲这道菜并不是曹操本人所创，而是曹植所创。这道菜原名为“七宝羹”。

骆驼常在沙漠行走，驼蹄肉质肥厚，非常筋道，是烹饪佳品。所以，做出来的“驼蹄羹”汤汁鲜美，味道非常，曾经闻名魏晋时代。后来经历代厨师的雕琢，“驼蹄羹”成为名贵佳肴，多为皇家和贵族享用。明代闵文振的《异物汇苑》记载：瓯值千金，号为七宝羹。说的就是驼蹄羹。唐代大诗人杜甫在名篇《自京赴奉先县咏怀五百字》中有“劝客驼蹄羹，霜橙压香橘”的句子，说的是唐玄宗与杨贵妃在骊山华清宫玩乐，吃的食品中也有“驼蹄羹”这道菜。可见这道菜魅力之非凡，至少在唐代很流行。

虽然食材难得，但现在也还有“驼蹄羹”卖。具体做法是取驼蹄洗净去毛，氽水去异味，切成丁，放到土母鸡汤中，文火慢煨12个小时，直到软烂。其实很多高级补品和蹄筋类的原料，都是要用高汤和鸡汤来煨的，如猪蹄等，用鸡汤文火煨出来，味道也不输驼蹄。

《曹操集·四时食制》记载曹操很爱吃鸡，对鸡肉哪个部位的味道如何，记述得非常专业，甚至深入到其行军酒令中，如大家非常熟悉的“鸡肋”故事。

当年曹操进攻汉中，久攻不下，准备撤军，但又心有不甘，犹豫不决。一晚，厨师送鸡汤来给曹操吃，汤中有鸡肋，这时恰巧夏侯惇来问当晚的军令口号，曹操有所感触，随后说道：鸡肋。众将不解其意，只有主簿杨修理解，让手下人收拾行囊，并说：鸡肋，鸡肋，弃之可惜，食之无味。魏王不久要班师矣。曹操被杨修猜中心思，恼羞成怒，以扰乱军心为名杀了杨修。但过了不久，还是班师回中原了。

曹操吃的可不是一般的土鸡，而是华佗给他进献的“乌骨鸡”。这种鸡毛脚五爪、乌皮乌骨、白肉、绿耳，被时人称为“白凤”。中医认为乌骨鸡滋阴壮阳，对人体非常有益，为历代皇家贡品。现代民间还多用乌骨鸡给产妇补身体，据说还有发奶的作用。

这里多说一句，曹操爱吃鸡不假，据说也很有研究，但是要是跟晋朝的符朗比起来，他也只能算是个业余选手，当然，我们会在后文介绍。

书归正传。现在有道菜叫作貂婵豆腐，这是以美女貂婵的名字命名的一道佳肴，又名“汉宫藏娇”，也叫“泥鳅钻豆腐”。这道菜其实也和曹操有关。

《曹操集·四时食制》上有一道菜是曹操亲自命名的，叫作“官渡泥鳅”，是说曹操和袁术在官渡对峙的时候，军粮匮乏，一个饿得不行的士卒在水泽中抓泥鳅烧着吃。后被以违反军纪为名抓过来交给

曹操处罚。曹操让这个士卒再依样烧了两条泥鳅吃，觉得味道非常鲜美，曹操非但没有处罚这个士卒，反而让他将此法推广到全军，以解除一时的饥荒。官渡之战大胜后，曹操再次奖赏这名士卒，而且把这道菜命名为“官渡泥鳅”。从这里我们可以看出，后世的“泥鳅钻豆腐”不管改什么好听的名字，其实都源于曹操的“官渡泥鳅”。

泥鳅这东西土腥味很大，从市场买回来要用加盐的清水静养几天，直到它把肚子里的东西吐干净才能烹制。这里需要说明的是，在烹制“泥鳅钻豆腐”这道菜时，一定要先用文火，再大火滚沸，如果先用大火，泥鳅还没来得及钻进豆腐就被烫死了，会影响菜肴的成品质量。

曹操八方延揽人才，在铜雀台大宴群臣，有道名菜后来被收入了曹操吃的菜单里。当时曹操命府中的厨师做了一道“铜雀展翅”，象征曹操的霸业扩张。

还有一个故事也是大家很熟悉的，匈奴进献了点心，曹操吃了很高兴，于是挥笔写了“一合酥”，杨修解为“一人一口酥”，招呼大家分吃了，得到了曹操的夸奖。后来，被称作“一合酥”的点心进入了曹操官府名菜。

后人也非常认可曹操在美食方面的成就，根据曹操“唯才是举”、歌咏“周公吐哺，天下归心”的意境，有心人还创意了一道菜叫作“天下归心”来纪念他。这道菜是用大竹节虾象征英雄豪杰，把虾挂糊，粘匀面包糠，炸熟，摆盘。摆盘的时候围绕在由鸡蛋清、干淀粉和面粉做成心形的饼周围。

还是书归正传，说完了曹操，咱再介绍一下三国的另外两道美食。

第一道菜“荷叶粉蒸肉”，据说与关羽的部将周仓有关。史书记载，周仓手脚上长满了厚厚的茸毛，叫飞毛。这层飞毛令他脚下生风，据说能与关羽的赤兔马并行，饭菜一熟抓起来就吃，从不怕烫。时间一长，关羽对周仓有了芥蒂，怕他变心，不利自己。于是关羽对周仓说：你手脚上的毛刺得我夜里不能入睡，怎能有精神打仗？周仓对关羽忠心耿耿，便用刀把手脚上的毛刮得干干净净。这样一来，周仓不仅不能用手抓热饭菜，而且总追不上关羽。一次出征途中，面对热气腾腾的饭菜，周仓无法下手，关羽让他用荷叶把饭菜包起来，边走边吃，抄近路赶上队伍。谁知，熟肉热饭经荷叶一裹，散发出一股特有的芳香。经过一代代厨师的不断改进，美味的“荷叶粉蒸肉”诞生了。荷叶粉蒸肉是用猪五花肉、大米粉，调入各种作料外裹鲜荷叶蒸制而成，肉酥味浓，米粉香糯，油而不腻，风味别致，是老幼皆喜的一道美食。

第二道菜叫将军过桥，建安十三年（208年），曹操率兵夺取了襄阳，又出动大军直取江陵，想一举消灭刘备。刘备被曹兵追至当阳，命张飞断后。张飞令军士在当阳桥后的树林里砍下一些树枝拴在马尾上，在树林里往来回奔跑，卷起漫天尘土。张飞独自一人在桥上横矛立马，怒视以待。待曹兵追近，张飞大喝一声，犹如晴天霹雳，吓得曹兵目瞪口呆。曹操见树林中尘土飞扬，恐有伏兵，急令军士撤退。曹兵撤走后，当地百姓闻知张飞在此，便献上烹好的鱼让他充饥。张飞饥不择食，连声称好。问其菜名，一老者想了想说：鱼因将军来，菜为将军吃，当阳桥上一声吼，吓退曹兵百万兵，就叫它“将军过桥”吧！将军过桥又叫“黑鱼两吃”。

介绍完了这两种美食，咱再来谈谈三国时期的另一种美食。它是一种主食。

据《雅州府志》记载：建兴三年223年九月，诸葛亮为扩充蜀国势力，亲率大军南征，七擒七纵孟获，在引军返回成都途中，行至泸水，但见上空阴霾密布，江水汹涌异常。眼看大军被阻隔在江岸，诸葛亮十分焦急，当即询问孟获怎么回事。孟获告诉他，此水有猖神作祸，经常兴妖作怪，常致舟翻人亡，水中瘴气过重，且含有毒物质，

触水致死。孟获还告诉诸葛亮，可用七七四十九颗人头并用黑牛、白羊各一头祭之，自然风平浪息。但诸葛亮不愿随意杀人，熟思良久，想出一计，遂命随军行厨宰杀牛马，剁肉为泥，包在白面团中，做成人头形状的大馍投掷水中，以祭鬼神。次日天明，果然云开雾散，江水平和，蜀军安然渡过泸水。从此，“馍头”这种美食就诞生了。

宋高承撰《事物纪源》中记载：诸葛亮南征将渡泸水，土俗人首祭神，亮令杂用牛、羊、豕肉包之，以面象人头代之……馒头名始此。因我国古代称南方各族为“蛮”，这种人头形状的大馍便被称为“蛮头”。《七修类稿》中曰：本名蛮头，音传讹为馒头。

其实，历史上原指有馅的为馒头，现在北方地区称有馅的为包子，无馅的则称为馒头。而在南方一些地区则将有馅的、无馅的统称为“馒头”，尤其是上海人。

记得当年我去上海西湖饭店学习，闲来无事，就想尝尝上海的小笼包子，据说没吃到正宗的南翔小笼包，就等于白来上海一趟。于是就满大街地找，愣是没找到。后来在厨房老师傅的指点下才知道，在上海，管包子店不叫包子店，而叫馒头店，等哥们赶到城隍庙一看，人家那金字大招牌下分明写着“南翔馒头店”五个大字，怪不得找不到。原来北方人所说的包子和馒头到了江南，统一成了馒头。更绝的是，江南人用馒头指代包子已经达到了“炉火纯青”的地步，西湖饭店的师父如此，别的上海和杭州人也一样，你随便“抓”一个当地人给你念念菜单，眼睁睁地看着菜单上白纸黑字的“小笼包”到了嘴里就自然而然地发出“小笼馒头”四个音儿了。

说到诸葛亮咱就不能不说说另一道与他有关的美食，传说当年隐居琅琊县的诸葛亮最爱吃的是烤鱼，这种烤鱼其用料和做法与普通的烤鱼有很大区别，别具特色。诸葛亮每备有家宴时，常邀几位好友共品烤鱼美味。后来，诸葛亮离开隆中，辅佐刘备打天下。一年后，他专程邀几位好友共品烤鱼美味，派人将制作烤鱼的名厨接到身边，负责军中饮食。刘备在成都称帝后，诸葛亮又将其推荐至宫中，为御厨。这种烤鱼不但诸葛亮百吃不厌，刘备、关羽等人也很喜欢吃，进而烤鱼成了皇家御宴上一道不可或缺的美食。诸葛亮去世后，民间有人将这种烤鱼改名为“诸葛烤鱼”，以此纪念诸葛亮辉煌的一生和高尚的品格。此后，这位名厨的烤鱼绝技由子孙世代相传，也为他们赢得了无数荣誉。从唐至清，这位名厨家族就先后出过13位御厨，专门为皇帝主理这道美食。唐玄宗李隆基听说烤鱼的来历后，赞不绝口，还钦赐了“诸葛烤鱼”的名字。

建安十三年（208年），曹操大军南下，直逼江东，孙权做好了应战准备。俗话说，兵马未动，粮草先行，东吴粮官黄盖，奉命调集数万石军粮运往前线。

时值梅雨季节，天空时晴时雨。这日，兵士闻到军粮散发出一股酸溜溜的味道，忙报告黄盖。黄盖立即来到那些有酸味的粮车边，这气味正是从里面发出来的，黄盖仔细查看，原来是十多车面粉的遮盖物磨破了，雨水是顺着那些破洞漏进去的，难怪这些面粉结成团变味了。黄盖想，大兵压境，战争将临，粮食尤为珍贵，坏了十多车军粮，军法难饶啊！

正巧，孙权带着随从察看地势来了，黄盖就连忙前去请罪。十多车面粉不能食用，孙权自然感到十分可惜，是否还有补救措施呢？想到这儿，他就走到粮车旁，随手从面粉袋中挖出一个粉团，拿到鼻子边闻了闻，又仔细地看了看。其他都好，就是有点酸味罢了，如果用水清洗一下，把异味去掉，不是照样能够食用了吗？于是，孙权命侍从端来一盆清水，把粉团放了进去。可是，麦粉团柔韧，下水后仍旧抱成一团，这样，里面的气味怎能跑掉。孙权就把粉团在水中搓了几下。

这一来，奇迹出现了，粉团上的细粉纷纷掉下，粉团反而变得富有弹性更加柔韧了。孙权拿起来一闻，异味一点也没有了。他大喜过

望，忙命厨子去烧制。

厨师拿走粉团，思忖了一番，就把它切成小块，里面裹入切细的笋干、韭菜、猪肉馅儿，放入油锅中一炸，用盘子端了出去。孙权吃了一个后说：真是一道色、香、味俱全的佳肴。他要部下也都来尝尝。大家吃了都赞不绝口。

一旁的黄盖更是转忧为喜，赶忙上前一步来到孙权面前说：将军，菜肴都得有名，这东西是你所发明，你就给它起个名字吧。部下也一起附和着说：将军，就给它起个名吧！孙权点了点头，思考了一下，觉得它像牛筋一样韧，又是面粉做成的，就随口而出：那就叫它面筋吧！

这一来，面筋就传开了。黄盖因祸得福，自然免去了军法处分。赤壁大战胜利，孙权就用面筋犒劳将士。孙权称帝后，每逢佳节，必以面筋宴请群臣。

其实，这只是传说而已。我们都知道面筋亦作“面觔”。是用面粉加水拌和，洗去其中所含的淀粉，剩下凝结成团富有黏性的混合蛋白质就是面筋。据史料记载，面筋发明于梁武帝时期，由于梁武帝萧衍大力提倡尊儒崇佛，多次舍身同泰寺并到处盖庙宇，故有“南朝四百八十寺”之说。晚年的萧衍提倡斋僧吃素。据古籍载，从小麦麸皮和面粉中提取面筋，就始于梁武帝。这东西当初称麸，后来叫面筋，是寺院素食的“四大金刚”（豆腐、笋、蕈、麸）之一。

由此可见，这东西的发明跟孙权根本就沾不上边儿。这也难怪，因为古人发明啥好东西都往名人身上贴，要不，好像没有说服力不正宗似的。今人也如此，比如咱们前文侃的诸葛烤鱼、荷叶粉蒸肉等都不见正史记载，只不过是后人打的“广告”而已。

中国饮食文化历史悠久，各个地方的菜肴风味特色突出，并经历代劳动者和历史名人的宣传，形成了一批有特色的名菜，如前文提到的“霸王别姬”“烧杂烩”等名菜。这些菜本身就有深厚的文化底

蕴，积淀着中华饮食文化的精华。

有位饮食界的名人说过：吃，绝对不仅是填饱肚子或是欣赏美，而是理解其中的内涵，这就是所谓餐饮附加值。今天，有的餐饮企业正是明了其中的内涵来策划雕琢菜品，并取得了不俗的经济效益，使文化产业变成文化经济产业，很值得我们思考。

书归正传。孙权死后，东吴政权迁都武昌，这也造就了另外一种名菜——清蒸武昌鱼。当时民谣乃云：宁饮建业水，不食武昌鱼。这句话不仅仅反映出以建业为中心的长江下游人民不愿用大量的人力和物资逆流而上供应武昌（今湖北鄂州市）的东吴朝廷，同时也说明作为东吴政权支柱的江东大族不愿离开他们的势力范围过远。

正是在这样的历史背景下，孙权于221年决定建都于“鄂”，将鄂县改称为“武昌”，并且于229年在那里称帝。这就不仅仅是饮食文化的问题了，而是通过吃，反映出当时人们的心态和社会问题。由此可见，武昌鱼在吴国宫廷食谱上还占有一定分量，特别是到了东晋，皇室上层贵族也常以食清蒸武昌鱼为乐事。

“武昌鱼”产于湖北省鄂州市（古时称武昌），俗称团头鲂。据《武昌县志》载：鲂，即鳊鱼，又称缩项鳊，产樊口者甲天下。是处水势回旋，深潭无底，渔人置罾捕得之，止此一罾味肥美，余亦较胜别地。同时，以“鳞白而腹内无黑膜者真”。

“清蒸武昌鱼”是选用鲜活的樊口团头鲂为主料，配以冬菇、冬笋、并用鸡清汤调味。成菜鱼形完整、色白明亮、晶莹似玉。鱼身缀以红、白、黑配料，更显出素雅绚丽。不过现在清蒸武昌鱼都不用传统古法烹制，而是采用粤菜清蒸之法。清蒸武昌鱼味道鲜美，特别是毛泽东主席“才饮长沙水，又食武昌鱼”的著名诗句发表后，更使武昌鱼驰名中外。

三国时期炊饮器皿已经有了很大发展，锅釜由厚重趋向轻薄。战国以来，铁的开采和冶炼技术逐步推广，铁制工具应用到社会生活的

各个方面。铁比铜价贱，耐烧，传热快，更便于制菜，因此，铁制锅釜便很快推广开来。如可供煮汤的小釜、多种用途的“五熟釜”、大口宽腹的铜釜，以及“造饭少倾即熟”的“诸葛亮锅”（类似后来的行军灶，相传是诸葛亮发明的），都系锅具中的新秀而深受好评。与此同时，还广泛使用锋利轻巧的铁质刀具，不但改进了刀工刀法，也使得菜形更加美观。

三国时期，天灾人祸，人吃人的现象屡见不鲜。

《魏书》记载：自遭丧乱，率乏粮谷，诸军并起，无终岁之计……袁绍之在河北，军人仰食桑椹，袁术在江淮，取给蒲蠃。民多相食，州里萧条。《资治通鉴》也记述那时候河北、江淮人吃人。

其实，人吃人的现象又何止是河北和江淮。《后汉书·盖熏传》记载：汉灵帝中平元年（184年），熏为汉阳太守，“时人饥，相渔食”；《三国志·荀彧传》记载：汉献帝初平二年（191年）夏，太祖军乘氏。大饥，人相食；《三国志·董卓传》记载：初平三、四年（192—193年），董卓死后，李傕郭汜等人乱长安，时三辅民尚数十万户，傕等放兵劫掠……人民饥困，二年间相啖食略尽。

这期间，长安附近的关中、袁术占据的淮南人吃人尤为严重，几乎达到了“相食殆尽”的程度。三国鼎立后，曹、孙、刘三家为巩固政权，纷纷采取了一些发展生产的措施，这种人吃人的现象才渐渐减少。

但是三国鼎立的时期并不算太长，接下来就又到了大一统的时代，老百姓终于可以过几天安稳的日子了。公元263年，曹魏的司马昭发动魏灭蜀之战，蜀汉亡。两年后司马昭病死，其子司马炎废魏元帝自立，国号“晋”，史称西晋，曹魏亡。280年，西晋灭亡东吴，统一中国。至此三国时期结束，进入晋朝。

照例总结：三国时期有不少好吃的，但大都是传说，人们都忙着占地盘，哪有闲工夫打牙祭？不过，没吃的饿死人就不是传说了！

第十章　奢华的吃——西晋

晋朝（265—420年）是中国历史上九个大一统的朝代之一，和前两篇介绍的汉朝一样，也是个“双黄蛋”，不过这个“双黄蛋”有点特殊。265年司马炎自立为皇帝，国号晋，定都洛阳，史称西晋。317年，镇守建康的晋宗室司马睿在江南重建晋室，史称东晋。

此外，史书中又仿东汉称中汉，称东晋为中晋，寓以晋室中兴之意；因东晋统治地区大部分在江东，江东古称江左，因此也以江左代指东晋。

265年司马炎自立为皇帝，国号晋，定都洛阳，史称西晋，280年灭东吴，完成统一。国家统一了，但是，老百姓并没有过上好日子，因为不久就发生了长达16年之久的“八王之乱”。

西晋比以前的朝代更乱，甚至比春秋战国时期还乱，尤其是到了后来“五胡乱华”期间，战火纷飞，社会更动荡。但在这么动乱的时期却产生了很多美食。

中国真正的吃——美食，是在唐宋时代趋于成熟，到了明清才达到顶峰的。由此看来，美食在晋朝还处于发育成长阶段，此刻的食物虽远远比不上明清时代那么精美，但晋朝的吃是美食发展史中很关键的一环，也是以前朝代所不能比的。

真正美食的产生，大多需要三个关键性因素：首先，要有一群喜欢吃的人，这些人不但嘴馋，还要讲究文化品位。第二，要有一个推

崇炫耀性奢侈消费的环境，就是得有滋养美食的土壤。第三，这些喜欢吃的人还要有“实力”，没钱是吃不到好东西的。可以说晋朝就具备了这三个条件。

说到西晋的美食，咱们先介绍一段历史上有名的奢侈炫富的故事。据晋书《石崇传》记载，这次斗富的主角是“大财主”石崇，另一位是皇帝的舅舅王恺。先说说这个石崇，这家伙很有背景，依靠有中国传统特色的二次分配手段——抢劫起家，挖得第一桶金，财产丰积。王恺就更厉害了！

说起他们的斗富手法，按照现代人观点看来，其实也算不得什么了不得的手段。王恺用麦芽糖刷锅，石崇就用蜡烛当柴火烧饭。除了糟蹋点东西，对于吃实在也没什么贡献。当时有人说起石崇饮食的考究，还举过一个例子，说他冬天能吃到韭菜和艾蒿切细做成的腌菜，这可把王恺羡慕得要死。现在这没有什么稀奇的，但在晋代就不同了，冬天能吃上韭菜和艾蒿，实在是件不可思议的事儿！

俗话说得好：白酒红人面，黄金动人心。黄金是好东西，后来王恺用黄金贿赂石崇的仆人才打听出来，原来这个高级得要死的腌菜是个冒牌货，是拿韭菜根捣碎了，然后再把麦苗切细了放进去冒充的，王恺听了方才心理平衡。石崇知道秘密泄露后，就把那个泄密的仆人给杀了。

知道了石崇冬天连韭菜也吃不上，大家可能对晋代人的美食嗤之以鼻。但是在晋朝他们真的有非常“高级”的食物。

晋朝开国皇帝司马炎，有一次到王济家里作客。王济，字武子，系当时的“官二代”，也是出名的美男子，司马炎招其做女婿，将常山公主嫁给了他。也就是说，司马炎是王济的老丈人。皇帝老丈人来了，自然不能简单，王济设超级酒宴招待司马炎。王济把菜都放在琉璃盘里，也不用饭桌，就让侍女们端着，请客人品尝。客人面前围一大堆女人，每人手里托个盘子，一口一口地喂。皇帝吃到了一盘蒸小

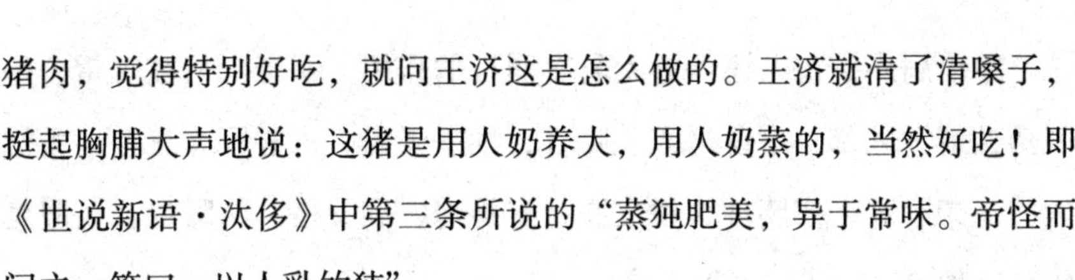

猪肉，觉得特别好吃，就问王济这是怎么做的。王济就清了清嗓子，挺起胸脯大声地说：这猪是用人奶养大，用人奶蒸的，当然好吃！即《世说新语·汰侈》中第三条所说的“蒸豘肥美，异于常味。帝怪而问之。答曰：以人乳饮豘”。

皇帝听了以后，很是不满，没吃完就走了。

其实这道菜的名字叫——蒸豚，即蒸小猪，这也是晋朝宫廷宴席上的珍品。其制法为：取肥小猪一头，治净，煮半熟，放到豆豉汁中浸渍。生秫米一升不经水，放到浓汁中浸渍至发黄，煮成饭，再用豆豉汁洒在饭上。细切生姜橘皮各一升，三寸葱白四升，橘叶一升，同小猪、秫米饭一起放到甑中，密封好，蒸两三顿饭时间，再用熟猪油三升另豉汁一升洒在猪上，小猪就熟了。

从晋朝“官二代”所办的“人乳宴”我们可知，当时的奢侈之风确实太严重。这应该是历史上有记载最早的“人乳宴”。近年来，又有人推出“人乳宴”，用人乳烹制出“人乳鲍鱼”“奶汤鲫鱼”等上百道菜肴。不过这种做法有违伦理道德，受到许多人的抵制和反对。

人乳性平，味甘咸，含有蛋白质、脂肪、碳水化合物、乳化钙、磷、铁、维生素等多种成分，营养极为丰富。它不仅是喂养儿童的最佳食品，还有其他方面的“奇特”功效，因此，古人很早就懂得用人乳来养生、治病及烹制美味。而中医更是把人乳看成是一种治病的特效药。

李时珍在《本草纲目》中说：人乳可治虚损劳、虚损风语、中风不语等病。南朝梁的沈约在《宋书·何尚之传》中记载，宰相何尚之患劳疾多年，久治不愈，后饮了妇人乳才治好了。

至于用人乳保健治病，在古代也很普遍。如《随息居饮食谱》中说：人乳可以“补心血，充液，化气，生肌，安神，益智，长筋骨，利机关，壮胃养脾，聪耳明目”。《金瓶梅》第79回中也写道：只见玉箫问如意儿挤了半瓯子奶，径到书房与西门庆吃药。

除治病外，古人还认为人乳有明目的作用。明李士材在《雷公炮制药性解·人部》中说：人乳味甘，性平无毒，入心肝脾三经，主健四肢，荣五脏，实腠理，悦皮肤，安神魂，利关格，明眼目，久服延年。这种说法现还在民间流传。

其实，早在汉朝，人们就迷信吃人乳长寿。《史记》和《汉书》记载：张苍父长不满五尺，及生苍，苍长八尺有余，为侯、丞相。苍子复长，及孙类，长六尺余，坐法失侯。苍之免相后，老，口中无齿，食乳，女子为母乳。妻妾以百数，尝孕者不复幸。苍年百有余岁而卒。这大概是宰相食人乳的最早记载了。

可能正是因为人乳有这种“药补”作用，古人对人乳始终怀有一种抹不去的情结，视之为“秘药”。

据史书记载，清代的慈禧太后就靠人乳养颜、养生。据说她从26岁开始，直到75岁去世，近50年间从未间断过喝人乳，每天有3名奶妈专门为她提供充足健康的奶水。她坚信能够保持青春长驻的最佳妙方就是喝人乳。

其实除慈禧太后外，清宫中其他后妃也饮人乳，并渐渐地成了清宫中的一种风气。为此，清宫规定，每个季节，精选奶妈40人，在内廷之中辟专室养护，称为“坐秀奶口”；再选80人住在宫中，由内府专门供应饮食，称为“点卯奶口”，即“候补奶妈”。当“坐秀奶口”出现意外不能供奶时，这些“点卯奶口”就可以补缺了。

不过在多数情况下，他们是不单独喝人乳的，而是将人乳配合别的中药一起服用。如清代的雍正皇帝，一生之中最为中意的保健秘方，就是由33味良药配成的“龟龄集方”。其中最重要的一味良药就是人乳。而身体病弱的光绪皇帝，在生命垂危之际，御医给他开具的救命良方就是人乳炖温（温是一种多年生水草，属于藻类，全草可以入药）。

虽然人乳的好处多多，但毕竟是“人乳”而不是“牛乳”，二者不能等同视之。对今人来说，饮用人乳还有个道德层面上的问题。

我国早在三千多年前的商代，人们便学会了喝牛奶。从商代以前的古文字来看，早就有“乳”和“酪”等文字记载。早在汉代，人们就知道陕西一带的黄牛产的奶味道最好。大约在1500年前南北朝时期，人们就能加工许多奶制品。在《齐民要术》中就载有许多奶制品，如“煎炼乳”（类似近代的浓缩奶）、“熬干奶”（粉碎后类似近代的奶粉）、“除去上浮物奶”（类似近代的脱脂奶）、“醍醐”（类似近代的酸奶）、“酥”或“酥油”（类似近代的奶油）、“酪”或“奶酪”（类似近代的牛奶“琪司”），等等。

到了北宋末年，京城汴梁出现了许多经营奶制品的民间饮食店，如袁褧在《枫窗小牍》里提到的“王家乳酪”，就是私营店，这标志着牛奶及奶制品已经开始成为大众化的食品了。可是，不久北宋灭亡，老百姓连命都保不住，就顾不上喝牛奶了。

牛奶真正成为大众饮品，应该始于南宋孝宗时期。张仲文在《白獭髓》里说：浙间以牛乳为素食。这里的“素食”可不是相对于“荤食”而言，而是平素、平常的意思。如同豆腐青菜，一日三餐不可或缺。这则记载起码说明至少在江浙一代，民众无论贵贱，喝牛奶已成为生活习惯。千百年来，中国人一边喝着奶，一边研究牛奶的品位、性质、加工、应用等各个方面，还形成了特殊的“牛奶文化”现象。但是由于近代国力的衰弱，老百姓连肚子都填不饱，就没有能力喝奶了。

书归正传。我们还是回到晋朝。《世说新语》载：王敦初尚主，如厕……既还，婢擎金澡盘盛水，琉璃碗盛澡豆，因倒著水中而饮之，谓是“干饭”。群婢莫不掩口而笑之。意思是说晋人王敦有幸做了驸马爷，却对皇家的生活阵仗一点没概念。上罢厕所，女奴奉上盛在玻璃碗里的澡豆，王敦却把散末状的澡豆误当成了炒面一类的“干饭”，倒在洗手的金盆里，像老北京喝面茶一样，把一金盆的澡豆糊

糊给干掉了。

其实澡豆就是古代的一种手、面部清洁用品。唐人孙思邈《千金方》介绍了多个用于“洗手面”的“澡豆”制造配方，大都要用到“白豆面”“毕豆面”“大豆末”等各种豆面。从这些配方可以看出，“澡豆”的制作极为讲究，除了豆末之外，还要用到猪胰、皂角等，以增强去油除垢的效力，另外，珍贵香料更是必不可少。把这种种原料加工处理之后，晾干，捣成散末，细细掺和到一起即得。

至于当时的“名人”司徒何曾，对吃也很讲究。与咱们前文中提到的彭祖、易牙和在饮食文化中偶然客串的淮南王刘安不同，这位司徒何曾可是大腕级的“食神”。何曾，字颖考，陈国阳夏人。父夔（kuí），魏太仆、阳武亭侯。

据《晋书·何曾传》记载：何曾性奢豪，务在华侈。厨膳滋味，过于王者。每燕见，不食太官所设，帝辄命取其食。蒸饼上不拆作十字不食。食日万钱，犹曰无下箸处。

由此可见，何曾每天吃饭要花掉一万钱。一万钱折合成现在的货币，大约是五千块钱的样子。这样说来，何曾大人一年的饭钱差不多是180万元人民币。即便是这样，面对着几千块钱的大席，何曾直抱怨说没有下筷子的地方。他的儿子何邵更狠，据说花在饮食上的钱比他父亲翻一番，一年要吃掉将近400万元人民币，真是“食尽四方珍异”。

当时有人就认为，即便是皇家的御膳房，也未必比他家做的东西好吃。而事实上何家的烹饪技术确实超越了御膳房。人家吃馒头就一定要吃“拆作十字”的馒头，也就是现在的开花馒头。所谓开花馒头，就是用发酵的面蒸出来的馒头。现在人不怎么把开花馒头当回事，超市里面一堆一堆的。但在当时，尤其是在晋朝，开花馒头绝对属于“高科技”。要说起你可能不信，不久之后的后赵皇帝石虎也想吃这玩意儿，就命厨师来做，只可惜厨师做不出，又怕皇帝怪罪，只好在馒头顶处填枣干、核桃仁之类的干果，这东西不能和面兼容，吸水又会涨，熟了自然也就把馒头顶开了花。于是，就出现了山寨版的开花馒头。

虽然都说何曾吃得离谱，但人家也不是瞎吃，人家可是个有“文化”有“品位”的人。这不，吃着吃着就“吃出”一本《食疏》。

《食疏》这本书可能现代人了解的不多，但在古人眼里，尤其是古代厨师眼里，那绝对称得上是和《圣经》一样的读本。两百年后的南齐，豫章王萧嶷设大宴款待宾客，自以为百味具备，于是就得意地问虞悰，这里还缺点儿啥？其实这话大家都明白，与其说是询问，还不如说是显摆。而这位号称当时头号食神的虞悰倒是不买他的账，只是轻描淡写地回答：“恨无黄颔（毒蛇羹），何曾《食疏》所载也。”然后作负手仰天长叹状。萧嶷顿时哑口无言。由此可见，何曾和他的《食疏》在喜欢吃的人心目中的地位有多高！

从这里我们也可以看出，何曾对于吃喝是相当有研究的，都已经上升到了理论高度。当然这得有万贯家财做后盾，并非普通人能达到的。

在那个年代，食谱可是个好东西，往往被当作传家秘籍，世代宝有，绝不外传，以供子孙享用。史书记载，南齐世祖萧赜曾经去虞悰家里吃饭，尝过虞悰家厨给他上的十几道菜，认为道道都比自家的御厨做的好吃，于是就向虞悰索要菜谱。但虞悰以菜谱秘方不得外传为理由拒绝了。

何曾家学渊源，菜谱独自享用，所以才有他败家子儿子照着《食疏》一年吃掉四百万块钱的记录。虽然说喜好饮食不是什么大问题，但何曾这样苛求美味，以致极度奢侈，是不可取的。以致在当时就有人弹劾其侈奢无度，只因晋帝以为他是重臣而未问。后世则亦以他为奢侈的典型，加以批评。

西晋的“美食家”们之所以吃得这样奢侈是有原因的。在数十年

的三国鼎立中，统治者们都不约而同地恢复了节俭风格。《三国志》记载：曹操执政时，左右“菜食粟饭，无鱼肉”，刘备诸葛亮治蜀时还一度禁止造酒以节约粮食。在上层统治阶级身体力行的带动下，汉时节俭质朴的饮食风格一度得到恢复。但这一切到了魏朝就开始改变了。魏的开国皇帝曹丕在一封诏书中曾写道：三世长者知被服，五世长者知饮食，此言被服饮食非长者不别也。意思是说，只有累世为官的望门贵族，才能对穿衣吃饭之类的事情有深刻的理解。这是最高统治者有意识地提倡名门贵族以精简饮食来提高身价。正是统治者的圣意引导了贵族的饮食习惯，以致这种奢侈的饮食之风一直延续到了西晋，并影响到了今后。

咱们还是书归正传。别看何曾吃得这样嚣张，对吃喝有深厚的“研究”根底，但与下面出场的这位无法相比。

史书记载，前秦世祖宣昭皇帝符坚有个侄子叫符朗，降晋之后，官拜员外散骑侍郎。苻朗，字元达，性情宏达，精神爽朗超逸，从小就胸怀大志，不屑于世俗的荣耀。苻坚曾经称赞他说：这是我家的千里马！符朗在任上很有政绩，这一点人们都知道。但他还是一个“怪癖的美食家”可能就不为人知了。

当年会稽王司马道子经常请符朗吃饭，《晋书》记载，这家伙不但能吃出盐是生的还是熟的，还能吃出鸡是露天养的还是笼养的。更奇怪的是，有一次他吃鹅，能指出哪块肉上面长的是黑毛，哪块肉上面长的是白毛，这就有点匪夷所思了。

还是书归正传。别看西晋这些“美食家”在盛世颇威风，但在西晋快要灭亡的时候，也过上了苦日子。《晋书·谢安传》附《谢浑传》记载：当时司马睿的建康政府穷得叮当响，什么都没有，更别说以前的那些美食，能吃到猪肉就不错了。即使弄到一头猪，大家都觉得是个美味珍馐。尤其是猪脖子下垂的那部分肥膘，特别肥厚多汁、香味异常。估

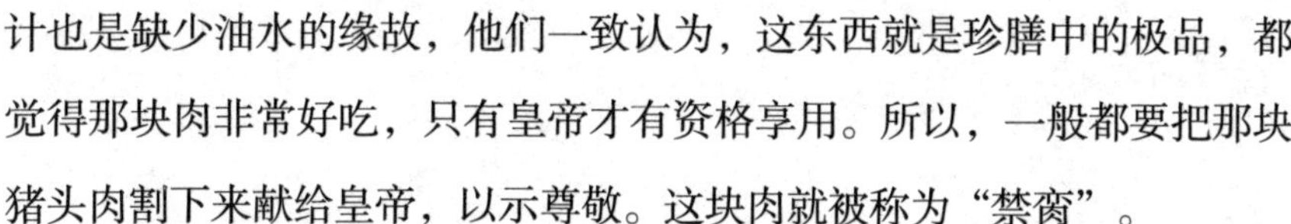

计也是缺少油水的缘故，他们一致认为，这东西就是珍膳中的极品，都觉得那块肉非常好吃，只有皇帝才有资格享用。所以，一般都要把那块猪头肉割下来献给皇帝，以示尊敬。这块肉就被称为“禁脔”。

“禁脔”其实就是“糟头肉”，在东北也称作“血脖肉”，这东西很肥腻，没多少人爱吃，而西晋的这些美食家们，现在混得连块“血脖肉”都吃不上，看得出，两晋交替之际实在是饮食业的谷底。但是很快，经济状况有了好转，这些美食家们又奋起直追，讨还被错过的“青春”。到了谢安时代，又经常举办花费“数百金”的宴会了。

当然，在战乱时期连美食家们都没有猪头肉吃，更别说普通人了，但即便在和平时期，普通人的粮食供应往往也有困难。《晋史》中记载了饥饿百姓的多种食谱，如老鼠、树皮、石蕊、腐肉、树根等，有时候还有人肉。动乱之际，饥荒频繁，饿死沟渠者比比皆是。

穷人吃不饱，皇帝也有吃不饱的时候。“八王之乱”时，晋惠帝带着手下仓皇逃亡。大家手里都没钱，只有一个小太监带了三千钱，晋惠帝就硬是给要了过来——充公。后来大家买了粗米做饭，用瓦盆盛着给皇帝，皇帝一口气干掉两盆，据说还没吃够。

到了西晋灭亡前夜，皇帝的饮食就更糟糕了。史书记载，匈奴人的军队围困住了长安城，当时的一斗米能值二两金子。朝廷搜搜国家仓库，惊喜地发现里面居然有几十个大饼。但是这些大饼别人没份，皇上晋愍帝自己一个人留着享用。但就算是他，也舍不得拿着饼就吃，他也明白“忙时吃干，闲时吃稀”的道理，于是，他就让人把饼弄成渣熬粥喝，这样坚持的时间好能长一点儿。至于其他人饿不饿死，他可管不了那么多。撑到后来，这几十块饼也吃光了，皇帝开始挨饿。面对长安城大量饿死的灾民，晋愍帝只能选择投降。

这章就到这里，照例总结：西晋的美食家门吃出了花样，吃得奢华，也吃倒了江山。

第十一章　吃的遗传
——东晋、南北朝

一

接上一章，316年晋愍帝投降，最后受辱被杀，至此西晋亡。317年，晋室南渡，司马睿在建邺建立朝廷，与北方对峙，故史上又称作东晋。

其实，晋元帝司马睿没有什么出众的才能和声望，全凭中原望族王导的支持才登上的帝位。318年，司马睿在登帝位受百官朝贺时，他三番五次请王导同坐龙床受贺，王导辞让不敢当。在政治上，司马睿依靠王导，而在军事上，则完全依靠王敦。所以当时的人们都说“王与马，共天下。”

书归正传。话说世族南渡的东晋，这些“美食家”们又复活了，豪奢之风比西晋更甚。晋宗室司马道子，就是简文帝司马昱之子，封会稽王。当时，孝武帝司马曜不亲政，其窃弄威权，势倾天下。史书记载，晋孝武帝太元以后，司马道子通宵饮宴，蓬首昏眊，荒于政事。优伶出身的赵牙深受道子宠爱，他为道子修建东府园池，耗钱巨万。司马道子叫宫女在池边设酒肆，一边与宫女乘船，一边沽酒酣饮，取笑玩乐。

南朝，南梁骁将鱼弘，襄阳（治所在今湖北襄樊）人，因军功先后任南谯郡、盱昭郡太守。自称为政期间有“四尽”：水中鱼鳖尽；

山中獐鹿尽；田中米谷尽；村里民庶尽。

与此相对的北朝，是由北魏宗室元雍统治。元雍字思穆，鲜卑族（原姓拓跋），也就是献文帝拓跋弘之子，封高阳王。北魏人杨衒撰写的《洛阳伽蓝记》上记载：元雍，嗜口味，厚自奉养，一日必以数万钱为限，海陆珍羞，方丈于前。别说普通老百姓了，连当朝的尚书令李崇也感慨地说道：高阳一日，敌我千日。

不仅仅豪门世族盛行吃喝风，在南朝后期，门第低微的寒人执掌机要后，一些新贵的奢靡之风则有过之而无不及。南朝刘宋的阮佃夫（427—477年），会稽诸暨（今浙江诸暨）人。文帝时，为台小史。孝武帝时，召补内监。前废帝时，湘东王刘彧选为主衣。明帝刘彧即位后，官至太子步兵校尉、游击将军。执政权重，仅亚于君主。虽然他出身寒族，一旦当权，却招权纳贿，奢靡豪侈。

史载，阮佃夫的宅舍园池胜过诸王的府第，歌妓数十人，技艺容貌在当时都是数一数二的。他从私宅内往东开凿沟渠，长十多里，供其私人泛轻舟，奏女乐。当他外出遇见知名人士时，便邀请一起回家，摆设酒宴。不一会儿，珍馔美肴齐全。而且，各种煮熟食物的火候、滋味都是恰到好处，甚至有数十种之多。他曾经宴请数十人，席上肴馔也是如此，十分豪爽。其豪侈之风，即使西晋世族王恺、石崇等也无法超越。

由此可见，在封建专制社会里，无论是世族士族，还是寒族庶族，只要擅权营利，视公器为囊中私物，奢靡豪侈的吃喝风必定炽盛。

在当时，有一种风气是：菜肴不仅讲究味美，而且注重形美。有人形容说：所甘不过一味，而陈必方丈、适口之外，皆为悦目之资。意思是说：一个人胃的容量是有限的，可一顿饭动辄摆出许多盘盏，仅是悦目而已。结果造成了“积果如山岳，列肴同绮绣”“未及下

堂，已同臭腐”。大概意思是：瓜果菜肴摆的很多，只是为了好看，吃不了的都得倒掉。

北齐光禄大夫元孝友的一段话也曾提及于此，他说：夫妇之始，王化所先，共食合瓢，足以成礼。而今之富者弥奢，同牢之设，甚于祭盘。累鱼成山，山有林木，林木之上，鸾凤斯存。徒有烦劳，终成委弃。意思是，把鱼摆成山丘之形，再用肉片植成林木，又有雕刻的鸾凤亭立于林木之上。

其实，冷荤艺术拼盘是中华饮食文化的重要组成部分，厨师们以鬼斧神工的技艺创造出精美绝伦、形态逼真的艺术冷荤拼摆，不仅仅是对厨师手艺的考验，更是烹饪技艺的升华，但真正的技艺类拼摆从来都是以卫生、简洁、艺术、像形而著称，从来就不奢华浪费。这种奢靡浪费的大型“山林鸾凤盘”只能说是对中华饮食的一种亵渎。

下面，咱们再谈谈这时期普通的东晋人吃什么。

据史书记载，东晋人的年货分三种：食物，衣物，辟邪之物。咱们单说食物。食物有五辛：葱、韭、薤、蒜、芫荽。有糖稀，有肉类，有齑、菹、脯、鲊，有油炸的环饼和餢飳，此外还有髓饼、截饼。

薤是藠头，齑是菜泥，菹是泡菜，脯是干肉，鲊是干鱼。至于环饼，有人说是“馓子”“麻花”，经查资料，这种说法是正确的。

馓子古时候称寒具。2000多年前我国著名的爱国诗人屈原在《楚辞·招魂》篇中就写道：粔籹蜜饵，有餦餭兮。宋代林洪考证：粔籹乃蜜面而少润者，餦餭乃寒具食，无可疑也。唐代诗人刘禹锡写过一首名为《寒具》的古诗。诗云：纤手搓成玉数寻，碧油煎出嫩黄深。夜来春睡无轻重，压褊佳人缠臂金。

明代李时珍的《本草纲目·谷部》中十分清楚地交代说：寒具即食馓也，以糯粉和面，入少盐，牵索纽捻成环钏形……入口即碎脆如

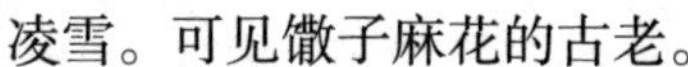

凌雪。可见馓子麻花的古老。

为什么古人要吃“寒具”这种食品，还有一段传说。原来古代清明节前一日为民间的寒食节，要禁烟火3天。晋陆（岁羽）的《邺中记》有“冬至后一百五日为介子推断火冷食”的记载。说的是介子推曾伴随公子重耳一起过着流亡生活达19年之久。在重耳饥饿时，曾割股献君，可谓忠心耿耿。但重耳重新执政为晋文公后，在论功行赏时却忘记了介子推。为此介子推带了母亲去了绵山隐居。晋文公一日忽然想起介子推，亲自带人去绵山寻找，不见，就命令放火烧山，想逼出介子推母子。不料介子推守志不移，不肯会见晋文公，母子双双抱木而被烧死。为此晋文公十分悲痛，迁怒于火，下令介子推忌日前三日全国禁烟火，于是就有了寒食节。

三日不动烟火，吃什么呢？那就是寒具，它经过油炸制，能够久储不变质，保持酥脆不皮，当然是最理想的食品了。

寒具发展到今日的馓子、麻花，原料及工艺都有了很大改进，现代馓子已不用米粉而改用面粉了，而且大多在制作中或加糖或裹蜜而成甜食，但也有加盐成为咸食的。按李时珍记载的方法制作，即“入少盐，牵索纽捻成环钏形，油煎食之”的说法，似乎馓子、麻花中应包括如今的北京传统名吃“焦圈”。南方的糕点铺出售的一种用面粉炸制的馓子也是咸的，不过条儿、个儿都比北京的馓子、麻花粗大。旧社会妇女坐月子，人们把“寒具”当作礼物馈赠，用开水泡开加糖食用，据说很补。

介绍完了馓子，咱们再谈谈流行在这个时期的几种饼。

髓饼就是用骨髓油同蜂蜜和面粉制成薄饼，放在烧饼炉中炕熟，制熟后的饼味美，可久贮，很像现在南方的火烧。截饼是用牛奶加蜜调水和面，制成薄饼，下油锅炸成，入口即碎，脆如凌雪。此饼好似现代的奶油饼干，质量颇佳。只不过今之奶油饼干不用油炸制，而是

用烘炉烘干，技术上大有改进而已。

餢飳也是一种大饼，类似于现在的“油炸面包圈”，只不过要大上许多，个头跟现在的汽车轮子差不多。要说起餢飳这东西可很有意思，餢飳这两个字比较难读，乍一瞧，以为是形声字，读“倍榆”，其实正确的读音是“bù tóu”，很有趣。做起来也很有意思，发大大的一盆面，堆在案板上搓，搓出来一个庞大的圆环，然后下油锅炸，炸到两面焦黄，捞出来控油，挂到墙上，远远望去跟大车轱辘似的。可以想象，当年的前辈们驾车上路，车后大概会挂一个炸好的餢飳以备不时之需，就像今天越野车后面必定挂一个备胎那样。这东西耐储存，携带方便，个头也大，味道还不错，所以在当时很是流行。但要论个头，跟五代的“赵大饼”比起来还要差点儿，当然这是后话。

介绍完了晋朝人吃什么，咱们再来谈谈发生在这个时期以“吃”表孝心的事儿。

王祥（184—268年），字休征，西晋大臣，是晋琅邪临沂（今属山东）人。

提起王祥，可能会有人不知道，但要是说“书圣”王羲之就没几个人不知道了，王祥是王羲之五世祖王览的同父异母兄。

据晋干宝《搜神记》第十一卷记载：母常欲生魚，时天寒冰冻，祥解衣，将剖冰求之，冰忽自解，双鲤跃出。意思是说，晋朝的王祥，早年丧母，继母朱氏并不慈爱，常在其父面前数说王祥的是非，王祥因而失去父亲的疼爱。一次继母朱氏病卧在床，非常想吃鲤鱼，但因天寒河水冰冻，无法捕捉，王祥便赤身卧于冰上，忽然间冰裂，从裂缝处跃出两尾鲤鱼，王祥喜极，持归供奉继母。

由此可见，王祥的继母不仅对他不好，还是个“美食家”。据说，后母不断刁难王祥，她要王祥捕捉黄雀烤给她吃。这是个很难做到的麻烦事儿，但是由于孝的感应，许多黄雀竟自动飞到王祥的帐篷中。到了丹柰树结果时，继母要求王祥守护果子，而王祥每到风雨来临时，都会抱着树大哭，怕果子会被吹下来。就这样，王祥供养继母30多年。

人心终究不是铁石浇铸成的，王祥的后母终于被他一次又一次的孝行所感动，终致羞愧自己的行为，最后把王祥看成自己亲生的一样。从此，王祥的举动传为佳话，也成为孝子的楷模。而“卧冰求鲤”也成了孝文化中的一个典故。

好人是有好报的，后来王祥竟做到了“三公”的高位，而在《晋书》里，王祥的名字也排在晋朝重臣列传第一位，可见他的地位之高。

孝文化在中国的文化中占有十分重要的地位。不能想象，一个对父母不孝的人，怎能负担起赡养的义务！而一个社会不能以孝道行天下，必定是一个荒蛮的社会，提倡孝道不仅关系到乡俗民风，更是关系到国家的政治清明，社会的稳定，这也是老百姓安居乐业的基础。

其实，孝并不是难事，有时是给父母倒的一杯热茶，有时是给父母做的一顿美食。因为，有时“吃”真的可以判断一个人的孝心。

先总结一下：什么都变了，就是吃的没变！

二

话说当初的晋元帝司马睿建立东晋后，深知江山来之不易，害怕臣下在北伐中收复失地，功高震主，所以只想做个偏安皇帝，对于北伐中原、恢复晋室天下的事情并不感兴趣。而他的后人也无杰出之人，以致大权旁落，421年，晋恭帝司马德被废遭杀，刘裕取代东晋，自称皇帝，国号为宋。历史便进入南北朝时期。

刘裕虽然废了晋恭帝，但他绝对是一个好皇帝。《资治通鉴》

的作者司马光对他有过高度的评价：清简寡欲，严整有法度，被服居处，俭于布素，游宴甚稀，嫔御至少。刘裕的节俭在古代的帝王中也是出了名的。但是他的后人并不认同他的做法。

他的孙子宋孝武帝刘骏在大搞宫殿扩建工程时，顺路来到开国皇帝刘裕专为子女开辟的思想品德教育展览馆——刘裕的住所。当刘骏看到里面陈列着刘裕早年睡的土坯床，还有使用的葛草灯以及麻绳拂尘之类的东西时，不但不被教诲，反而出言不逊侮辱他的祖父。子孙这样评价刘裕，刘宋政权走下坡路就是再正常不过之事了。

虽然南北朝很乱，人们争权夺利，甚至是残害兄弟骨肉，但在这动荡的时期江苏菜却在不断完善。

江苏菜简称苏菜，是中国汉族四大名菜之一。由于苏菜和浙菜相近，因此和浙菜统称江浙菜系，主要以淮扬菜、苏锡菜、徐海菜、金陵菜等地方菜组成。苏菜擅长炖、焖、蒸、炒，重视调汤，保持原汁，风味清鲜，浓而不腻，淡而不薄，酥松脱骨而不失其形，滑嫩爽脆而不失其味，当然这是现代苏菜的特点。其实早在两千多年前，吴人就已经善制炙鱼、蒸鱼和鱼片了。

另外，在这个时期也产生了闽菜，也就是福建菜。闽菜是中国八大菜系之一，发源于福州，以福州闽菜为代表，说白了，闽菜其实就是以福州菜为主体，代表着闽菜文化。根据闽侯县甘蔗镇恒心村昙石山新石器时代遗址中保存的遗物我们知道，福建先民使用过炊具陶鼎和连通灶，这证明了福州地区早在5000年前就已经从烤食进入煮食时代。到了两晋、南北朝时期的“永嘉之乱”以后，大批中原衣冠士族入闽，带来了中原先进的科技文化，与闽地古越文化的混合和交流，促进了当地经济的发展，也为闽菜的发展创造了有利条件。后来晚唐五代河南光洲固始的王审知兄弟带兵入闽建立“闽国”，更对福建饮食文化的进一步开发、繁荣，产生了积极的促进作用。

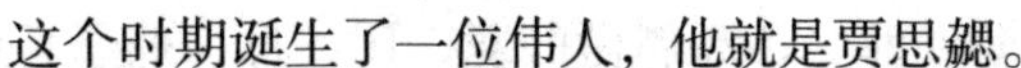

这个时期诞生了一位伟人，他就是贾思勰。

贾思勰是北魏益都（今山东省寿光市西南）人，做过高阳郡（今山东临淄）太守，是我国古代杰出的农学家，同时他也应该是一位“名厨”。这里的“名厨”不是指他发明过什么“大菜”，也不是指他对美食有多么高深的评论，全是因为他写了一本书——《齐民要术》。

《齐民要术》是中国保存得最完整的古农书巨著，成书于北魏武定二年（544年）以后。（一说为533年至544年间）

《齐民要术》全书共九十二篇，分成十卷，正文大约七万字，注释四万多字，共十一万多字；书前有《自序》和《杂说》各一篇。引用前人著作有一百五十多种，记载的农谚三十多条。全书介绍了农作物、蔬菜和果树的栽培方法，各种经济林木的生产，野生植物的利用，家畜、家禽、鱼、蚕的饲养和疾病的防治，以及农、副、畜产品加工和食品加工，还有文具、日用品的生产，等等。几乎对所有农业生产活动都作了比较详细的论述。

其实，《齐民要术》主要研究北朝时期的生产活动，而且“食为政首”是贯穿于《齐民要术》的主导思想，正如贾思勰在序文中所言：起自农耕，终于醯醢，资生之业，靡不毕书。这里说明的是，书名中的“齐民”，指平民百姓。“要术”指谋生方法。

这部书之所以备受后世重视，除了因内容极为详细，亦因作者有大量亲身验证的第一手经验。例如，在“作酱法第七十”中，首先叙述用豆作的酱，但也记载了肉酱、鱼酱、榆子酱、虾酱等的制法。还有就是在“作菹藏生菜法第八十八”中提到藏生菜法：“九月、十月中，于墙南日阳中掘作坑，深四五尺。取杂菜种别布之，一行菜一行土，去坎一尺许便止，以穰厚覆之，得经冬，须即取。粲然与夏菜不殊。”与“假植贮藏”措施基本相同。另外，书中还介绍了十一种素

菜的做法。其中包括：葱、韭、芹和瓠做的羹，用冬瓜、茄子、瓠和白菜焖熟的菜肴。

由此看来，贾思勰不但是“厨师”，会吃，而且还是一位“农蔬储存学家”。

事实上好多后世的美食理论家也大都是参考《齐民要术》来考证饮食历史的。所以贾思勰被称为“名厨”也是当之无愧的。

詹王又名詹鼠，湖北广水市（原名应山县）人，出生于战乱纷飞的南北朝时代。传说詹王原来是一位御厨，手艺高超，每天给皇帝做饭菜。由于皇帝荒淫腐化，贪得无厌，昏庸暴戾，每日花天酒地，吃尽了人间的山珍海味，吃什么都没有味道。有一天，皇帝召见了这位姓詹的御厨。皇帝说：到底天下什么东西的味道最美？忠厚老实的詹厨师答道：盐的味道最美！由此来看，这位詹御厨还真是非常实诚，他以为不管什么美馔佳肴都离不得盐，于是就如实回答，哪知却因不符皇帝心意而被斩。

詹厨被杀后，御膳房的其他厨师都吓得不轻，都不敢为皇帝烹制的菜肴中加盐调味，怕犯欺君之罪掉脑袋。皇帝连续十多天都吃着无盐的菜，虽是山珍海味但也索然无味。而且出现了全身无力、精神萎靡不振的现象。经御医诊断，才发现皇帝的病是因为不吃盐引起的。

皇帝这时才醒悟，原来詹厨师的话是对的。于是，这位皇帝悔恨不已，决定追封詹厨师为王，还规定在詹厨师被杀的忌日即八月十三日，让老百姓祭祀。以上这则说法未见正史记载，但詹王的传说反映了烹制菜肴用盐调味的重要性，同时，也说明了盐对人体的重要性。

要说到盐这个东西没有谁不知道的，我国是最早人工生产食盐的国家。“盐”字本意是“在器皿中煮卤”。《说文的字》中记载：天生者称卤，煮成者叫盐。传说黄帝时有个叫夙沙的诸侯，以海水煮卤，煎成盐。后世尊崇其为“盐宗”。盐色有青、黄、白、黑、紫五样。

《周礼·天官·盐人》记述掌管盐政，管理各种用盐事务的官叫“盐人”。祭祀要用苦盐、散盐，待客要用形盐，大王的膳馐要用饴盐。这里所说的“形盐”是指白色岩盐，因形体大可以“镂之写物”。“饴盐”是岩盐中最好的一种，其味咸美“如水精”“似虎珀”，又称“君王盐”。

《吕氏春秋·本味篇》记载：和之美者，阳朴之姜，招摇之桂，越骆之菌，鳣、鲔之醢，大夏之盐，宰揭之露，其色如玉，长泽之卵。就是说最好的调料是四川阳朴的姜、湖南桂阳招摇山的桂、广西越骆国的竹笋、用鲟鳇鱼肉制成的酱、山西的河东盐、宰揭山颜色如玉的甘露、西方大泽里的鱼子酱。

古时盐的种类繁多，从颜色上分就有绛雪、桃花、青、紫、白，等等。从出处分为：海盐取海卤煎炼而成，井盐取井卤煎炼而成，碱盐是刮取碱土煎炼而成，池盐出自池卤风干，崖盐生于土崖之间。南朝陶弘景《名医别录》记有：东海盐、北海盐、南海盐、河东池盐、梁益井盐、西羌山盐、胡中树盐，色类不同，以河东者为胜。

烹饪调味，离不了盐。但古人认为：喜咸人必肤黑血病，多食则肺凝而变色。《调鼎集》也记载：凡盐入菜，须化水澄去浑脚，既无盐块，亦无渣滓。做菜时候，要注意一切作料先下，最后下盐方好。若下盐太早，物不能烂。

我们都知道盐的主要成分是钠，而钠又是维持身体酸碱平衡、调节渗透压、构成细胞外液、维持有效血循环量的重要元素，脱钠会导致人体出现低钠血症、电解质紊乱、酸碱失衡、体位性低血压等病症。临床症状为轻者疲乏、头晕、直立时晕倒；中者皮肤弹性减退、饮食不佳、恶心呕吐、尿量减少、比重仍低、表情淡漠、血压下降；重者甚至休克、昏迷。

书归正传。后来还有的人考证说，詹鼠经常把狩猎回来的食物采

用蒸、煮、煎、炒等方式烹饪，并喜欢在烹制的菜肴中加入自制的野山鸡粉，味道非常鲜美，人们都非常喜欢吃詹鼠做的东西。继承了父辈的乐施精神，詹鼠还经常帮助乡亲们，制作自己拿手的“葱花饼”送给乡亲们吃，并组织成立慈善会——“詹鼠会”，专门救济贫苦的人们，在当地享有很好的口碑。詹鼠不但好学，而且还经常研究其他烹饪方式，技艺精湛，并把他的烹饪技术传授给“詹鼠会”的朋友，受到朋友们的欢迎。其烹制的“应山滑肉”更是广受称赞，并在民间广泛流传。

话说当年，有一个地主恶霸叫王山魁，拥有农田一百余亩，依权仗势，经常欺压百姓，如果发现当地哪户人家有宝物，就想方设法占为己有，如有不满就会大打烧抢。一次，王山魁外寻，吃过詹鼠做的葱花饼，感觉味道非常不错，并了解到詹鼠在当地做菜也很有名气。于是，王山魁就派人把詹鼠请来专门为自己做饭。地主王山魁对詹鼠所做的饭菜自然是非常满意，为了在众多豪门贵族面前显扬，时常邀请一些权贵到府上做客，品尝美食。虽然詹鼠不满地主的一些行径，但王山魁为詹鼠提供了一个很好施展厨艺的平台，也就暂时为其主厨，一心钻研厨艺。

传说毕竟是传说，不一定可信。但历史上却真有詹鼠其人。詹鼠从小机智聪明，长大后厨艺精湛，并在不断的烹饪实践中，将野山鸡煮熟后磨制成鸡粉，制成调味料，是鸡粉调味料的先驱。所以我们在使用鸡粉调味时，别忘了这东西是他老人家发明的。

本章写到这里，以我一个厨师的角度看，这个时期奢侈成风，但也并不是一无是处，有两个人的出现，能让人的心里 “好受”一点。第一个是大力提倡素食的梁武帝，第二个是被后人奉为“神仙”的葛洪。

花开两朵，单表一枝。咱们就先谈谈梁武帝。

虽然素食是汉传佛教特有的传统，但这一选择并非独出心裁，而是以大乘经教为主要依据的。当年佛教在西汉哀帝传入中国时，来华的印度僧人并未严格吃素，汉地自然也没有素食之风。直到梁武帝时期，经过他的大力倡导，素食才成为僧人必须遵循的行为规范。

梁武帝是一位虔诚的佛教徒，精通教义，经常搭上缦衣为王公大臣们说法，甚至几度入寺，舍身为奴。梁武帝在研读经典过程中发现，大乘佛法明确提出，佛子应断除肉食，作为大乘佛子，在成就智慧的同时，还要成就慈悲。而食肉会令众生心生恐惧，不敢接近，有违慈悲的修行。梁武帝根据这些大乘经律撰写了《断酒肉文》。文中记述：若食肉者，障菩提心，无菩萨法，无四无量心，无大慈大悲，以是因缘，佛子不续。还劝勉众弟子勿饮酒食肉，并明令出家众必须戒除酒肉。

因为梁武帝的大力倡导，汉传佛教才开始形成了素食的传统，并延续至今。让他没有想到的是，在他死后的几百年，他的女后辈尼姑梵正创造出了闻名天下的《辋川小样》，并且还开了荤戒。当然，这是后话。

梁武帝是位笃信佛教、极力提倡发展佛教的皇帝，也可以说是历史上第一个主张不杀生食素的皇帝。他在位时，梁朝佛教极为盛行，当时的建康城内外有佛寺五百多所。以至于唐朝诗人杜牧写出了："南朝四百八十寺，多少楼台烟雨中"的千古绝句。可是命运有时莫名其妙，竟和他开了一个大大的玩笑。

由于梁武帝一心崇佛，不理朝权，社会矛盾不断激化。梁武帝早年没生儿子，过继侄儿萧正德为嗣子作太子，后又生了儿子，取名萧统，侄子萧正德被改封为西丰侯。萧正德对此心怀不满。恰在这时，东魏大将侯景因与政敌高欢不合，投降了梁朝，梁武帝封他为河南王。侯景为人奸诈，看到皇族矛盾很深，认为有机可乘，于是勾结萧

正德发动叛乱，答应事成之后让萧正德做皇帝。最后叛军攻进了建康城，包围了宫城，后又引玄武湖水灌宫城。梁武帝这位“和尚皇帝”被困在里面，一筹莫展，也没有人去过问他，可叹这位皇帝最后竟活活被饿死在宫城中。当然，萧正德也没做成皇帝，最后被侯景所杀。历史就这样神奇，梁武帝死了，但是佛教食素的传统却保留了下来。要说到佛教徒食素，就不得不介绍一下寺院菜。

寺院菜，也称斋食。即指信奉佛教和道教等人所食的素菜。佛教和道教都曾经在中国历史上盛极一时。特别是佛教，从西汉末年传入我国后，经统治阶级（如梁武帝）的大力提倡，流传极广，寺院遍布全国各地。许多佛寺占有大量庙产，他们的方丈、长老虽行斋戒，不食荤腥，却十分讲究素食，这就产生了寺院菜。

中国民间素食之风俗，其实早在周朝就有了。《礼记·坊记》中就写道：“齐戒以事鬼神”。齐戒也就是食素。先秦时的始皇帝为求得长生之术，也一度食素，后来更是有道家弟子戒荤食素，更有甚者还一度不食五谷。正是虔诚的宗教信徒秉承“持斋吃素”的观念，才使寺院素食烹饪发展起来，进而影响了普通人的饮食生活，也推动了民间的素食风俗。

正如前文说的那样，素食之风盛于南朝梁代，当时已达相当高的水平。梁武帝时，南京建业寺有一僧厨，素菜烹调技艺精湛，据说一瓜可做数十肴，一菜可变数十味。

起初，僧尼素食只限于寺院内部食用，或做佛事人家招待僧尼进用。后来，朝山进香的施主、香客来了，需就地素食，于是有些较大的寺院就兼营素食了。再后来又扩大到市肆和宫廷，形成了寺院素菜、宫廷素菜、民间素菜三大流派。如宋代汴京、临安肆上已有素食店。宋人林洪《山家清供》所载的傍森鲜、玉灌肠、东坡豆腐等，都是颇具特色的素菜。

唐代湖北梅山五祖寺的煎春卷、烫春芽、烧春菇和白莲汤（甜食），制作精美，是佛门子弟的美食。五祖寺的春卷是采用寺院山上的野菜，配上豆腐干、豆豉汁、面筋泡及各种调料，外用青菜叶或豆油皮包好煎成的。

宋元至明清，寺院素菜已能配成品位甚高的全素席。许多菜肴以荤托素，如素鸡、素鸭、素鱼、素火腿等，不但与荤菜形似，而且味道也略有一点相近。寺院斋厨不仅可以用白萝卜或茄子加发面等原料制成“猪肉”，用豆制品、山药泥烹制出“油炸鱼”，用绿豆粉掺水仿制成 “鸽蛋”，还可以用胡萝卜加土豆仿制成“蟹粉”。厨师巧妙的构思和精湛的厨艺既满足了人们饮食情趣上的需要，也满足了人们食素的需要。当然，佛教中也有反对素菜荤名的，认为这样是犯了“意杀戒”，因而称素鱼为“如意”，称素香肠为“玛瑙卷”。

寺院素菜中的一种名菜“罗汉斋”，是用十八种原料做成的，喻意对佛教十八罗汉的虔敬。上海玉佛寺的罗汉菜是用供菇、口蘑、香菇、鲜蘑菇、草菇、发菜、银杏、素鸡、素肠、土豆、胡萝卜、川竹笋、冬笋、竹笋尖、腐竹、油面筋、黑木耳、金针菜加调料做成的，外形丰肥，吃口清鲜，可与鸡鸭鱼肉之味相媲美。此外，扬州大明寺的“笋炒鳝丝”（主料香菇）、重庆慈云寺的“火锅腊肉”（主料面筋）等均属素斋中的名菜。其形、色、味和质感都可乱真。

虽说入寺吃素已经成为佛教教规，但也有不守规矩的。如宋代金山寺僧佛印的烧猪肉，清代扬州小山和尚的大烧马鞍桥，法海寺的烂烧猪头等，都是以荤取胜。但更多的是以素闻名。其实，历史上的佛教徒不戒荤腥的也不少见，如花和尚鲁智深、活佛济公等。

多说一句，贾思勰所著的《齐民要术》中有素食专章，可以称得上是我国第一部素菜谱。

食素现代也流行，而且被视为素食主义者的养生之道，食素好处

多多，《大戴礼记云》记载：食肉勇敢而悍，食谷智慧而巧。这是素食可提高智慧之说，见于我国最早之古代典籍。近代也有专家发现：素食者嗜欲淡，肉食者嗜欲浓；素食者神志清，肉食者神志浊；素食者脑力敏捷，肉食者神经迟钝。这种看法与古人素食多智之说，不谋而合。美国饮食协会（ADA）也认为，适当调配的素食有益于健康，有足够的营养，而且有益于预防和治疗某些疾病。

介绍完了佛教的食素，咱们再来谈谈道教吃什么。

葛洪字稚川，自号抱朴子，又称葛公，汉族，晋丹阳郡句容（今江苏句容县）人，为东晋道教学者、医药学家。葛洪是三国方士葛玄之侄孙，据说跟三国时期的何晏也有渊源。“葛公”是后人对他的尊称，也有人送他绰号“小仙翁”。

葛洪一生著作宏富，自谓有《内篇》二十卷、《外篇》五十卷、《碑颂诗赋》百卷、《军书檄移章表笺记》三十卷、《神仙传》十卷、《隐逸传》十卷，又抄五经七史百家之言、兵事方技短杂奇要三百一十卷。另有《金匮药方》百卷，《肘后备急方》四卷。《正统道藏》和《万历续道藏》共收其著作十三种。

葛洪是东晋最有名的炼丹家。炼丹家，说白了就是“做仙药的”。要说起仙药，那历史可就长了。

在古代，既能长生不老，又逍遥自在的“神仙”曾是无数人追逐的梦想，尤其是享尽了人间富贵的帝王，对于此道最为热衷。

其实，求仙之风始于战国末年，据说最初是居于渤海之滨的燕、齐之地的方士们受到海市蜃楼的启发，编织出了种种瑰丽奇幻的海上仙山、仙药等故事。齐威王、齐宣王、燕昭王等君主对此颇为着迷，都曾派遣方士入海求仙，但其规模和影响都不算大。由于秦始皇的热衷，方掀起了历史上第一次求仙热潮。

秦始皇为了长生不老成为神仙，找了好多“方士”（就是能找到仙药的主儿），这期中有两个人最出名。一个是燕人卢生，一个是徐市（也叫徐福）。这两个家伙都号称能为秦始皇寻得仙药。他们也有着固定的套路，都称在海上某某地方有神仙，并大肆对仙境、仙人进行描述，如“食金饮珠” “寿与天齐”之类。秦始皇信了，但他们入海没找到仙药，徐市带着三千童男童女跑了就再也没回来，有人说徐市到达了现在的日本，成了日本人的祖先，事实是不是这样不得而知，有待考证。

卢生回来了，仙药没找到，却带回了号称是神仙的预言：亡秦者胡也。秦始皇由“胡”立刻联想到了胡人，于是立刻派军三十万北攻胡人。后人纷纷嘲弄，说这个预言后来似乎真的应验了，不过，此“胡”并非是胡人，而是指秦始皇的儿子胡亥。

秦始皇没吃到仙药，50岁就去世了，可能葛洪汲取了秦始皇的“教训”，并没有寻找仙药，而是自己炼仙丹。

葛洪的学问非常广博，属于百科全书式的学者。但他在后世的声望，主要是来自于《抱朴子》。葛洪在《抱朴子》中详细描述了炼丹术的各种理论以及各个操作环节还有需要注意事项，可以说是是炼丹术的圣经。

所谓丹，就是丹砂，其成分是硫化汞，而“金液”就是一种胶态金。这两种东西都是制作仙丹的基本原料，硫化汞是有毒的，服用了对人体内脏有极大损害，胶态金也是绝对不宜吞服之物。但葛洪却认为吃了它们可以成仙。不看葛洪仙丹的配方不知道，看了吓一跳。吃了它们不中毒才怪。

而晋哀帝司马丕也信这东西，这个胸无大志，只愿偏安江南，不愿北伐的小皇帝，20岁当皇帝，只干了4年，就开始谋划长生不老，相信那些专门忽悠人的方士的花言巧语，吃下了他们的长生不老丹药，结果毒发而死。

虽然葛洪和晋哀帝司马丕都死了，但是炼丹术居然一直流传了下去，到了唐朝更是发扬光大，达到鼎盛。韩愈写过一篇《故太学博士李君墓志铭》的文章，记录了当时人服用仙丹后的一些症状。韩愈描述道：工部尚书归登得了重病，服用水银做的丹药。他说那种感觉就像有烧红的铁棍从脑门插了进来，然后在身体里燃烧，关节处也像有火焰向外喷发。他痛苦得发狂，喊叫着求死。

即便如此，可还是有人前赴后继。普通人就不说了，在历史上竟然有好几位皇帝是吃这东西死的。

一提到唐太宗李世民我们都知道，他29岁当上皇帝，在位期间政治清明，经济繁荣，社会稳定。但是到了晚年，生活上就开始放纵，天天在后宫烟熏火燎地带着一帮子人炼丹药，当然，炼完了就吃，吃着吃着，也就搭上了性命，52岁就去世了。

唐宪宗李纯，在位15年，按说此人还是比较有作为的，也为中兴唐室做了大量工作，他在位期间，结束藩镇割据，并效法祖上，广开言路，以征求治国之道。但在位后期，脾气变得乖戾，暴躁，喜怒无常，突然死去。有的史书上说他是服用丹药死亡，也有的说是被宦官王守澄所杀，但不管怎么说，他的死都跟炼丹有关系。

唐穆宗李恒是唐宪宗李纯的三儿子，25岁登基，中了宦官王守澄的招儿，天天在宫内笙歌燕舞，嬉戏取乐，听凭王守澄独揽大权，宦官专权，朋党之争，整个朝廷弄得一塌糊涂，极度荒淫腐败，最后“效仿他的老爹”，服用金石丹药中毒死亡。

到了840年前后，大唐盛世已经一去不复返了，但是唐武宗李炎却决心重振大唐雄威，任李德裕为相，勤于政事，事必躬亲，洁身自好，裁撤佛寺，还俗僧尼。但是，也服用金丹死亡，年仅32岁。

唐宣宗李忱是李炎的叔叔，在复杂的政治斗争中，自幼装傻而获得帝位，在位13年，励精图治，颇有李世民之风，后世有“小太宗”

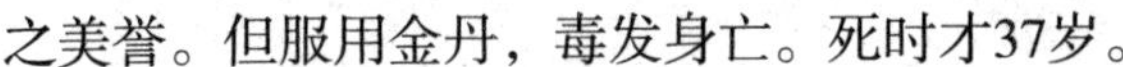

之美誉。但服用金丹，毒发身亡。死时才37岁。

南唐烈祖李昪，一个孤儿，被杨行密收养，后来被吴国丞相徐温看上，收为养子，937年废吴立唐，作为南唐开国之君，是个有为的皇帝，一样服丹药中毒死亡。

只唐朝就有四位皇帝吃这东西而死，这还不算南唐的。

明世宗朱厚熜，说这个明世宗您可能一下子还反应不过来，说嘉靖皇帝，你应该知道。他在位期间，极度荒淫，朝政废弛，宠信严嵩父子，关押海瑞，倭患严重，要不是戚继光，江山的一半恐怕早被日本人弄去了。国家都成这样，他还整天装神弄鬼，崇拜仙道，最终服用丹药而亡。

清朝也有服用丹药死亡的他就是雍正。可以说，雍正是中国封建王朝最后一位死于丹药的皇帝。在雍正超乎寻常的努力当中，大清国逐渐走向鼎盛。然而，过度的操劳耗尽了雍正的体力，孤独和压抑一直是他挥之不去的噩梦。在生命即将结束的时候，这位皇帝不得不求助于传说中的仙药。1735年，58岁的雍正猝死于圆明园。没有人确切地知道他的死因。直到两百多年后，这些珍藏于紫禁城的皇家档案公布于世，专家们才发现了雍正在圆明园中炼丹的大量细节。人们开始相信，雍正很可能也是死于丹药中毒。

以上这些只是历史上鼎鼎有名的皇帝，从战国到清朝，那芝麻绿豆似的小官儿和普通老百姓“嗑药”，那嗑死的就更不计其数了。

其实，葛洪的“养生之术”已经背离了道家的初衷，道家提倡清心寡欲、齐生死、听从天命。意思就是提倡回归自然，把生死都当成自然规律已达到“齐生死”的境界，其养生延年之道则是顺乎自然。而道教只不过是道家的一个分支而已。

书归正传。葛洪对于食疗还是很有研究的，因为他提倡吃菌类，尤其是“灵芝”。比如他在《抱朴子》中根据颜色把灵芝划分为

“六芝”。

葛洪曰：赤者如珊瑚，白者如截脂，黑者如泽漆，青者如翠羽，黄者如紫金。皆光明洞察，如坚冰也。葛洪又按质地把灵芝分为“五芝”。即石芝、木芝、肉芝、菌芝和草芝。这里说明的是，古人所谓的“灵芝”绝不可与今天真菌分类上的灵芝相混同，它除指灵芝及近缘种外，有的还包括多孔菌目和伞菌目的其他菌类。

其实，我国是世界上最早认识并食用菌类的国家之一。早在2000年前的史料《吕氏春秋》就载有“味之美者，越骆之菌”。《史记》中也有对此的记载，称为“千岁松根，食之不死”。东汉王充的《论衡》中更是谈到了“紫芝”可以像豆类在地里栽培。就连我国最早药学专著《神农本草经》中也记载了灵芝可治神经衰弱、心悸、失眠等症，并根据菌盖色泽，评述品质高低。

贾思勰所著的《齐民要术·素食片》中详细介绍了木耳菹的做法。段成式写的《酉阳杂俎》中，有关于竹荪的描述。苏恭等人著的《唐本草注》中记载了“煮浆粥安诸木上，以草覆之，即生蕈尔”的原始木耳栽培法。唐代韩鄂编的《四时纂要》中，则比较详细地叙述了用烂构木及树叶埋在畦床上栽培构菌的方法。《四时纂要》中的“种菌篇”还对菌子的种植、管理、采收、于藏以及菌的有无毒性，能否食用，作了具体叙述。

更值得一提的就是，后来有个叫陈仁玉的南宋人还撰写了一部《菌谱》的典文，其中对侧耳就作过“五台天花，亦甲群汇”的介绍，还对浙江东南部十一种食用菌的人名称、风味、生长习性和出菇环境等作了精辟的论述，可见这一时期我国人民认识和利用食用菌知识进步很大。

我们都知道菌类是天然的生物反应调节剂，多食菌类能增强人体免疫能力，具有增强身体的抵抗力，还有较强的防癌作用，中华饮食

素来信奉医食同源。

虽然在南北朝时期没有出现什么名厨，却有个厨师干过一件大事，那就是刺王杀驾。这也是中国历史上发生的第一个厨子拿菜刀砍死帝王的事件。

这次事件的主角是兰亨，其实他没什么名气，只不过是受害人高澄的一名家厨。受害人高澄虽然没当过皇帝，但是，他生前封齐王，“赞拜不名，入朝不趋，剑履上殿”，并且将东魏孝静帝玩弄于股掌之间，死后又被弟弟高洋追尊为“文襄皇帝”，堪称另一个曹操，比皇帝还厉害。不过，他却被厨子们乱刀砍死。

高澄（521—549），字子惠，高欢的长子。高欢死后，高澄承袭父职，继续把持着东魏朝政。在高澄看来，东魏江山是高家打下来的，皇帝也应该姓高。为了羞辱皇帝，并取而代之，高澄不仅把孝静帝比作“痴人”“狗脚朕”，甚至还派人“殴帝三拳”，并指责皇帝要“谋反”。后来，高澄“幽帝于含章堂”，并将参与谋反的“华山王大器、元瑾”等人“烹于市”，活活煮了。这一点，高澄比曹操还要霸道。

高澄对皇帝和大臣如此野蛮，对自己的下人也很不客气。高澄有个厨师叫兰京，是梁朝大将兰钦的儿子（猛人）。东魏与梁朝交战时，兰京被俘，后来在高澄府内做了一名厨子。兰钦请求用重金赎回儿子，高澄不许。兰京请求放他回家，高澄大怒，不仅派人“杖之”，而且恐吓他说：更诉，当杀汝。无奈之下，兰京与其他六位颇有怨气的厨子谋划作乱。

武定七年（549年）八月八日，高澄与几位大臣在东柏堂密谋“受魏禅”。这时，兰京刚好去送饭，高澄把他拦在外面，并对左右说：昨天，我梦见这个家奴拿刀砍我，赶紧把他杀掉。兰京听后非常惊恐，于是偷偷地“置刀于盘下”，再次“冒言进食”。高澄见到兰京

后，说我未索食，何遽来？兰京挥刀说：将杀汝！高澄吓得离座，脚被绊伤，钻入床下，兰京与同伙搬开床，数把菜刀将高澄砍成了肉酱。

对于什么最好吃这个问题，有人问过我，你做厨师这么多年，那么请问什么最好吃呢？由于每个人的口味不一，喜欢的也就不一样，所以很难回答。但古人对此已有精辟论述。

周颙，字彦伦，具体生辰不详，南北朝时期汝南安城人。祖父周虎头，员外常侍，父亲周恂。据《南齐书·周颙传》记载：周颙“音辞辩丽，出言不穷，宫商朱紫，发口成句，泛涉百家，长于佛理。”

据说周颙很讲究。每当会见宾客朋友的时候，周颙都是半空着位子表示礼貌地与他们交谈，并且话语音韵和谐，对答如流，很有机锋辩才。使与他交谈的人忘记了疲倦。周颙身居高位，但安于清贫而没有太多欲望，整天吃蔬菜。虽有妻子儿女，却一个人住在山间的屋舍里。有一次文惠太子问：周颙，菜食哪一道味最好？周颙说：初春早季吃韭菜，秋末晚季吃白菜。

韭菜在我国的栽培历史极为久远。我国第一部诗歌总集《诗经》里的《豳风·七月》就载有“四之日其早，献羔祭韭”的诗句，可见早在周代，韭菜已成为天子、贵族们祭祀天地祖宗的献品。

韭菜四季常青，剪而复生，似有无穷的生命力，因此，人们又称其为“长寿草”。虽然韭菜一年四季均可采食，不过，只有初春的早韭最鲜嫩。春节前后的头刀韭，鲜嫩、柔润、碧绿，有一股独有的清香，确是人们餐桌上的佳肴，招待亲友的珍品。

唐代大诗人杜甫在《赠卫八处士》中记述道：问答乃未已，驱儿罗酒浆。夜雨剪春韭，新炊间黄粱。主称会面难，一举累十觞。十觞亦不醉，感子故意长……在这里，主人待客的就是冒着夜雨剪来的春韭。

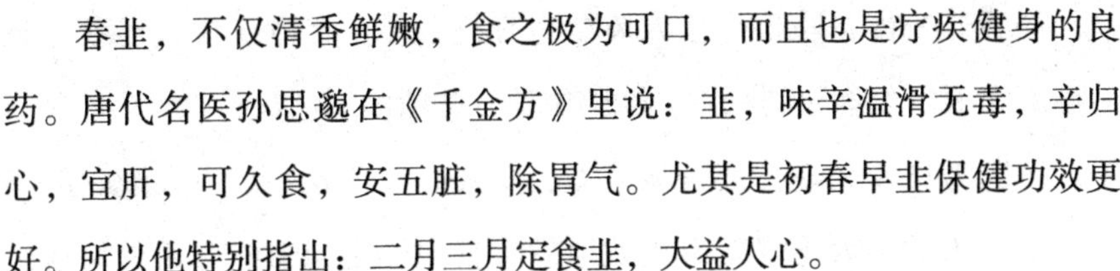

春韭，不仅清香鲜嫩，食之极为可口，而且也是疗疾健身的良药。唐代名医孙思邈在《千金方》里说：韭，味辛温滑无毒，辛归心，宜肝，可久食，安五脏，除胃气。尤其是初春早韭保健功效更好。所以他特别指出：二月三月定食韭，大益人心。

制作板蓝根冲剂的原料，是一种叫作“菘”的植物的根，但在古人那里，“菘”就是另外一种概念了。古人管大白菜叫菘。

《本草纲目》解释道：菘性凌冬晚凋，有松之操，故曰菘，俗谓白菜。菘也有早菘和晚菘之分，早菘是小白菜，晚菘是大白菜。白色的就是白菜，黄色的也有人称之为“黄芽菜”。大白菜被誉为“菜中王”，尤其是霜降以后的白菜味道最鲜，故赞美“霜降白菜美如笋”。

世界上栽种白菜最早的是中国。在距今约七千年的西安半坡新石器时代遗址里，就出土了瓮藏的白菜籽。而在《诗经·谷风》中就有“采葑采菲，无以下体”的文字记载。需要说明的是：古代的葑是蔓青、芥菜和菘菜的统称，而菲则是萝卜之类的统称。

白菜之词最早见于杨万里的《进贤初食白菜因名之以水精菜》。诗云：新春云子滑流匙，更嚼冰蔬与雪齑（jī），灵隐山前水精菜，近来种子到江西。这里需要说明的是，齑指的是切细后用盐酱腌渍的白菜。

诗人到底是诗人，一颗在水里煮过，还剁成渣子，顶多再加点盐的大白菜，他就称为水精菜。可见古人生活也很苦，古代人吃的蔬菜品种少，跟现代人比，一年四季吃得很单调，能吃到白菜已经很不容易了，当然对此十分推崇。

鲁迅先生在《藤野先生》中也说：大概是物以稀为贵吧，北京的白菜运往浙江，便用红头绳系住菜根，倒挂在水果店头，尊为“胶菜”。可见，至少在近代南方，大白菜的价格还是不菲的。

和春韭一样，晚菘也于人体极为有益。《千金方》说：菘菜，味甘温涩无毒，久食通利肠胃，除胸中烦，解消渴。

正因为早韭和晚菘都是味道美、产量高、营养好、人人爱吃的菜蔬，所以历代诗人也常蛮有兴致地歌咏它们。比如宋代方岳就写道：晚菘早韭各一时，非时不到诗人脾。

清代著名学者历鄂也喜欢吃韭菜和大白菜，据说他辞官回家后，还亲自种韭培菘，诗云：几梭荒畦非赐田，晚菘早韭资寒泉。由此可见，什么美食最好吃，还得您自己拿主意钦定！

这章就要结束，照例总结：西晋那点奢侈之风都遗传到了这个时期，有钱有势之人变着花样地吃，没钱没势的人就只能吃点大白菜了。

第十二章　吃与社稷——隋朝

大定元年（581年）二月，北周静帝禅让帝位于杨坚。杨坚建立隋朝，定都长安，史称隋文帝。

隋朝要算立为帝的皇上有五个，但都是傀儡。其实，真正的只有两位，一个是开国皇帝杨坚，一个是后来营建东都洛阳的隋炀帝。

隋文帝杨坚（541年7月21日—604年8月13日），汉族，弘农郡华阴（今陕西省华阴市）人。汉太尉杨震十四世孙。他在位期间成功地统一了严重分裂数百年的中国，开创先进的选官制度，发展文化经济，使得中国成为盛世之国，更是中国农耕文明的巅峰时期。

话说这位隋朝的开国皇帝“相貌不凡”，以至于出生时把他妈妈都吓了一跳。

根据《隋书》记载：杨坚为人龙颔，额上有五柱入顶，目光外射，有纹在手曰王，长上短下。如此可见，杨坚的相貌有五奇：一，脑门前出，并有五个隆起的长包从额头一直延伸到头顶，活似东海龙王；二，下颌很长还很突出，类似于我们今天说的地包天；三，目光犀利，咄咄逼人；四，掌纹似“王”字；五，上身长，下身短，更似动物园里的大猩猩。

如此怪异相貌，竟让北周太祖宇文泰怀疑他是不是汉人。对此，陈后主陈叔宝也感到好奇，可当他看了袁彦给隋文帝杨坚画的画像之后，竟然也吓得不轻，立刻命人将画扔掉（吾不欲见此人）。

虽然隋文帝相貌有点奇特，但是，建国后的隋文帝励精图治，并开创了隋初的“开皇之治”。

“开皇之治”中国历史上最繁荣的年代之一，当时的社会民生富庶、人民安居乐业、政治安定。在西方人眼中，杨坚更是最伟大的中国人之一，被尊为“圣人可汗”。

不但如此，隋文帝还节俭爱民。由于小时候生长于寺庙之中，素衣素食，这就使他养成了崇尚节俭的性格，就算是当了皇上也食不重肉。不用金玉饰品，甚至也不让宫中的妃妾作美饰。

他不但自己以身作则，还教育太子、官员也要节俭，说国家没有因为奢侈腐化而能长治久安的。因为节俭，剥削较少，民众能够安居乐业，户口和财产剧增，又加上其他一些促进生产的措施，在很短的时间内，百业兴旺，经济繁荣的景象便由此而生。据说隋朝的粮食到唐朝都没吃完。

开皇二年（582年）正月，隋文帝下令修建首都大兴城（长安城），大兴城的修建不仅是中国古代城市建设规划高超水平的标志，也是当时国家的经济实力和科技水平的综合体现。据说大兴城号称当时“世界第一城”。大兴城的设计和布局思想对日本和朝鲜的都市建设都有深刻的影响。

魏晋南北朝时期，江南经济有了显著发展，尤其是会稽郡（今浙江绍兴一带），成为江南最富庶的地区。由于隋政治中心在北方，北方经济虽然发展较快，但京都和边防军队的大量人员也是要吃饭的。需要大量的粮食，而当地又不能满足，所以只能依靠江淮地区供应。

为了解决这一问题隋文帝又于584年命宇文恺率众开漕渠。自大兴城西北引渭水，略循汉代漕渠故道而东，至潼关入黄河，长150多公里，名广通渠。由此可见，当初运河的修建也是为了吃。

由于杨坚治国有方，社会经济有了较大发展，政府掌握了大量的

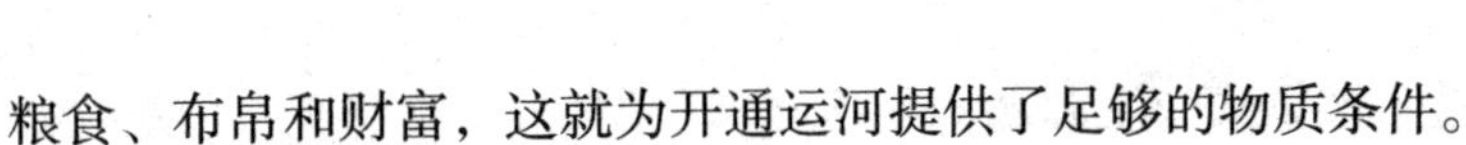

粮食、布帛和财富，这就为开通运河提供了足够的物质条件。

有后人形容大运河的修建是“鸿恩大德，前古未比”的工程。这一点也不为过。也有历史学家说过，大运河的修建对于中国来说远比长城重要。它不但连接了黄河流域和长江流域，从某种意义上来说也连接了两个文明，使这两个文明逐渐融为一体。文明融为一体也促进了饮食文化的融合。到了隋炀帝时期，运河沿岸的饮食，更是发展得迅速。

书归正传。604年，隋文帝病逝，享年63岁。跟历史上的许多朝代一样，老子打江山，儿子败江山，历史似乎又要重演。

隋文帝杨坚死后，他的儿子隋炀帝杨广登基。

隋炀帝杨广（569—618），名英，小字阿麽，是杨坚与独孤皇后的次子。这位仁兄长得跟他老爹可不一样，史书称他“美姿仪，少聪慧”。大业元年（605年），隋炀帝营建东都洛阳，并效仿他父亲，命人开凿以洛阳为中心的大运河。运河修好了，皇帝就乘船游江都。

605年，也就是隋炀帝即位的第一年，他就下诏黄门侍郎王弘等人征调几十万民工造龙舟。据说造出来的龙舟高45尺，宽50尺，长200尺。同年八月隋炀帝带着嫔妃、文武百官、公主王侯、僧道尼姑等几十万人，从东都洛阳出发直下江都。沿途一些官员为了巴结隋炀帝，不顾百姓死活，大肆搜刮民脂民膏，更有甚者还强迫沿途百姓预交几年的赋税来为隋炀帝准备吃喝，并美其名曰“献食”，弄得百姓弃家荡产。

隋炀帝巡游沿途大肆挥霍，到了江都就大摆筵席宴请江淮以南的名士，以炫耀其豪华。当然，这些花销自然就出自老百姓身上，以至于给当地的人民带来了沉重的灾难，有的老百姓甚至没有饭吃，只能剥树皮、挖草根或是煮土而食，有的地方还出现了人吃人的现象。

闲话短说，书归正传。大运河的修建，促使很多城市应“运”而

生，也造就了淮扬菜的发源地——扬州。

我们都知道淮扬菜是世界知名的中国四大菜系之一，尤以其独具的风味特色，倾倒了海内外无数食客。淮扬菜是长江中下游（扬子江）、淮河中下游的代表风味。应该说正是大运河的修建才使得淮扬菜的发展达到了一个新的高度。

自先秦发展至汉晋，史载扬州已是“熟食遍列”，隋唐、明清尤见繁盛。特别是大运河开凿以后，扬州成为盐漕两运、物资集散和进出口口岸的水陆交通枢纽，曾排名为世界上60万人口以上十大城市之第三位。因之，八方辐辏，帆墙林立，商贾麇集，文士如云，经济、文化高度发达，更有“扬一益二”之称。加之扬州地处长江下游中纬度地区，气候适宜，物产丰富，就更为扬州菜的繁盛奠定了坚实的基础。

扬州位于江河水网地区，尤饶动植物水鲜，苏东坡《扬州以土物寄少游》诗中提及的鲜鲫、紫蟹、春莼、姜芽、鸭蛋之类，郑板桥诗词中描述的鲜笋、鲥鱼和“蒲筐包蟹、竹笼装虾、柳条穿鱼”等，比比皆是。更难得的是扬州比邻大海，海味产区亦近在咫尺。这些都构成了淮扬菜个性鲜明的烹饪原料实力。淮扬菜又以其集散、聚焦之地理优势，得以萃取宇内烹调技艺之精华，凝聚吴楚饮食文化之神髓，不仅锻炼出了扬州人惊叹的刀功、火功等精湛的烹饪工艺，而且酝酿出了能够适应四面八方的“清鲜平和，浓淳兼备，咸甜适度，南北皆宜”的风味特色菜肴。

大运河的修建，又让淮扬菜走出发源地，并一路北上，直至燕京，以至于随后的几代皇朝都把它作为宫廷菜或是国菜。比如后文中介绍的宋朝、明朝、清朝等，可以说，淮扬菜的发展跟隋炀帝修建大运河有着密切的关系。

虽然隋炀帝对于饮食是有贡献的，但他却是历史上少有的奢侈皇帝。自他登基以后，就一改文帝时节俭的主张，得天下美味而尽享其用。可以说，炀帝的奢华在历史上都是有名的。有道缕金龙凤蟹的名菜就说明了隋炀帝的奢华。

话说当年隋炀帝杨广驾临辛江都时，让当地进献美食，不仅要滋味鲜美，而且还要好看。于是吴中人就进献了醉蟹，并以金缕制成龙、凤图案贴在蟹壳上，故名“缕金龙凤蟹”。也有的说隋炀帝接到贡来的“蜜蟹”后，将蟹壳揩擦干净，“以金缕龙凤花云贴其上”，所以时人称为“缕金龙凤蟹”，足见蟹之珍贵。可见隋炀帝是喜欢吃蟹的。

在《大业拾遗》里就介绍了隋代苏州产的“蜜蟹”、“糖蟹”、“糟蟹”。这东西在当时颇负盛名，还一度是皇家的贡品。其中仅“蜜蟹”每年向隋炀帝就要进贡“三千头”。

蜜蟹的做法如下：农历九月取大团脐母蟹，放养到净水中过一宿，让它吐尽腹中脏物。先煮薄糖，使冷，盛入磁瓮。再把活蟹放到糖瓮中浸一宿，使蟹吸食糖汁，另取冷白盐蓼汤，盛在另瓮内。把糖蟹取出，再放到盐汤内即死泥封瓮。20天取出，把蟹脐挑起，将姜末放入蟹脐之下。每百只蟹装入一只瓮，用蓼盐汤浇满瓮淹没糖蟹，密封，便可成功。这里还有一个禁忌，就是不能招风，说的就是不能在封瓮时漏气，一通风糖蟹就坏籽，即使不坏味道也差。

俗话说得好：螃蟹上桌百味儿淡！蟹有四味：胸肉胜似白鱼；蟹肉味同干贝，美似银鱼；蟹黄蟹膏腻齿粘舌，更是味绝天下。

很多蟹都能做醉蟹，但这其中又以阳澄湖的大闸蟹最为出名。那大闸蟹又是什么蟹呢？

据《清嘉录》记载：汤炸而食，故谓之“炸蟹”。据说这就是大闸蟹名称的由来。其实这是古人对大闸蟹的一种误解。大闸蟹，古人不知道这个名字，是现代人起的。20世纪90年代以前，阳澄湖是没有

人养蟹的，都是捕捞野生蟹，为了捕蟹，人们利用蟹的趋光性，在港湾间设上一些用竹编成的闸，晚上在竹闸上放灯光，这样蟹见到亮光就会爬到竹闸上，人们就可以在竹闸上捕到螃蟹了，因此这里的人们就把这些湖蟹称为大闸蟹，但只有二两以上的才能称为大闸蟹，小的只能称作“毛蟹”了。不过，现在的大闸蟹都是人工养殖的。

说到这里，咱们再谈谈吃蟹。

蟹，也叫螃蟹，在我国的生物学上叫“中华绒螯蟹”。据傅肱《蟹谱》载：蟹，水虫也，故字从虫，亦鱼属也，故古文从鱼。以其横行，则曰螃蟹；以其行声，则曰郭索；以其外骨，则曰介士；以其内空，则曰无肠。我国自古以来就有食螃蟹历史。《周礼》记载：庖人共祭祀之好羞（注：“好羞”谓四时所膳食，若荆州之羞鱼，扬州之蟹胥。胥是酱，古人又称醢）。当时以青州蟹最为名贵。由此可见，早在周朝，蟹馔就已入周天子食谱。北魏贾思勰的《齐民要术》中收有“藏蟹法”，详细介绍了用稀糖水、盐、蓼汤、姜末等腌制螃蟹的方法。

螃蟹不仅肉质细嫩，滋味鲜美，营养丰富，进而成为人们偏爱的美食。但中医认为，蟹性咸寒，多食，会积冷于腹内而致病，因此须用辛温发散的姜、醋、紫苏等来化解它。

文人们对螃蟹可谓情有独钟，单是写螃蟹的诗歌，自《楚辞》开始，随便就能找出个几十上百首，这里就不一一列举了。主要说一下元朝大画家倪瓒，他写了本《云林堂饮食制度集》，就专门讲了煮毛蟹和蜜酿蝤蛑（海蟹）的方法。前者是用生姜桂皮紫苏和盐同煮，水一开就翻个，再一开，就能吃了。至于蜜酿蝤蛑，则要先煮，海蟹一旦变色就捞出来，取出蟹脚和蟹身里的肉，蟹黄蟹膏也取出，单放。先把蟹肉码在蟹壳里，鸡蛋黄和蜂蜜搅拌后撒上，上面再铺蟹黄蟹膏，上屉略蒸，鸡蛋一凝固，取出就吃，类似于今天的芙蓉蟹斗，味道非常鲜美。

史书上记载隋炀帝生活上极度奢侈糜烂，不但自己享用美食，对外国人也出手大方。

隋大业六年（610年），一大群外国人造访洛阳，为了让这些外国人彻底震服，隋炀帝搞了个盛大的“招待会”。据说，招待会上光是拉二胡吹笛子的就有一万八千人之多，以至于几十里外都能听到演奏的声音。而且持续了一个月之久。这些外国人没事到市场闲逛，在隋炀帝的安排下，各个酒店一见这些外国人，就拉他们进店，备好酒菜。而且店家不收钱。

这不是笑话，因为《资治通鉴》上有记载。

隋炀帝风光了，可是老百姓苦不堪言。因为奢侈，隋朝民众已经被剥削到无法生存的地步，于是民众纷纷起义要推翻隋统治。

提到“起义”二字就不能不让我们联想到战争，从古至今，但凡起义没有不打仗不流血的，战争一起，最先遭殃的就是老百姓。

开皇十四年（594年），大隋朝发生严重的自然旱灾，千里赤地，家无炊烟。这时的隋朝国力正强，官府仓库装都装不下。据史书记载，贞观二年628年，唐太宗让有关部门去清点隋朝国库留下来的物资，报上来的数字让人啧舌。王珪报告内容如下：隋文不怜百姓而惜仓库，比至末年，计天下储积，得供五六十年。但是，隋文帝舍不得粮食，竟然不许开仓赈灾，而是命令百姓外出逃荒以致人相食。

有人会问，隋朝那么多粮食，老百姓怎么还没吃的呢？正是它所积储的粮食，到后来也成为促使它灭亡的催化剂。虽然财物是越积越多，可饥民没少饿死，从这里可以看出隋朝统治者有国无民、重物轻人的主导思想。对此，唐朝初年有一位大臣马周曾这样总结：自古以来，国之兴亡，不以畜积多少，在于百姓苦乐。且以近事验之，隋贮洛口仓而李密因之，东都积布帛而世充资之，西京府库亦为国家之用，至今未尽。

夫畜积固不可无，要当人有余力，然后收之，不可强敛以资寇敌也。

明清之际的一位学者唐甄也曾指出：立国之道无他，惟在于富。自古未有国贫而可以为国者。夫富在编户，不在府库。若编户空虚，虽府库之财积如丘山，实为贫国，不可以为国矣。意思就是说，民众是国家的根本，只有人民丰衣足食，生活富裕，国家的政权才能巩固。

618年4月11日，宇文化及、司马德戡与裴虔通等人发动兵变，弑隋炀帝，拥立隋炀帝侄子杨浩为帝。619年5月23日，王世充废隋哀帝，隋朝亡。多说一句，史学家们常把它和唐朝合称隋唐。

隋朝虽然灭亡了，但是也不能就完全否认它的历史功绩。在隋朝很多新旧政策交替废兴，而这些政策几乎被唐朝和宋朝全盘承袭，唐朝在某程度上更是隋朝的延续。

当年的隋朝都城长安和洛阳，不仅是全国政治经济中心，也是国际贸易的重要城市。长安有都会、利人两市；洛阳有丰都、大同和通远三市。通远市临通济渠，周围六里，二十门分路入市，商旅云集，据载：停泊在渠内的舟船，数以万计。丰都市周围八里，通十二门，其中有一百二十行，三千余肆。“招致商旅，珍奇山积”。像这样规模宏大、商业繁华的都市，当时在世界上也是罕见的。

美籍汉史学家费正清在《中国：传统与变迁》中感慨：在隋文帝和隋炀帝的统治下，中国又迎来了第二个辉煌的帝国时期。大一统的政权在中国重新建立起来，长城重新得到修缮，政府开凿了大运河，建造了宏伟的宫殿，中华帝国终于得以重振雄风。

不过话又说回来。就算是这样，隋朝也难逃灭亡的命运。

在古代，国家、江山往往被说成是“社稷”，而这个“稷”说白了就是一种粮食，为百谷之王。粮食都没有还谈什么“社”？《汉书·郦食其传》载：王者以民为天，而民以食为天。吃为“口”

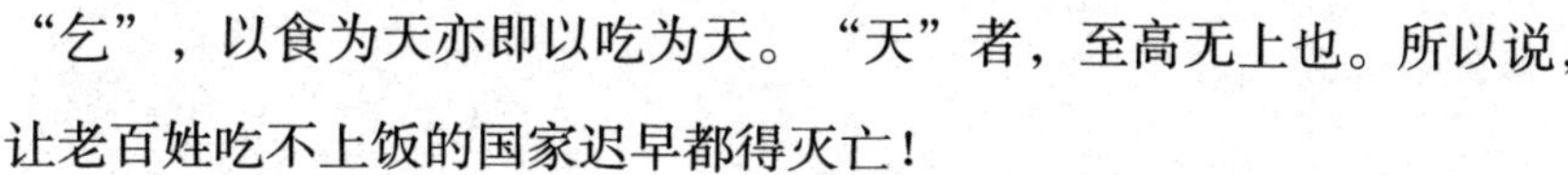

“乞”，以食为天亦即以吃为天。“天”者，至高无上也。所以说，让老百姓吃不上饭的国家迟早都得灭亡！

在这章的结尾处，照例总结：人们印象中的隋炀帝是大暴君，这位文采飞扬的皇帝奢侈无度，导致了隋朝的灭亡。但是，暴君不是昏君，隋炀帝虽然无德，但是有功。只是他的功业没有和百姓的幸福感统一起来，所以才会有“巍焕无非民怨结，辉煌都是血模糊”的说法。换言之，他没有处理好功在当代、利在千秋的关系，反而成了罪在当代、利在千秋，这才是隋炀帝最大的问题。

第十三章　吃出来的肥美——唐朝

一

618年，隋末起义的李渊建立唐朝，定都长安（今西安），并且设有东都洛阳、北都太原等陪都。627年，李世民登基后开创了“贞观之治”，唐高宗以后，武则天以周代唐，史称武周，705年神龙革命后恢复大唐国号。唐玄宗李隆基即位后，政治清明，经济雄厚，军事强盛，四夷宾服，万邦来朝，开创了全盛的“开元盛世”。唐朝是中国封建社会中统一时间最长，国力最强盛的朝代之一。那么，作为盛世之一的唐朝，人们都吃什么美食呢？

话说盛世唐朝以宽广的心胸接纳各个民族与宗教，并进行交流融合，使之具有开放的国际文化。这种兼容并蓄的国际文化也为唐朝的饮食文化增添了新鲜的血液，并发展到了空前的高度。

虽然唐朝还不是市民社会，但人们已经初步懂得如何享受生活了，特征之一就是唐朝贵族和士人嗜吃，按照《酉阳杂俎》所记载，当时的流行美食如下：今衣冠家名食，有萧家馄饨，漉去汤肥，可以瀹茗；庾家粽子，白莹如玉；韩约能作樱桃毕罗，其色不变，又能造冷胡突鲙、醴鱼臆、连蒸诈草獐皮索饼；将军曲良翰，能为驴鬃驼峰炙。

翻译过来就是：长安萧家的馄饨，味道鲜美，汤汁肥而不腻，去

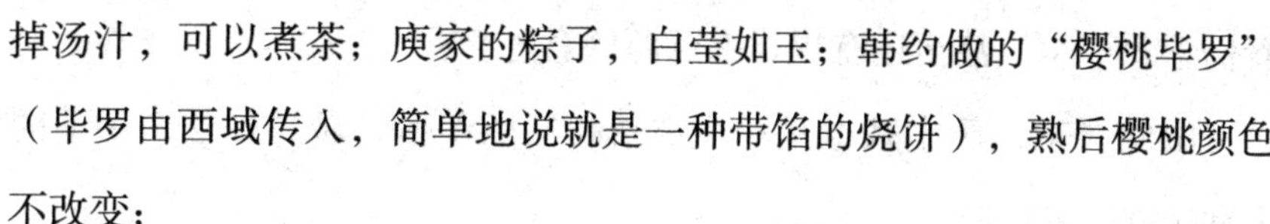

掉汤汁，可以煮茶；庾家的粽子，白莹如玉；韩约做的“樱桃毕罗”（毕罗由西域传入，简单地说就是一种带馅的烧饼），熟后樱桃颜色不改变；

韩约是唐朝中期最著名的“甘露之变”的关键人物。后来，参加“甘露之变”的人等悉数被诛杀，长安朝士以及家属死了上千人。而直接导致事变失败的人物，就是这位见了宦官就紧张的左金吾将军韩约！他最后也被杀。

别看这韩将军心理素质差，但做起美食来可有一套，除了善做“樱桃毕罗”外，他还能做冷胡突鲙，就是带有鱼肉的片汤、醴鱼臆、连蒸诈草獐皮索饼。

将军曲良翰善于烤驴鬃驼峰。那时的烤驼峰也是从西域传来的，由此可见当时唐朝的很多美味都带有胡人色彩。据史书记载：在烤以前，先将驼峰切成薄片，再加以各种香辣作料，这样烤出来的驼峰味道鲜美。

唐朝人嗜吃、爱吃，好吃宴席，跟在士人阶层流行“烧尾宴”有一定关系。唐时，朝廷官员如得到皇帝提拔，就要宴请皇帝。当然，如果科考中进士及第，也是要宴请亲朋好友的。这种饭局被称作“烧尾宴”。因为按照唐朝人的理解，得到提拔或中进士，就相当于鲤鱼跳龙门。“鱼跳过龙门后，天上会有火焰将其尾巴烧掉，使之改变新颜。”

在整个唐朝，最著名的一次“烧尾宴”出现在唐中宗景龙三年（709年）。当时，官员韦巨源得到提升，被任命为尚书左仆射，他在长安宴请了皇帝唐中宗，在那次宴会上一共出现了上百道菜，现在流传下来的有：金乳酥、水晶龙凤糕、金银夹花平截、长生粥、见风消、贵粉红、御黄王母饭、玉露团、八方寒食饼……

据说，当时中宗皇帝吃完后，回宫两天没吃饭，对韦巨源家的佳

看仍念念不忘，甚至还有提拔韦巨源的意思。

由此看来，唐中宗也是一个“嗜吃”的皇帝，领导好吃，手下的人和亲戚也就嗜吃。

据《明皇杂记》记载，唐中宗的几个女儿都非常讲究吃喝。为此，李隆基特地派了一个太监李思艺任“检校进食使”，专门管理她们的吃喝。“水陆珍馐数千，一盘之费，盖中人十家之产”。

到了杨贵妃这里就更甚了。“长安回望绣成堆，山顶千门次第开，一骑红尘妃子笑，无人知是荔枝来。”这是描写杨贵妃爱吃荔枝的诗句。一颗小小的荔枝送到她的嘴边不知要花费多少的人力、物力，但是，比起杨贵妃来，她的父母兄妹更是挥霍无度，豪华御食，以及国外进贡的珍稀美味，多得数不胜数。自己吃不了就赏赐给杨国忠等人，有诗为证：黄门飞鞚不动尘，御厨络绎送八珍。

贵族的美食当然是奢侈的，今天流传下来的也极少。最有名的应首推李德裕的“李公羹”。“李公羹”用珍玉、宝珠、雄黄、朱砂、海贝煎汁。先不说吃了会不会中毒，但这每杯羹费钱3万已是让人咋舌。还有太平公主的“浑羊殁”，将鹅填五味肉末放进羊的腹中，缝合后烤羊，烤熟后将羊弃掉，仅食鹅肉。想来定是天下极味，只是吃得太劳民伤财了。至于“甘露羹”“鹅鸭炙”“热洛河”等，更不是一般老百姓能吃得上的美味。

唐朝贵族吃这样奢侈的食物，那一般阶层吃啥呢？

其实唐朝的一般阶层也有好多美食可吃。比如，一种用面和猪油蒸出的蒸饼就很受欢迎，趁热吃特别美味。其实，今日西安但凡有点名气的小吃，似乎都跟唐代人沾得上边儿。像比较好吃的“千层油酥饼”，据说就是唐高宗李治和武则天为奖励玄奘法师译经达到千卷而特地研制的食物。当然还有水晶饼、黄桂柿子、粉汤羊血，可能都是那时传下来的，但鲜见于记载。

唐朝的美食丰富，但是唐朝禁食鲤鱼。即使是卖鲤鱼也得被杖六十，充军三千里，还别说吃了。有人考证说这是鲤鱼的“鲤”和李姓的“李”同音，也属于国姓范畴。鲤鱼倘任人捕食，会冒犯皇家尊严，于李姓帝室不利，于是才有禁吃鲤鱼的忌禁。其实，唐人不食鲤鱼，乃是对鲤鱼有崇拜之情，更有趋吉避凶之意。但也有不信邪的。大诗人白居易在唐宪宗元和十年（815年）被贬为江州司马赴任途中就作了首诗《舟行》：“船头有行灶，炊稻烹红鲤。”这说明他照样食鲤。

唐朝还有好多美食，在这里咱们先放一放。为什么呢？因为唐朝出大事了！

话说唐王朝上下这一通“胡吃海喝”，到了“工草隶”，尤爱文字训诂之书的唐睿宗李旦这里就出了漏子。

先总结一下：大唐盛世出现了许多美食。

二

周武（690年—705年）是武则天建立的王朝。唐载初元年（690年）九月九日，武则天废黜唐睿宗李旦称帝，袭用周朝国号，改国号为周，定都神都（洛阳），改元天授，史称武周。

武则天是中国历史上唯一获普遍承认的女皇帝，也是周武唯一的皇帝，前后实际掌权约50年。由于武周仍然袭用大唐旧制，而武则天既是两个唐朝皇帝的生母，又在死前被迫恢复唐朝，故历史上一般不把武周视为单独的朝代，而是把武周统治的时代也计入唐朝的统治年数。

武则天出身勋贵家庭，对于历代兴亡及政治得失颇有了解。她侍奉唐太宗多年，“贞观之治”对她有深刻的影响，所以她在执政期

间，国家还是袭用唐制，不少政策措施基本上都是沿着“贞观之治”的道路继续前进的。在她的治理下，国家吏治清明，政局稳定，使广大农民得以休养生息，因而社会生产有了发展。生产发展了，势必带动饮食的发展。

武则天在称帝建立武周前，就已经考虑定都洛阳。这是因为洛阳所在关东地区的经济条件要优于长安所在的关中地区。秦汉以来，由于战乱等因素，中国的经济重心总体上呈现出向东、向南发展的趋势。因此偏西一隅的长安经济优势就逐渐被洛阳取代。况且，洛阳所处关东地区的主体部分是黄河下游的华北平原，为伊、洛、济、河的交汇处。水源充足，土壤肥沃，自古以来农业就很发达。安史之乱以前，这里已成为全国最发达的农业地区。关东地区经济发展水平的提高，间接加强了洛阳地位的重要性，所以武则天把洛阳定为首都。

说到洛阳咱就不能不介绍一下洛阳水席。相传洛阳水席源自民间，成形于隋炀帝下江都时期，而到了唐朝武则天时，则被引进皇宫制成了宫廷宴席，并历经千年不衰。

“水席”发源于洛阳，这与洛阳的地形气候有很大相关。洛阳四面环山，地处低地，雨量较少，气候干燥严寒，民间多食汤类，喜欢酸辣以抵御干燥严寒。所以，这里的人们习惯了用当地生产的淀粉、莲菜、薯蓣、莱菔、菘菜等原料做经济实惠、汤水丰厚宴会的食风。别说平民百姓，就是王公贵戚也习惯把主副食品放在一起烹制，久而久之慢慢创造出了极富地方特色的洛阳水席，并逐渐形成“酸辣味殊，清新利口”的风味。

其实，这种“水席”有两个寄义：一是全部热菜皆有汤——汤汤水水；二是热菜吃完一道，撤后再上一道，像水流似的不断地更新。

洛阳水席，全席共设24道菜，包括8个冷盘、4个大件、8个中件、4个压桌菜，冷热、荤素、甜咸、酸辣兼而有之。上菜顺序极为考究，

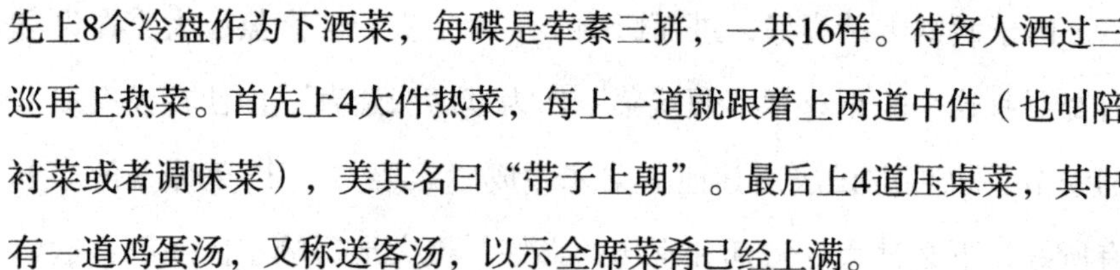

先上8个冷盘作为下酒菜，每碟是荤素三拼，一共16样。待客人酒过三巡再上热菜。首先上4大件热菜，每上一道就跟着上两道中件（也叫陪衬菜或者调味菜），美其名曰“带子上朝”。最后上4道压桌菜，其中有一道鸡蛋汤，又称送客汤，以示全席菜肴已经上满。

热菜上桌必以汤水佐味，鸡鸭鱼肉、鲜货、菌类、时蔬无不入馔，丝、片、条、块、丁，煎炒烹炸烧，变化多种多样。洛阳水席一是以汤水见长，二是吃一道换一道，一道道像流水一般，故而得名。由于洛阳水席酸辣味殊，清爽合口，是由二十四件组成，故又称三八席。

据说武则天就特别爱吃洛阳水席。洛阳水席的头道菜是“燕菜”，原称为“义菜”，而所谓 “燕菜”也是“假燕菜”。其实就是以他物假充燕窝而制成的菜肴。而这个作假的源头据说就发生在武则天身上。

话说武则天称帝以后，天下倒也太平，于是民间就发现了不少“祥瑞”之象，如麦生三头，谷长三穗之类。当然，这是封建社会的一种迷信思想。但有“祥瑞”出现，说明皇帝国家管理得好，武则天对这些太平盛世之“祥瑞”当然很是受用，并且十分感兴趣。

有一年秋天，洛阳东关外的地里长出了一个大白萝卜，长有一米多，上青下白。这个异常庞大的白萝卜，理所当然被当成吉祥之物敬献给了武则天。武则天很是欢喜，遂命皇宫御厨将之做菜，来一尝异味。

可是，萝卜能做什么好菜呢？但女皇之命又不敢不遵，没有办法，御厨只好硬着头皮，充分发挥想象力，对萝卜进行了多道加工，并掺入山珍海味，烹制成羹。武则天品尝之后赞不绝口，感觉香美爽口，很有燕窝汤的味道，因感激当年在感业寺食萝卜的救命之恩，即赐名“义菜”，加之此菜形状似燕窝，所以武则天也叫它 “燕菜”。从此，武则天的菜单上就加了这道“燕菜”。

由于武则天的喜好，进而影响了一大批贵族、官僚，大家在设宴时都要赶这个时髦，把“假燕菜”作为宴席头道菜。即使在没有萝卜的季节，也想方设法用其他蔬菜来做成“燕菜”，以免掉身价。上有所好，下必甚焉。宫廷和官场的喜好，极大地影响了民间的食欲，人们不论婚丧嫁娶，还是待客娱友，都把“假燕菜”作为上桌首菜，来开始整个宴席。后来，随着时间的推移，人们将之称为“洛阳燕菜”，或简称为“燕菜”。

现在有人称“洛阳燕菜”为“洛阳牡丹燕菜”，这个名字的出现，跟咱们敬爱的周总理还有一定的关系。

1973年，周恩来总理陪同加拿大总理特鲁多来洛阳考察，并以洛阳水席宴请来宾，当周总理看到燕菜中有厨师精心雕刻的牡丹花时，高兴地说：洛阳牡丹甲天下，连菜中也开出牡丹花来。之后，“洛阳燕菜”就被称为“洛阳牡丹燕菜”了。

说到盛唐时期重要的标志性人物，中央民族大学历史系、北京大学历史系教授蒙曼说过：大唐盛世的标志性人物，不是唐太宗，也不是唐玄宗，而是武则天。

为什么这样说呢？这是因为唐太宗虽然政治清明，文治武功都十分杰出，可是朝廷太穷，皇室、朝臣和百姓的日子都过得十分清苦。例如，唐太宗和太子李治在一起吃饭，当看到儿子要把羊肉上的油脂扔掉时，唐太宗的眼里流露出了鹰一样的凶光。世人都说唐太宗简朴，其实乃是国家贫穷的缘故，皇室如此，百姓的日子就更难熬。

盛世是应该和富裕的生活联系在一起的，所以唐太宗不能作为大唐盛世的标志性人物。唐玄宗也不能作为盛世的代表，他虽然开创了开元盛世，让中国古代文明达到了顶峰，可是，在他治理国家的后期，唐朝由盛而衰。

但武则天与他们二人不同，武则天顺应了时代变革的大势，她一手拉住皇帝，一手拉住平民官员，那个时代是贵族没落、皇权和平民都在崛起的时代，她完善了科举制度，首次应用殿试，在人才选拔上做到了“英雄不问出处”。这样她就做到了对知识分子的最大动员。武则天执行的人才政策，不但在武周时期有用，而且在以后的时代依然发挥着作用。比如像唐玄宗统治初期的几个名相，都是武则天选拔出来的人才。而对于普通百姓的流动，武则天则采取自由政策。百姓的自由流动极大地释放出了一个国家的活力和创造力。这些历史功绩，让武则天在死后依然享有后人的尊崇，并且深刻地影响了中国历史的发展。

虽然武则天在人才选拔上做到了“英雄不问出处”，但她对下属官员还是很“严厉”的。史书《朝野佥载》上第四卷记载了这样一件事。

说武则天时期，朝廷有位官员叫张衡，虽是令史（俗称吏员或胥吏）出身，但官阶已到四品，如果再升一级，就成了三品官员。然而就在这个关键时候，张衡却一不小心犯了一个十分低级的错误。

有一天他参加朝会回来，看到路边有人卖蒸饼，刚出笼，热气腾腾的，就没能管住自己的胃口，买了一块解馋。这事正好被一位工作认真负责的御史看到。这位御史回去之后便弹劾张衡买蒸饼吃的行为有违官员行为准则，损害了朝廷高官在广大人民群众心目中的形象，请求武则天严肃处理。可能武则天也觉得挺丢脸，马上批示：流外出身，不许入三品。

在唐朝，宰相也才是三品，张衡就这样丧失了进入最高行政管理层的机会。都说“小不忍则乱大谋”，这个是“舌尖上小不忍就断送前程”。

在唐朝，宰相也有贪食路边小吃的。据唐朝韦绚写的一部谈话记录《刘宾客嘉话录》记载，这位号称千古第一爱吃的人就是相国

刘晏。

公元8世纪70年代的长安城，五鼓时分，即拂晓4点左右，天刚蒙蒙亮，相国刘晏的车驾就上朝了。街道上冷冷清清，估计这位宰相大人还有点睡眼蒙眬。突然一股诱人的香味钻进刘晏的鼻孔。刘晏搜寻着香味的来源抬眼望去，原来是街道边的饼店飘出来的香味。

于是，便吩咐手下去买了几个尝尝。刚刚出烤炉的饼烫手，于是他就用袖子裹起来吃，也不顾大唐相国的面子，带着满嘴满脸的饼渣和芝麻，乐呵呵地对一起等着去上朝的同事们说：美不可言，美不可言。

刘晏贪吃路边小食，大为失态。那么，到底这胡饼怎么个好吃法，竟能让堂堂国相也不顾脸面呢？

《唐语林》对胡饼有详细的记载。具体做法是：用羊肉一斤，一层一层铺在和好的麦粉当中，“隔中以椒、豉”，就是在饼的隔层中夹放椒和豆豉，“润以酥”，用酥油浇灌整个饼，然后放入火炉中烤，烤到五成熟的时候就取出来吃。咬上一口，麦香、羊肉香、酥油香、椒香和豆豉香，香味四溢。

相对于男性，唐朝女性的地位还是蛮高的，毕竟是女人当权。可以说，唐朝周武正是女权运动大行其道的时代。这从唐朝时期流行开明宽容的女子宴就可以看出。

唐朝的女子宴又分为探春宴与裙幄宴两种。既然统称女子宴，当然参加宴会的主角是女人，男人肯定是没份的。

“探春宴”的主角多是官宦及富豪之家的年轻妇女。据《开元天宝遗事》记载：该宴在每年农历正月十五后的“立春”与“雨水”二节气之间举行。此时万物复苏，达官贵人家的女子们相约做伴，由家人用马车载帐幕、餐具、酒器及食品等，到郊外游宴。首先踏青散步游玩，呼吸清新的空气，享受和煦的春风，观赏秀丽的山水。然后选择合适的地点，摆设酒肴，一面行令品春，一面“斗花”。

在唐代，“春”含有二重意义：一是指一般意义的春季，二是指酒。故称饮酒为“饮春”，称品尝美酒为“品春”。这些女子还围绕“春”字进行猜谜、讲故事，作诗联句等娱乐活动。所谓“斗花”，就是青年女子们在游园时，竞赛谁配戴的鲜花名贵、漂亮。长安富家女子为在斗花中显胜，不惜重金急购各种名贵花卉。当时名花十分昂贵，非一般民众所能买得起，正如白居易诗云：一丛深色花，十户中人赋。游园时，女子们“争攀柳丝千千手，间插红花万万头”，成群结队地穿梭于曲江园林间，争奇斗艳，至日暮方归。

由此可见，“探春宴”其实就是现在流行的春季郊游野炊，现代人们郊游有条件的也弄点肉串烤烤，只不过唐朝的“探春宴”更讲究罢了。

而“裙幄宴”比起“探春宴”来可更有特点。在唐朝每年的三月初三前后，年轻的女子们便趁着明媚的春光，骑着温良驯服的矮马，带着侍从和丰盛的酒肴来到曲江池边，在适当的时候和地点，以草地为席，四面插上竹竿，再将解下的石榴裙连结起来挂于竹竿，这便是临时饮宴的幕帐，女子们在其中设宴，这种野宴便被人们称为“裙幄宴”。

总之，上述二宴具有鲜明的女性特色，这与唐朝人的性别心理、社会伦理观及时代风俗习惯均有密切关系。

侃完了有文化有品位的女子宴，咱们再来侃侃生猛的。唐人张鷟著的《朝野佥载》第二卷有如下记载：张易之为控鹤监，弟宗昌为秘书监，昌仪为洛阳令，竞为豪奢。易之为大铁笼，置鹅鸭于其间，当中起炭火，铜盆贮五味汁；鹅鸭绕火走，渴即饮汁，火炙痛即回；表里皆熟，毛尽落，肉赤烘烘而死。

后人考证说，这便是北京烤鸭的来由。其实，真正的北京烤鸭乃

是始于明朝。朱元璋建都于南京后，明宫御厨便取用南京肥厚多肉的湖鸭制作菜肴，为了增加鸭菜的风味，采用炭火烘烤，使鸭子吃口酥香，肥而不腻，受到人们的一致好评，尔后朱棣定都北京才把烤鸭带入了北京。

总结一下：大唐盛世，千古第一女皇武则天功不可没。

三

书归正传。唐朝有美食，有美食就有美食家，有美食家就必然有满足他们愿望的好厨师，在唐朝就出现了一位和浊氏一样的女厨师——膳祖。史书上记载她还是唐朝丞相段文昌的家厨。

先介绍一下丞相段文昌。他不但喜欢吃，而且对饮食非常讲究，还曾经亲编写过《食经》50章。因他被封过邹平郡公，当世人称此书为《邹平郡公食宪章》。不但如此，段文昌还把府中的厨房题额叫“炼珍堂”。由于经常出差在外住在馆驿，段文昌又把供食的厨房叫“行珍馆”。当然，主持“炼珍堂”日常工作的就是膳祖。而这位女前辈对原料的修治，滋味调配，火候文武，无不得心应手，具有独到的厨艺。

史书记载，在段府的40年间，这“女厨师长”从100名女婢中只选出9名弟子传艺。而段文昌的儿子段成式编的《酉阳杂俎》里面的吃食就是出自他们家那位女厨师之手。由此可见她的名气之大！

更令人拍案称奇的是，在唐朝，除了专业的厨师，还有一批军界善于烹饪的大师级人物。据《酉阳杂俎》记载，在唐德宗贞元年间，有个将军，史上虽然没有记载他的尊姓大名，但记载了他的“惊人”之举。

话说这位不知名的将军以“美食家”的眼光看待天下万物，他认为，天下没有什么东西是不可以吃的，座右铭就是：无物不堪吃。他自己开饭馆膳堂，什么都可以用来做菜。史书上记载，这家伙居然能将马鞍下面的旧垫子，还有用过的箭壶，修理加工一番，放到厨房里再倒腾一下，居然成了美食，据说人们尝之感觉还挺可口。

可见这位将军，他所用的烹饪原料多元化的程度，让“带毛儿的不吃掸子、带腿儿的不吃板凳”的广东人也得叫祖宗。不知道这位将军在吃马鞍垫子和箭壶的时候，有没有把加工方法告诉别人，这可是重要的商业机密，能获得巨大的收益。

据说马鞍垫子在那时叫“障泥”，还有箭壶，都是由熊皮和鹿皮做成的。

贞观年间有个名相叫马周，他在入相以前嗜酒闹事儿，因此得罪了地方许多官员。于是便来首都长安谋事。他通过一家馅饼店的女老板进入政界，并认识了一位名叫常何的将军，后来当了将军的秘书，然后因才华出众，被唐太宗赏识，一路青云竟然升到大唐帝国“国防部长”之职。

后来，富贵后的马周娶了这位馅饼西施。这个故事来自《喻世明言》里的第五卷“穷马周遭际卖䭔媪”。而这位女老板卖的馅饼就叫䭔饼。

其实，马周夫人在长安饮食界早就很有名气。据史书记载，当时的风水界名士袁天罡和李淳风都吃过她做的饼，可能由于太好吃了，以至于两人大肆吹捧她道：此妇人大贵，何以在此。翻译过来就是：这位女士看相貌富贵不可挡，怎么会屈尊在此卖饼呢？由此不难推测，马夫人的手艺在当时的长安已经具有了相当的影响力，很可能她是凭自己的影响将马周引入政界。这是饮食界和政治界混搭的典范。在唐朝，更有尚书不甘寂寞，也发明起了好吃的。

说起“葫芦鸡”可能大家并不陌生，其发明者正是唐朝的韦陟。

韦陡原是唐玄宗在位时的尚书，由于出生于官僚家庭，凭借父兄的权势而平步官场，虽说在政绩上没什么建树，但他对饮食十分有研究。史书记载：韦陡锦衣工食，穷奢极欲，在他家的厨房里，尽是山珍海味。时人云：人欲不饭筋骨舒，黄线项人郁公厨（郁公即指韦陡，因他承袭了邻国公封号）。可见他家连空气中都充满着浓郁的香味。

一日，韦陡想吃既酥又嫩的鸡肉，便命家厨立即烹制。第一位厨师绞尽脑汁想出一种烹酥鸡之法，先清煮再油炸。韦陡品尝后觉得没达到酥嫩的口味标准大为恼怒，于是命家丁将厨师重打五十大板。

韦陡再命另一个厨师烹制。这一厨师采用先煮后蒸再油炸的方法烹制，虽达到了酥嫩的要求，但由于经过三道烹制工序，鸡已骨肉分离成了碎块。韦陡见鸡不成形，认为是厨师先偷吃过了，不容分说便又命人将厨师活活打死。由于畏惧韦陡的权势，厨师们不得不继续为其烹饪。

第三位厨师心想，前两位受害于鸡不酥和鸡不成形，他苦苦思索后，把鸡捆扎起来，然后先煮，后蒸再油炸，鸡不仅香醇、酥嫩，而且鸡身完整，形似葫芦，形美味佳，韦陡这才满意。以后这种烹制方法传入民间，人们就称为“葫芦鸡”，一直流传至今，并且把韦陡说成是“葫芦鸡”的创始人。

葫芦鸡是陕西西安的传统名菜、它以皮酥肉嫩，鲜香味醇的特点为中外宾客所赞誉，久负盛名，更有人誉之为“古都长安第一味”。食用过此菜者都说其味美。但是，谁又知道它还有一段不堪回首的往事呢？

其实，现在已经很难了解618年至907年期间，唐朝的市民每餐饭吃些什么。喝些什么了。

古代文人，对于吃的描述很少，往往一笔带过，惜墨如金，不肯详说细解。但是，我们从字典辞书古籍上还能看到的“馎饦”“焦

magic”“饆饠”“胡饼”“冷淘”等食物，看那花式品种就知道，在唐朝，能让人选择的美食——小吃还是颇为丰富的。

小吃是一类在口味上具有特定风格特色的食品的总称。《周礼·天宫》记载的“羞笾之食，糗饵粉糍。”说明小吃的历史可以追溯到周代，东晋时期小吃已经普及，只不过那时还不叫小吃，而是称为“小食”（《搜神记》）。小吃可以作为宴席间的点缀或者早点、夜宵的主要食品。世界各地都有各种各样的风味小吃，且特色鲜明，风味独特。小吃就地取材，能够突出反映当地的物质及社会生活风貌，是一个地区不可或缺的重要特色，更是游子们对家乡思念的主要对象。

小吃，《现代汉语词典》里的解释共有三种，其一便是指饮食业中出售的年糕、粽子、元宵、酸辣粉、油茶等小食品。而北京人又叫小吃为“碰头食”，大概指的就是有别于主食的“冷盘”。

现代小吃的类型可谓五花八门，原料遍及粮食、果蔬、肉、蛋、奶等各类，口味也是酸、甜、辣、咸、麻、鲜俱全，并且热吃、凉吃吃法不一，远远超出了词典中关于“小吃”所下的定义范畴。

书归正传，咱们还是回到唐朝。“馎饦”“饆饠”之类的面点小吃，到底是什么样子？甜的咸的？蒸的烤的？油炸的还是水煮的？多少钱吃一顿？这些当时在长安街头大概是可以随便买到的小吃，究竟是些什么东东呢？现在很难有人能说出个子午卯酉来。除了面点小吃，唐朝还有啥好吃的，便不太清楚了。

不过，距唐代不远的北宋文人黄庭坚有一段描写吃喝场景的。“烂蒸同州羊羔，灌以杏酪，食之以匕不以筷；南都麦心面，作槐芽温淘，渗以襄邑抹猪、炊共城香粳，荐以蒸子鹅；吴兴庖人斫松江鲙。既饱，以庐山康王谷廉泉，烹曾坑斗品茶。少焉，解衣仰卧，使人诵东坡先生《赤壁前、后赋》，亦足以一笑也。”大意是说，吃饱

后，躺在床上朗诵东坡先生的前后赤壁赋，真乃人生一大快事。

老实说，这顿饭价值不菲。主食有面有米，副食有羊、猪、鹅、鱼，还有品味上佳的茶水，应当是具有小康以上收入水平，同时具有良好胃口的消费者，才能埋得起单、才能消化得了的一份食谱。

由此我们可以揣度唐朝饮食之一斑，可还是没说“馎饦”“焦槌”“馉艄”等小吃到底是啥。

咱们接着探讨北宋都城汴京，与唐东都洛阳、西都长安同属中原，饮食习惯应该是基本相似。由于从秦陇到关中、再到河洛地区的黄河流域，粮食作物以小麦为主，略可推断唐人的主食是以面食为主。当然也有米饭，不过那是江南人所爱。

话说回来，唐朝美食的发展是盛唐统治的大版图、大气魄、大形势、大开放造就的，这期间是一个漫长的各个民族特色饮食融合的过程。经过420—589年南北朝的拉锯战，到618年隋朝实现统一，既是人之所为，也是势之所趋。

唐代的统治者，敢作敢为，大气豁达，喜欢胡食，可能与血液中的胡人基因有关，正如国学大师钱穆所考证的：近人有主李唐为蕃姓者，其事作否无确据。然唐高祖李渊母独孤氏，太宗母窦氏，外祖母宇文氏，高宗母长孙氏，玄宗母窦氏，皆胡族也。则李唐世系之深染胡化，不容争论。唐人对种族观念亦颇不重视。据考证，《宰相世系表》九十八族三百六十九人中，其为异族者有十一姓二十三人，时人遂有“华戎阀阅”之语。崔慎猷至谓：近日中书，尽是蕃人。又唐初已多用蕃将，甚至禁军亦杂用蕃卒。

正是这种混杂的人种优势，也正是这种饮食的胡化倾向，才使得唐代的饮食文化达到中国历史上的高峰。唐朝文化的大包容也加速了边外属国的归附，推动了胡人内迁，也开创了中国历史上有名的“贞观之治”“开元之治”的黄金时代。随着民风民俗的广泛传播，衣食住行的深入渗透，以麦稻为主的中原人在择食主张上多近胡人。这在许多史籍上都有记载。

唐人孟棨著的《本事诗》讲了一则故事，内容如下：宁王曼贵盛，宠妓数十人，皆绝艺上色。宅左有卖饼者妻，纤白明媚。王一见属目，厚遗其夫，取之，宠惜逾等。环岁因问之，“汝复忆饼师否？”默然不对。王召饼师，使见之。其妻注视，双泪垂颊，若不胜情。

这对棒打鸳鸯的深情难忘，自是动人。但胡饼店竟开设到了王爷府邸的隔壁，也说明在当时，无论是贵如亲王还是贫苦草民，他们的饮食风尚都相当程度地胡化了。

其实中土人民本来就擅长于制作面食，但由于胡人的迁入，也时尚胡风起来。史书记载，贺知章初到长安，投师访友，出明珠为贽见之礼，主人了不在意，嘱童持去买胡饼数十枚，众人共食之。可见这种潜移默化的作用是不能低估的。由此可见，当时长安城里的原住民，不得不按照地道的西域风习来调整自己的胃口。

胡人爱食肉给唐朝人的饮食带来了一定的冲击。因为胡食的兴起，给唐朝人的饮食也带来了结构上的变化。原来的中土人士多以素食为主，肉是有钱人才能吃到的东西。可随着唐朝国力的增强，胡食的进入，唐朝人能摄取更多的动物蛋白，膳食结构就发生了变化，更使得唐朝人的体质、气质、精神、心态也在嬗变之中。

肉食的增多，势必带来某些人种学上的演化和审美观念的变化。唐朝男人的豪放自信，唐朝女人的妩媚可爱，仿佛只有身宽体胖才能显示出大唐帝国的威仪。尤其是唐朝女人以肥为美，正是这种食物结构成分发生变化的结果。就连大书法家颜真卿也深受其影响，大字写得敦厚圆润，而被奉为一代宗师。

唐朝人不仅会吃，更好吃。在《资暇集》中，有一则关于《熊白

啖》的故事，看完之后，你便更了解唐人的嗜吃了。原文如下：

贞元初，穆宁为和州刺史，其子故宛陵尚书，及给事已下尚未分官，列侍宁前。时穆氏家法切峻。宁命诸子直馔，稍不如意则杖之。诸子将至直日，必探求珍异，罗于鼎俎之前，竞新其味，计无不为。然而未尝免挞斥之过者。一日给事直馔，鼎前有熊白及鹿脩，忽曰："白肥而脩瘠相滋，其宜乎？"遂同试，曰："甚异常品。"即以白裹脩改之而进，宁果再饱。宛陵与诸季望给事盛形于色，曰："非免免笞，兼当受赏。"给事颇亦自得。宁饭讫，戒使令曰："谁直？可与杖俱来。"于是罚如常数。给事将拜杖，遽命前曰："有此味，奚进之晚耶？"于是闻者笑而传之。

熊白，其实就是熊的背脊肉，肉质极嫩极肥。鹿脩，即风干的鹿肉，肉质极干极韧，两者性质不同，炒蒸相配以后，却效果奇佳，鲜美异常。据说，现在到西安吃仿唐菜，还可以点到这道名品。试想这么一位老爷子，每顿必食肉，吃不好，还要打儿子的屁股，可见唐朝人多么重视这张嘴。

话说回来，虽然唐朝的人都重视吃，但是有一位皇上却恰恰相反，他就是李世民。李世民提倡俭朴的生活方式，要求御厨只给他做一些清淡的膳食，如每餐一样主食外加两三个菜品即可。他登基以后，决定励精图治，为了让战乱后的国家经济水平顺速恢复，想了很多办法，其中之一就是：朝廷所有官员不得私自大摆宴席，一经发现，除了革职查办外，情节严重的，甚至会被割去舌头，以酷刑警告。

然而就是有人敢冒天下之大不韪，顶风作案，那个人就是张后裔。不是他不怕掉舌头，而是因为他手握两张王牌：一身为礼部尚书，位高权重；二是皇帝的恩师，李世民对他崇拜有加。然而李世民却将举办这次宴会的张后裔的乌纱帽摘掉，当着大臣面行了拜师礼后，手持剪刀，将张后裔的头发剪去一绺，并将剪去的头发分别发放到一同赴宴的其他大臣手中，接着宣判，所有赴宴的大臣，官职降三品，停发半年的俸禄。

正是这个铁腕皇帝注重事情的细枝末节，猛抓狠拿，通过惩治腐败开源节流，对事不对人，才使得大唐很快恢复了元气。

说到李世民，咱就不能不说说文成公主。文成公主（625—680），汉族，名李雪雁，唐太宗李世民宗室女。史书记载，文成公主聪慧美丽，自幼受家庭熏陶，学习文化，知书达礼，并信仰佛教。当然，对于文成公主，我们最熟悉的就是她进藏下嫁松赞干布。有人会问：文成公主跟吃的也能扯上关系吗？当然，听我慢慢道来。

当年的吐蕃就是现在的西藏，他们在唐代以前和中土没有来往，而且关系也不是十分友好。据说吐蕃人是东晋末年南凉国王鲜卑人秃发利鹿孤的后代，因失国而辗转流徙到青藏高原，为纪念祖先，他们以“秃发”为国号，后依语音相近讹变为“吐蕃”。公元7世纪，弃宗弄赞继位作了吐蕃赞普（吐蕃国王），也就是后来的松赞干布。唐太宗贞观十二年（638年），松赞干布率吐蕃大军进攻大唐边城松州（今四川松潘）。于是唐太宗派侯君集督率军大败吐蕃于松州城下。最终，松赞干布只好俯首称臣，并对大唐的强盛赞慕不已，他在上书谢罪的同时，还特向唐廷求婚。

正是在这种情况下，公元641年，文成公主在唐送亲使江夏王太宗族弟李道宗和吐蕃迎亲专使禄东赞的伴随下，出长安前往吐蕃，下嫁松赞干布。而松赞干布则在泊海（今青海玛多）亲自迎接，谒见道宗，行子婿之礼，之后，携文成公主同返逻些（今拉萨）。

由此可见，文成公主实际上就是肩负着这项和睦邦交的政治任务远嫁的。当然，堂堂大唐公主自不是一般人，除了自己下嫁以外，还带了一支庞大的队伍，而这支送亲的队伍也是前去协助她完成这项使

命的人。

据《吐蕃王朝世袭明鉴》等书记载，文成公主进藏时，队伍非常庞大，唐太宗的陪嫁十分丰厚。有“释迦佛像，珍宝，金玉书橱，360卷经典，各种金玉饰物”。又给多种烹饪食物，各种花纹图案的锦缎垫被，卜筮经典300种，识别善恶的明鉴，营造与工技著作60种，100种治病药方，医学论著4种，诊断法5种，医疗器械6种。而且这支队伍，除了携带着丰盛的嫁妆外，还带有大量的粮食种子，组成成员除文成公主陪嫁的侍婢外，还有一批文士和农技人员，几乎就像是一个“文化访问团”和“农技队”。

文成公主这支队伍里的“农技人员”进藏以后，并不宣扬什么，他们只是先把从中原带去的粮食种籽播种在高原的沃土上，然后精心地灌溉、施肥、除草，等到了收获的季节，那顶壮的庄稼，惊人的高产，让吐蕃人膛目结舌，他们十分佩服汉族农技人员高超的种植技术。因为那时的吐蕃人还过着以游牧为主的生活，饲养牦牛、马、猪和独峰骆驼，虽然也种植一些青稞、荞麦之类的作物，但因不善管理，常常是只种不管，所以产量极低，总体来说，那时的藏人生活很苦，更是谈不上吃什么美食了。

在松赞干布和文成公主的授意下，农技人员开始有计划地向吐蕃人传授农业技术，使他们在游牧之余还能收获到大量的粮食，以改善他们的饮食生活。尤其是把种桑养蚕的技术传给他们后，吐蕃也逐渐有了自制的丝织品，光泽细柔，花色浓艳，极大地丰富了吐蕃人的生活，使他们喜不胜收，进而十分感谢文成公主入吐蕃后给他们带来的好处。

松赞干布迎娶文成公主后，中原与吐蕃之间关系极为友好，此后200多年间很少有战事，使臣和商人频繁往来。松赞干布十分倾慕中原文化，他脱掉毡裘，改穿绢绮，并派吐蕃贵族子弟到长安国学读书。

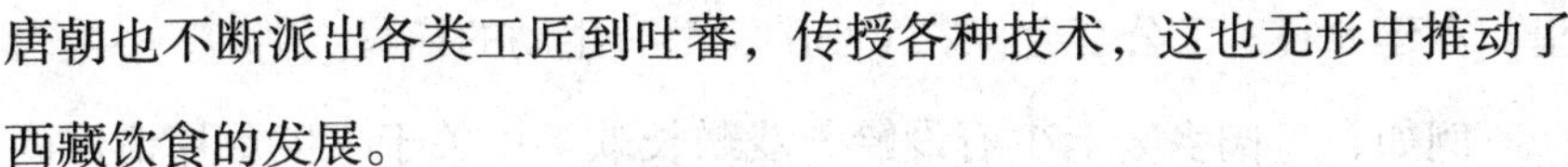

唐朝也不断派出各类工匠到吐蕃，传授各种技术，这也无形中推动了西藏饮食的发展。

我们都知道，西藏菜的形成是在20世纪50年代。原料以牛、羊、猪、鸡、土豆、胡罗卜、米、面、青稞等为主，喜欢重油、厚味和香，是整个中华民族饮食风味体系中独具特色的一支。文成公主远嫁吐蕃，为促进唐蕃间经济，增进汉藏两族人民亲密、友好、合作的关系，作出了历史性的贡献。更促进了汉藏两族饮食文化的交流。现在西藏的传统待客美食，灌汤包子、手抓羊肉等菜肴，还明显的带有唐朝遗风。

在中国历史上，有不少以公主或宗室女下嫁蕃邦国王和亲的事例，但唐太宗时期，文成公主不畏艰险，远嫁吐蕃，更是和亲的典范。在她的影响下，汉藏两族的友谊有了很大的发展，所以把文成公主誉为最成功的女外交家也不为过。值得一说的是，文成公主进藏更是对西藏饮食的发展起到了不可估量的作用。

先总结一下：肥胖为美就是唐朝人好吃会吃最好的见证。

四

唐朝全盛时在文化、政治、经济、外交等方面都达到了很高的成就，是中国历史上少有的盛世之一，也是当时世界上的强国之一。在这样的盛世强国，不出现一两位美食家就不正常了。下面出场的这位不但是美食家，还很有文采，他就是杜甫。

在许多人的心目中，诗圣杜甫是个一生潦倒、愤世嫉俗的苦情派诗人。其实，杜甫出身名门，从小生活无忧，青少年时曾过着呼鹰逐兽、裘马清狂的日子。中年以后虽然吃过不少苦，但毕竟是生活在统治阶级集团中的人，山珍海味、龙肝凤胆，全都见识过。在他的诗歌

里，宫廷大餐、王公宴会、农家小酌，都有生动的描写。

例如，《阌乡姜七少府设鲙，戏赠长歌》中关于吃生鱼片情形的描写；《病后过王倚饮，赠歌》中朋友招待的一顿家常便饭，主人尽其所能弄出有肉有酒的一桌饭菜，乱世见真情；《赠卫八处士》诗中战争年代一顿简单之极的宵夜，“夜雨剪春韭，新炊间黄粱”，充满人间温馨……都是文学史上的“珍馐佳肴”。

著名作家陆文夫说过：现在许多人在吃喝方面只注意美酒佳肴，却忽略了吃喝时的那种环境、气氛、心情。虽然这些在菜单上找不到，可是对一个文人来说，虚的却往往影响着实的，特别决定着对某种食品永远美好的回忆。所以我们在享受杜甫描写美食的诗句时，还能体味诗人当时的处境和心情。可以说，杜甫是用诗歌表现中华美食的第一人。现代的叶梓曾在《中国烹饪》等杂志上刊文《杜甫食事》来纪念他。

杜甫在《丽人行》中写过“弯刀缕切空纷份”的诗句，他提到这种弯刀的背上系上了许多铃铛，厨师可以一边用菜刀切菜一边用它奏出叮咚的乐曲，可惜这种刀和这种乐曲都已失传了。

南宋人曾三异著的《同话录》记载，有一年泰山举办绝活表演（天下之精艺毕集），自然也包括精于厨艺者。有一庖人，令丘八裸背俯伏于地，以其背为几，取肉一斤许，运刀细缕之。撤肉而试，兵背无丝毫之伤。以人背为砧板，缕切肉丝而背不伤，这一招怎能不令人称绝。

刀功是厨师对烹饪原料进行刀法处理，使原料成为烹调所需要的整齐一致的形态。作用是使原料适应火候，受热均匀，便于入味，并保持一定的形态美，因而是烹调技术的关键之一。

我国早在古代就重视刀法的运用，经过历代厨师的反复实践，创造了丰富的刀法，如直刀法、片刀法、斜刀法、剞刀法（在原料上划上刀纹而不切断）和雕刻刀法等，把原料加工成片、条、丝、块、丁、粒、茸、泥等多种形态和丸、球、麦穗花、荔子花、蓑衣花、兰花、菊花等多样花色，还可镂空成美丽的图案花纹，雕刻成“喜”“寿”“福”“禄”字样，增添喜庆宴席的欢乐气氛。但以上两则记录古人的烹饪刀工，已经到了出神入化的地步，上升到了艺术的境界，不能不让我们为之叹服！

闲话短说，书归正传。杜甫通过他的诗句让我们了解了古代的美食，但是，你知道杜甫的死因吗？

《旧唐书》《新唐书》都记载杜甫是因为吃了太多牛肉、饮了太多白酒而亡。唐人郑处诲的《明皇杂录》说杜甫死于牛肉白酒。后世更是有好多说法。郭沫若在《李白与杜甫》中说杜甫是死于中毒；有人考证说杜甫是淹死的；更有现代专家考证杜甫是患糖尿病而死。但在文献《明皇杂录》里记载着杜甫是“沃死”的。

离开四川后的杜甫客居湖南，由于被突发的洪水围困，连续饿了9天。当地县令用小船把杜甫救回来后，以牛肉白酒招待他，但因许久未进食，肠胃难以承受，最终“沃死”。翻译过来就是吃了太多东西引起消化不良而死。

其实，名人死于美食的也不在少数，如李白、苏东坡、张居正，就连清朝的康有为康大圣人也是死于美食之上。不过为尊者讳，这些名人之死大多都有很多版本，且存在争议。

书归正传。唐朝盛世对那时的新罗、高句丽、百济、渤海国和日本等周边属国在其政治体制与文化和饮食等方面都产生了很大影响。而受中国饮食文化影响最大的国家是日本。8世纪中叶，唐朝高僧鉴真东渡日本，带去了大量的中国食品，如干薄饼、干蒸饼、胡饼等糕点，还有制造这些糕点的工具和技术。日本人称这些中国点心为果子，并依样仿造。史书记载，当时在日本市场上能够买到的唐朝果子就有

20多种。另外，鉴真东渡还把中国的饮食文化带到了日本，日本人吃饭时使用筷子就是受中国的影响。

唐朝时，在中国的日本留学生还几乎把中国的全套岁时食俗带回了日本，如元旦饮屠苏酒，正月初七吃七种菜，三月上巳摆曲水宴，五月初五饮菖蒲酒，九月初九饮菊花酒，等等。其中，端午节的粽子在引入日本后，日本人又根据自己的饮食习惯作了一些改进，并发展出若干品种，如道喜粽、饴粽、葛粽、朝比奈粽等。唐代时，从中国传入日本的还有面条、馒头、饺子、馄饨和制酱法等。

值得一说的是，在唐朝还出现了“工作餐”。现在不少公司将为员工免费供应午餐作为一项福利制度，其实，这种“工作餐”制度我国古已有之。不过需要说明的是，唐代的工作餐不叫“工作餐”，而是叫“堂馔”，后来又称为“廊餐”。由于唐朝百官上“班”时间都很早，许多人难免要饿肚子出门，到冬季就更饥寒难当，而且这些百官有的早朝后还要留在朝中继续办公，有些人更难以支持。所以，大唐为解决这个问题就推行“工作餐”制度。但这也只限于高级官员。

史书记载，唐代的“工作午餐”规格极高，甚至丰盛到朝臣们不忍心动筷子的地步。当然，这些豪华“工作餐”的花费是由国家出的。唐代宗时有位“以清俭自贤”的宰相常衮认为这种工作餐花费太多，曾为此上书请求“减膳”。而到了李豫之后，局势似乎就有点失控了。史书记载，当时无论中央政府还是地方衙门，都实行“工作餐”制度，导致公款吃喝之风愈演愈烈。为了吃喝方便，各级政府机关都设有自己的食堂，人们称这种食堂为“堂馔”，里面工作的厨师则叫公厨。这些“工作餐”的费用巨大，给大唐的财政预算造成了巨大的压力，而这些巨大的花销最后也落到了普通人的身上，以致人们怨声载道，国家形势岌岌可危。

照例总结：唐朝共历274年（包括武周是289年），20位皇帝。唐朝声誉远及海外，与南亚、西亚和欧洲国家均有往来。唐朝人爱吃，吃的肥美，给外国人留下了深刻的印象。唐朝以后海外多称中国人为“唐人”，华人聚集居住区则被称为唐人街，流传到海外的美食就被称为“唐食”。可见唐朝对后世的影响有多大。

第十四章　美食者的幸福
——五代十国

在上一章里，我们介绍了唐朝。唐朝有很多的美食供人享受，但是，历史的天空是会变的。天祐四年（907年），朱全忠逼唐哀帝李柷禅位，改国号梁，是为梁太祖，并定都于开封。至此，唐朝灭亡。唐朝灭亡后，五代的李存勖所建的后唐和十国的南唐都自称是唐朝的承继者，仍然沿用“唐”作为国号。可事实上，他们的皇帝与唐朝的皇帝没有任何关系。

五代十国，这一称谓出自《新五代史》，是对五代（907年—960年）与十国（891—979年）的合称，也指唐朝灭亡到北宋建立之间的历史时期。五代是指907年唐朝灭亡后依次更替的位于中原地区的五个政权，即后梁、后唐、后晋、后汉与后周。960年，赵匡胤篡后周建立北宋，五代结束。而在唐末、五代及宋初，中原地区之外存在过许多割据政权，其中前蜀、后蜀、吴、南唐、吴越、闽、楚、南汉、南平（荆南）、北汉十个割据政权，后被《新五代史》及后世史学家合称十国。

五代十国的政治制度大体沿用唐朝制度，但是各朝变化很多，官职时常废置不常，其制度也比较混乱，为了自身利益，他们也是战争不断，老百姓过得比较苦，以至于在吃的上面也没有多大发展。但凡事都有个例外，在这个时期出现了一位名厨，她就是梵正。

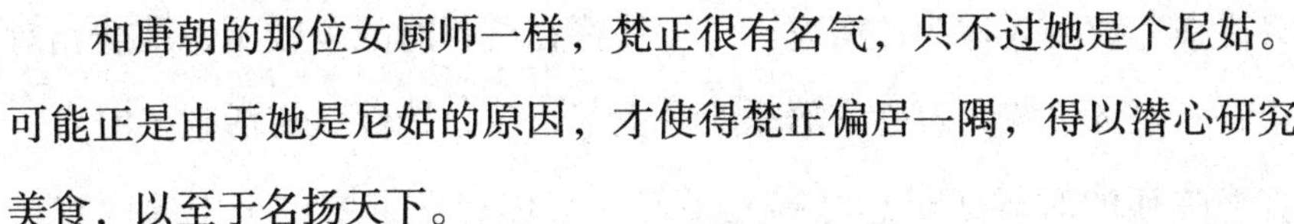

和唐朝的那位女厨师一样，梵正很有名气，只不过她是个尼姑。可能正是由于她是尼姑的原因，才使得梵正偏居一隅，得以潜心研究美食，以至于名扬天下。

说起梵正，可是鼎鼎有名，她以创制”辋川图小样”风景拼盘而驰名天下。辋川小样是用脍、肉脯、肉酱、瓜果、蔬菜等原料雕刻、拼制而成。拼摆时，梵正以王维所画辋川别墅20个风景图为蓝本，制成别墅风景，号称“菜上有山水，盘中溢诗歌”。

据宋陶谷的《清异录》载：“比丘尼梵正，庖制精巧，用炸、脍、脯、腌、酱、瓜、蔬、黄、赤杂色，斗成景物，若坐及二十人，则人装一景，合成辋川图小样。”由此可见，梵正可以算得上是中国古代花色菜的大师了。

介绍完了梵正，下面这位人物要出场了，他就是钱镠。

钱镠，字具美，小字婆留，杭州临安人。生于唐宣宗大中六年（852年），卒于后唐长兴三年（932年）。少年时曾为私盐贩，后投军，唐乾符年间为石镜将董昌的部校，后渐由偏将而升掌一州之兵。他在翦除刘汉宏、薛朗、董昌等势力的过程中占有了两浙之地。唐光启三年（887年），董昌为越州观察使（今浙江绍兴），自杭州移镇浙东，唐以钱为杭州刺史，从此独据一方。景福二年（893年），钱镠升任镇海军节度使，驻杭州。乾宁三年（896年）钱镠灭董昌，得越州。唐以钱镠为镇海、镇东两军节度使，治杭州。唐昭宗天复二年（902年），封其为越王。904年，改封吴王。及朱温建梁，始封其为吴越王。

钱镠在政治上贯彻“王者以民为本，而民以食为天”的国策。礼贤下士，广罗人才；奖励垦荒，发展农桑。他开拓杭州城郭，营建宫殿，大兴土木，悉起台榭，有“地上天宫”之称。特别是他在统治区内兴修水利，修建钱塘江海堤和沿江的水闸，防止海水回灌，方便船

只往来。被时人称为“海龙王”。钱镠在杭州时战争较少，社会相对稳定，经济繁荣，百姓安居乐业。史书记载，钱镠一直活到了81岁，直至临死的时候还不忘叮嘱儿子们：“你们一定要善事中原政权，千万不要因为中原政权更替频繁而改变这个治国的大方针。”

如此可见，钱镠对江浙地区的开发是有一定贡献的。江浙地区开发好了，老百姓的生活也就好了，经济发展上去了，饮食水平自然也就跟着提升了，这无疑也促进了杭州菜的发展。

我们都知道，杭州菜分为“湖上”“城厢”两个流派。其实，杭州菜的雏形最早可以追溯到钱镠统治时代，到南宋时，临安作为繁华的京都，南北名厨济济一堂，各方商贾云集于此，杭菜则达到了鼎盛时期。

今天的杭州菜里有一道“酥香鸡爪”的名菜，据说就跟钱镠有关。

相传钱镠甚爱自己的王妃，王妃酷爱美食，钱镠每逢过节必讨其欢心。王妃喜好吃鸡，尤其爱吃鸡爪，但因鸡爪为皮包骨，爪肉难剥离，在大庭广众之下吃必伤大雅，故宫廷盛宴，御厨菜单中并无此菜。钱镠为讨王妃欢心，特向御厨请教烹饪技巧，经御厨秘密研制，酥香鸡爪终于成功。这道香酥鸡爪采用秘制调料腌制，用特殊烹饪烤制方式，使鸡爪骨酥香松软，口感细腻，回味无穷，王妃吃过以后赞不绝口，钱镠也因此深得美人心。

虽然鸡爪因其本身地位无法进入御厨菜单，但因为王妃的喜爱，酥香鸡爪也成为吴越王钱镠和王妃的私人菜品。而钱氏御厨的后代，更是把这道秘制酥香鸡爪的配方世代流传下去，让今天的我们能一尝古代的美食。

书归正传。在唐朝有“李拾遗能拾突厥之遗”那样的笑话，其实在五代十国时期也发生过好笑的事儿。据《春秋十国》载：当时有一个叫李载仁的人，是唐朝皇宗的后代，因避难迁居江陵，后作了观察推官。书中记载他有一个怪癖，就是最怕吃猪肉，视吃猪肉为“最大灾难”。有一天，当他要骑马去见上司时，他的两位部下忽然打了起来。这位李载仁勃然大怒，决定狠狠地惩罚他们。于是，立刻派人到厨房中拿了一些烧饼和红烧猪肉，罚两个部下坐下来面对面地大吃大喝。旁观的人看到如此情景已经忍不住要笑了。李载仁又向二人训诫说：假如你们还敢再犯，下次在猪肉中放糖！这样一来，连被罚的两人也忍不住大笑起来。相对于唐朝的李良弼来说，这二位的受罚可真“幸福”。

其实，这二位还不算是五代时期最“幸福”的。

据《北梦琐言》记载，五代时的四川。有个叫赵雄武的官员，当过好几任地方官员。赵大人廉洁奉公，同时食品也做得干净漂亮（严洁奉身，精于饮馔）。好吃而不贪，历史上少见，更难得他还是位美食家。

据说赵雄武尤其善于做大饼，当时人称“赵大饼”。他从来不请厨师，就算是国家给他配了厨师也不用，饮食方面从来都是自己亲自动手操作。当然，凭他的手艺也没人敢到他家做厨师。据说这位仁兄在做吃的时候，给他打下手的就有十五六个人，助手们都穿着窄袖子的工作服，而且衣着一定要干净。如此看来，人家不但会做饭，还很讲卫生，更难得。

赵大人是位敬业的美食主义者，哪怕是家里只请一位客人，也要各色菜肴俱全，山珍海味样样不缺，就算是是王侯之家都赶不上。

这个咱先不说，且说他制作的大饼，每一张大饼需要三斗面粉做料。三斗面是什么概念？我们推测一下，虽然五代时期量值混乱，但我们知道，如果按照唐制换算，一斗约合今天的6升，也就是12.5千克左右面粉。如果按照宋制，那么一斗大约合今天的6.7升，三斗面也

应该有14千克。不管是唐制还是宋制，这位赵大人做一张饼怎么着也得用10千克的面粉。不知道是不是面发得过了头，反正饼出来后有几间房那么大（大于数间屋）。而且做出来的饼还很薄，薄如蝉翼。试想一下，就算面没发过头，做出来的饼也厚，10千克面粉做出来一张饼最少也得有头号铁锅那么大。如果按个头来说，这位赵大饼的作品可以称得上是南北朝时期美食"餢飳"的祖宗。个头大，味道又如何呢？据说皇宫里头举行宴会，豪宅大院举办宴席，都要买他做的饼，宾客们剖分而食，赞不绝口。

五代时期，人们吃的饼变大了，人们的聚餐方式也出现了质的变化。原始社会的人们都遵循共有的原则，平均分配，食物也不例外。当时没有厨房，更没有餐厅的概念，所以人们在进食时想怎么吃都行，蹲着、撅着、躺着，甚至爬到树上吃也没人管。进入阶级社会以后，虽然食物不再共有，也不再平均分配，但当时的人们都习惯席地而坐，由于活动空间有限，只好沿用传统的分食制，将饭菜摆在每个人的面前。到了春秋战国时期，由于发明了"食案"，这种分食制得到了进一步完善。比如咱们前文介绍过的"鸿门宴"就是分食制。一直到隋唐，由于"五胡内迁"带来了家具的变革，如床、榻、桌、椅的出现，实行了三千多年的分食制退出江湖，取而代之的是今人的"合食制"，但也有一部分人抱着守旧的心理实行分食制。著名的《韩熙载夜宴图》就说明当时分食制和合食制并存。真正的合食制是在宋朝开始实行的，当然，这是后话，咱们以后还会探讨。

其实，五代十国与三国、东晋十六国、南北朝相比较，在割据形态上具有显著的特征：一是五代中原王朝的正朔地位；二是十国与中原王朝政治关系的差异性；三是"保境息民"是南方割据政权内政外交政策的主旨。这些割据形态特征对国家统一进程产生了很大的影响。首先，中原王朝的正朔地位，决定了统一事业势必由中原王朝来

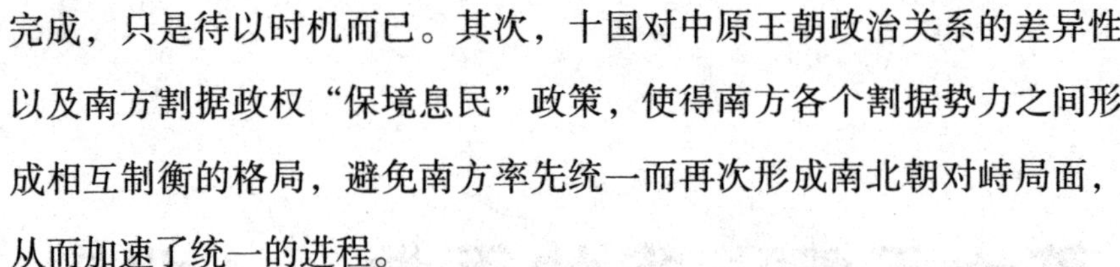

完成，只是待以时机而已。其次，十国对中原王朝政治关系的差异性以及南方割据政权“保境息民”政策，使得南方各个割据势力之间形成相互制衡的格局，避免南方率先统一而再次形成南北朝对峙局面，从而加速了统一的进程。

结尾照例总结：五代十国时期，虽然社会比较混乱，但还是有不少美食，尤其是那位赵大人做出来的大饼，看着都幸福。

第十五章 吃的天堂——北宋

宋朝（960—1279年）是中国历史上承五代十国、下启元朝的时代。跟前面的几个朝代一样也是“双黄蛋”，分北宋和南宋。建隆元年（960年），后周大将赵匡胤以“镇定二州”的名义，谎报契丹联合北汉大举南侵，发动陈桥兵变，黄袍加身，建立宋朝，定都河南开封。为了对应后来的南宋，历史学家把这一时期称为北宋。

赵匡胤（宋太祖）927年出生于洛阳夹马营，庙号太祖，汉族，祖籍涿州（今河北），河南洛阳人。相传，太祖出生时，“赤光绕室，异香经宿不散，体有金色，三月不变”。

历朝历代的政变事件屡见不鲜，但赵匡胤兵不血刃地登上皇位，可以说是少见。他不仅统一了大半个中国，而且还治国有方。宋朝的经济和文化之所以能够达到我国历史上的又一个高峰，与赵匡胤的治国之道不无关系。

史书记载，太祖的日常生活很朴素，饮食很简单（不好食），有一次，宋太祖半夜起来，非常想吃羊肝，可是犹豫了半天还是不肯下令。左右问他：皇上有什么事就尽管吩咐吧，我们一定照办！太祖回答说：我若说了，每日必有一只羊被杀！由此可见，他对于吃“把握”得很有分寸。这也表现在“杯酒释兵权”上。

话说太祖宴请禁军大将石守信等，酒过三巡，太祖故作愁眉不展状，开口说道：我若不是靠你们出力，到不了这个地步，但做皇帝太

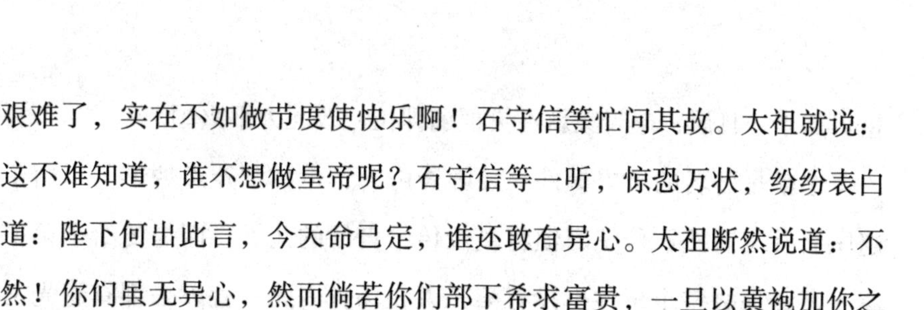

艰难了，实在不如做节度使快乐啊！石守信等忙问其故。太祖就说：这不难知道，谁不想做皇帝呢？石守信等一听，惊恐万状，纷纷表白道：陛下何出此言，今天命已定，谁还敢有异心。太祖断然说道：不然！你们虽无异心，然而倘若你们部下希求富贵，一旦以黄袍加你之身，你虽然不想做皇帝，能办到吗？众将一听，都吓得离席叩头，请求太祖指示一条“可生之途”。

太祖这才表明自己的真正意思，说：人生如白驹过隙，求富贵者，不过想多积金钱，多享娱乐，使子孙免遭贫乏而已。你们不如释去兵权，出守地方，多买良田美宅，为子孙立永不可动的产业，同时多买些歌儿舞女，日夜饮酒相欢，以终天年。朕再同你们结为婚姻之家，君臣之间，两无猜疑，上下相安，这不很好吗？众将明白了太祖的意思，一齐下拜说道：陛下关心臣等，真可谓生死而肉骨啊！于是，石守信等第二天都称病职。太祖大喜，安排他们到地方做节度使。

自古，人们请客吃饭都有其目的。项羽请吃，是想杀掉刘邦，当然，后来项羽放走了他。在这一点上，赵匡胤可以说是项羽的老师，他一桌美食，几杯美酒，就轻而易举地解决了对手，被后人誉为“最高政治艺术的运用”，并成为千古佳话。

由此可见，赵匡胤对于“吃喝”的把握已经到了炉火纯青的地步。对此，范仲淹也曾由衷地赞美：祖宗以来，未尝轻杀一臣下，此盛德之事。虽然太祖赵匡胤对吃喝已经把握得出神入化，但最后还是在吃喝上栽了跟头。

据史书记载，开宝九年十月二十日的雪夜，赵匡胤召他的弟弟赵光义（原赵匡义）入宫，兄弟二人在寝宫内吃饭，这二人吃完喝完已经是深夜，当夜赵光义留宿寝宫。史载赵光义进入宋太祖寝殿后，但遥见烛影下，晋王时或离席，可闻“柱斧戳地”之声，赵匡胤随后去

世。二十一日晨，赵光义就在灵柩前即位，改元太平兴国。

这就是著名的历史事件“烛影斧声”，也称“斧声烛影”。由于赵匡胤并没有按照传统习惯将皇位传给自己的儿子，而是传给了弟弟赵光义，加之整个事件也没有第三人在场，因此一直以来都有赵光义弑兄登基的传说。后世关于这件事的说法很多，就连正史《宋史·太祖本纪》也没能给个准确说法，只是简略记载：癸丑夕，帝崩于万岁殿，年五十，殡于殿西阶。因此，“烛影斧声”就成了千古疑案。

到了宋真宗、宋仁宗时期，北宋步入了盛世。应该说，宋代是我国历史上经济发展较快的一个时期，有人甚至认为宋代经济已超过了明清。经济的发展，使宋代的饮食有了很大的进步。

有人问过我，写了这么多关于美食的文章，可见你必定是一个“吃货”，如果能“穿越”的话，你想去哪个朝代？我想去宋朝，心里话。

在汉朝以前，咱先不侃烹饪手法多么单一，单是就餐时没有椅子这一条就够你受的。

史书记载汉朝以前的人们就餐时都是席地而坐。《礼记·乐记》记载：铺筵席，陈尊俎。意思是说人们在用餐之前都要把用苇、蒲之类植物茎秆编制的筵和席铺在地上，再在筵、席上放置食品，然后席地坐食。到了汉朝，汉朝人也席地而坐，而且还是跪坐，吃一顿饭得跪上半个小时。

那为什么古代中国人要跪着吃饭呢？咱们也来探讨一下。从传世的雕塑、壁画和文献中可以看出，至少在南北朝以前，古人吃饭的时候一直是跪在席子上或者矮床上，即使到了唐朝和五代十国，还有一小撮守旧的遗老在饭局上坚持跪坐（注意，不是坐，是跪坐）。其实，人们早就注意到了这种奇特的生活习俗，难道跪坐比坐着舒服？不怕大家笑话，我还真的试了一下，只是还没坚持到二十分钟，我的

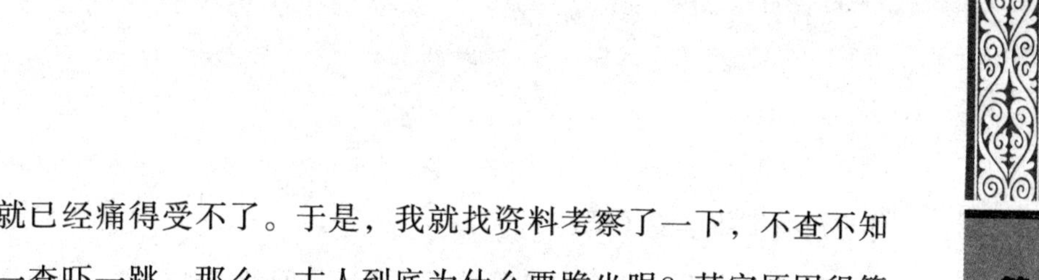

膝盖就已经痛得受不了。于是，我就找资料考察了一下，不查不知道，一查吓一跳。那么，古人到底为什么要跪坐呢？其实原因很简单：避免走光。

据考证，史前时代的人们只用树叶或兽皮等材料挡住下身，不论男女老少上身基本光着。进入文明社会，人们的服饰特色是上衣下裳。裳就是裙子，无论男女都穿裙子，而裙子里面则不穿内裤。商周时代，人们学会了用袍子做内衣(后来袍子变成外衣)。上衣下裳里面多了一层袍子，走光的风险小了一些。春秋战国，由于赵武灵王非常推崇“胡服骑射”裤子终于得到普及。可是当时的裤子没有裤裆，甚至连裤腰都没有，一左一右套在两条腿上，要命的地方仍然透风。可以说，裤裆的发明特别晚，因为从考古成果上看，至少东汉以前是没有连裆裤的。有人说汉朝宫女穿的“穷绔”就是连裆裤。错！“穷绔”亦作“穷裤”，是一种有前后裆系着固密的裤子。后泛指有裆裤，但不能算连裆。《汉书·外戚传上·孝昭上官皇后》记载：霍光欲皇后擅宠有子，帝时体不安，左右及医皆阿意，言宜禁内，虽宫人使令皆为穷絝，多其带。对此，唐初汉学大家颜师古曾经注解过，服虔曰：穷絝有前后当，不得交通也。使令，所使之人也。絝，古袴字也。穷絝，即今之绲裆袴也。由此可见，东汉以前的成年人在开会和聚餐的时候，必须双腿并拢跪坐在地上，让外衣垂下来，护住要害部位，这是成年人。至于小孩子嘛就无所谓了，现代有些地区的小孩子也穿开裆裤，那是为了方便。但为了避免走光或是为了安全，会在裤子的屁股上缝一块布叫做屁帘，可视为古代遗风。

连裆裤在东汉以后才被发明，并在魏晋南北朝广泛使用，所以从魏晋开始已经有人放弃跪坐。直到宋朝，所有的吃货们都有了裤裆，也就都习惯于坐在椅子上吃饭，再也不用担心走光了。不担心走光就可以尽情的享用美食，试想，吃饭的时候看着腚，就算是再好的美食

你也没有欲望享受了吧？

侃完了古人为什么跪坐着搓饭，咱还是回到宋朝。

宋朝人吃饭时，样样都想得周到。众所周知，杯盘碗筷这些餐具是到了宋朝才开始齐备的，煎、炒、烹、炸这些做法是到了宋朝才开始完善的，而萝卜白菜这些菜蔬也是到了宋朝才开始普及的。

魏晋南北朝时期，一票人聚餐，每人面前都摆一个小餐桌，分餐制大行其道，谁也不跟谁抢，好像挺卫生似的。可是，喝酒的时候却要共用一个大酒杯或者一只大马勺，所谓“曲水流觞”“推杯换盏”是也，更有甚者甚至在一个大号“酒杯”里喝。

不但古人如此，甚至今人也如此，我随清华大学人文社会学院的同学去四川茂县羌族自治区进行社会实践时，发现羌族人每逢喜庆日子、招待宾客之时，也会抬出一个大坛子，放置在地面，人们围绕在坛子周围，每个人手握一根芦管或者竹管，斜着插入坛中，一边谈笑、一边从酒坛中吸允酒汁。因为吸酒的管长达数尺，人们围坐的圈子很大，所以一般都会有五六个，甚至七八个人同时吸允，气氛非常热烈。羌族人喜欢跳舞，常常会一边吸酒一边起身跳锅庄舞，然后继续饮酒，这种饮酒风气称作“饮咂酒”。据说，贵州苗族人也喜欢饮咂酒。

其实，这就是轮流分享彼此的唾液，除了热恋中的情侣，谁愿意这样搞？再说，酒鬼们也不愿意，没法估量酒友喝了多少啊！

另外，宋朝已经有了现代人爱吃的川菜，并且开始一枝独秀。现在素菜馆子里五颜六色的仿荤食品是到了宋朝才开始遍地开花的。

我们都知道，四川人爱吃辣椒，开遍全国全世界的川菜馆子更离不开辣椒，要是没有辣椒的话，很难想象四川人民怎么活？那些生意红火的川菜馆子怎么活？可是，我告诉你，在宋朝确确实实没有辣椒。

说到“五味”，很多人会想到“酸甜苦辣咸”。其实，中国古代并无现代意义上的“辣”味。先人把刺激性的味道叫“辛”。“五味”的初始说法是“酸甘苦辛咸”。虽然在宋朝已经有了川菜这个菜系，但是宋朝没有辣椒，只有胡椒，宋朝人民就用胡椒做辣。胡椒是外来物种，但它安家落户的时间比较早，是从西域传入中国的。在当时来说，胡椒绝对算得上是贵族调味品，那不是一般人才能享受得到的。

现在，胡椒算不上什么罕见之物，可在宋朝以前却是个珍贵物儿。因为中国本土产量少，所以多数要从很远的外国运来，故而价格不菲。

唐大历十二年（777年）三月，当中国历史上数得着的权奸，顶级贪污犯，官居一品、拥有权力胜于帝王的宰相元载，终于从他生命的最高峰巅坠落，被皇帝赐死，并于死后被抄家。宋人罗大经在《鹤林玉露》中用“臭袜终须来塞口，枉收八百斛胡椒”两句诗，给这位跋扈大臣做了总结。在元载所居的大宁、安仁二坊，以及他祖庙的长寿坊，抄出的无数财物之中，最骇人听闻、最叹为奇观、最难以想象、最莫名其妙的赃物，就是摆满大理寺的那八百石胡椒。按唐时一石的重量为79320克计算，那么，八百石胡椒，总重应为63456千克，将近64吨。不多赃金银，而贪赃这么多胡椒，可见这东西至少在唐朝还是“硬通货”。

中餐通常用白胡椒，西餐一般用黑胡椒。胡椒分白黑，我原以为是树种有所不同。后来，才知道，白的和黑的胡椒，其实都长在一棵树上。不过是一个先采摘，一个后采摘，一个不去皮，一个去了皮的区别而已。

书归正传。相对于胡椒而言，辣椒也是外来物。对此，易中天先生也感慨过：要说辣椒也是外来物，那岂不是四川的辣妹子也得算上是外来妹了！其实，辣椒原产于中南美洲热带地区。15世纪末，哥伦

布发现美洲之后才把辣椒带回欧洲，并由此传播到世界其他地方。辣椒于明代传入中国，清陈淏子之《花镜》中才有番椒（也就是辣椒）的记载。

有人会问，在胡椒传入中国以前先民们以什么做辣呢？花椒。这东西才是国产的。花椒这东西在中国烹饪史上的“辈分”很大，历史也很久远。屈原写的《楚辞》中“椒”字就经常出现，如“申椒”（花椒），“椒丘”（长了花椒的山丘）等。1972年在长沙发掘的西汉马王堆汉墓，就出土了大量两千多年前西汉时期的食材，花椒赫然在列，这应该算是迄今可见最古老的花椒实物。

由此可见，以前的鄂菜、湘菜也是不可能用辣椒做辣的。花椒在中国的饮食界独领风骚数千年，但在清代却逐渐萎缩，因为它碰到了更强劲的对手——辣椒。至此辣椒才“横行天下”，当然，这是后话。

北宋首都汴梁和南宋首都临安，都是人口超过百万的大城市。宋朝人口超过20万的城市有6个，10万户以上的城市由唐代的十几个增加到46个。宋朝城市人口占总人口的比例高达到22%，几百年后的清朝号称中国历史上盛世的康乾最鼎盛时期，这个比例还不足9%，跟宋朝根本就没法比！

宋朝是中国社会市民阶级正式产生的年代，大批的手工业者、商人、小业主构成了宋朝的中产阶级。宋朝打破了唐朝城市的政治区域与平民区域的严格划分的格局，将平民的工商业经营扩大到全城各个角落。“京城资产百万者至多，十万而上，比比皆是”。

中国人的饮食文明经历千百年的发展，饮食水平也在不断地提高，饮食的品种更是日益丰富。可能限于古代的生产水平，饮食文明的成果往往被社会上层享用，但是在宋朝，社会上层和下层之间的差距却慢慢地缩小了。其实，任何一种饮食风俗的形成，并无所谓美和丑、好与坏。最主要的是能透过饮食风俗变迁来一探中国饮食文化的发展历程和基本规律。

宋朝是市民阶层最强大、最富裕、最幸福的时期，由于市民阶级的发展壮大，宋朝的世俗文化和饮食文化等各发面都取得了长足的发展。小市民富裕了，那就自然要追求精品生活，精品生活离不开吃，吃得不好，是不能称为精品生活的。所以，宋朝饮食也是日新月异，盆碗留香。

据考证，宋代饮食颇具特色，与唐代相比，宋代百姓的饮食结构有了较大的变化，素食成分增多，素食的艺术更加明显，式样也更多。而在宋代的大中城市里，食品行业的竞争已经很激烈，市民食谱也日益多样化了。

话说南宋高宗时，有个叫孟元老的人写了部《东京梦华录》。其中所记大多是宋徽宗崇宁到宣和（1120—1125年）年间北宋都城东京开封的情况。大致包括以下几方面的内容：京城的外城、内城及河道桥梁、皇宫内外官署衙门的分布及位置、城内的街巷坊市、店铺酒楼，朝廷朝会、郊祭大典，东京的民风习俗、时令节日，当时的饮食起居、歌舞百戏等，几乎无所不包。与同时代的画家张择端所作的《清明上河图》一样，为我们描绘了这一历史时期居住在东京的上至王公贵族、下及庶民百姓的日常生活情景。

“麻腐鸡皮、麻饮细粉、素签砂糖、冰雪冷圆子、水晶皂儿、生流水木瓜、药木瓜、鸡头穰砂糖、绿豆、荔枝膏、甘草冰雪凉水、广芥瓜儿、杏片、梅子姜、芥辣瓜儿、细料骨朵儿、香糖果子、间道糖荔枝、越梅、紫苏膏、金丝党梅、香振儿……”

其实，记录宋朝美食的文献很多，只要你打开南宋人吴自牧写的《梦粱录》，南宋周密的《武林旧事》，看看“州桥夜市”“饮食果子”等章节，你就会被里面的各种特色小吃美食菜单看得眼花缭乱，不觉得口水直流。你会为宋朝有那么多的美食而叹服钦佩。那真是

“处处各有茶坊、酒肆、面店、果子、彩帛、绒线、香烛、油酱、食米、下饭鱼肉鲞腊等铺，盖经纪市井之家，往往多于店舍，旋买见成饮食，此为快便耳。”

宋朝还有好多美食。宋代的炊饼因为武大郎而流传千年。据说这炊饼原叫“蒸饼”，因为宋仁宗名祯，音近“蒸”而避讳改成为“炊饼”。实际上，宋时人们常食用的饼远远不止炊饼一种，其品种繁多，五花八门。诸如烧饼、甘露饼、菊花饼、金银炙焦牡丹饼、春饼、芙蓉饼、梅花饼、胡饼、环饼等。据《本心斋疏食谱》记载，武大郎卖的炊饼，后来被人们作成了“玉砖”——“截彼圆璧，琢成方砖”，明代市民的餐桌上就有此饼。《金瓶梅词话》中写道：西门庆又在桌上拿了一碟鼓蓬蓬的白面饼。其实这就是月饼。

说起月饼，有人考证说最早出现在苏东坡的诗中。“小饼如嚼月，中有酥和饴。”但这只是一种加了糖和油酥的小圆饼。而在孟元老《东京梦华录》和吴自牧《梦粱录》中都未提到月饼。月饼这一名称第一次出现是在宋朝周密著的《武林旧事》中。该书的“蒸作从食类”中就有“月饼”的记载。但这种月饼是一种笼蒸的带馅发面饼，与今日的烤月饼有很大的不同。据说至今山东、河南一带的农村于中秋节还制有这种月饼，可视为宋朝的遗俗。

黄雀酢也是北宋的一种美食，之所以进入我们的视野，完全是因为奸臣蔡京的大名。关于“黄雀酢”许多古籍上都有颇为详细的记载。麻雀又叫“黄雀”，民间捕捉而食，古已有之。“黄雀酢”是用盐和米粉腌渍麻雀，调味加工后再食用的美食。和腌肉、腌鱼的方法差不多，但味道更胜一筹。话说蔡京有一大嗜好就是喜欢吃黄雀酢。结果这位巨贪在被抄家时，人们发现他家中的三间大屋子里，从地下一直堆到房梁的都是黄雀酢。

在宋朝，大众小吃除了饼之类，便数羹了。而宋人对羹的讲究也

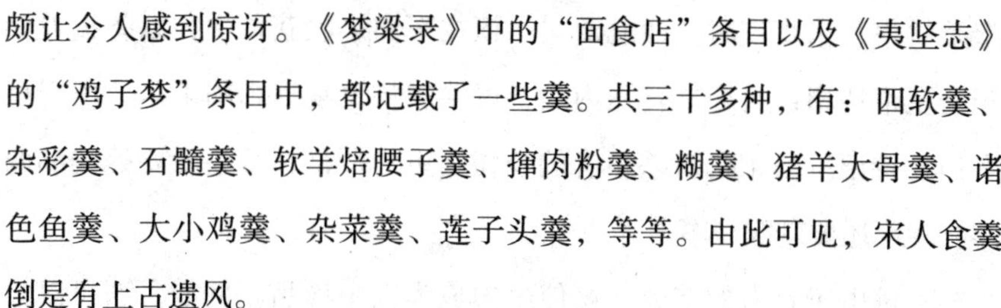

颇让今人感到惊讶。《梦粱录》中的“面食店”条目以及《夷坚志》的“鸡子梦”条目中，都记载了一些羹。共三十多种，有：四软羹、杂彩羹、石髓羹、软羊焙腰子羹、撺肉粉羹、糊羹、猪羊大骨羹、诸色鱼羹、大小鸡羹、杂菜羹、莲子头羹，等等。由此可见，宋人食羹倒是有上古遗风。

还有一种受宋朝人欢迎的就是汤了。据《事林广记》记载，宋人所喝的汤与我们现代人的差不多，也是加了许多料的。但他们所加的料多是药材。在宋代的早市上，最常见的便是“煎点汤茶药”。就是在茶、汤之中放入各种甘香草药，如山药、脑麝、枸杞英、茉莉、木犀、素馨、粉草、乌梅肉、干生姜、官桂末、松糖、桐庭橘、白梅、藿香叶、甘松，等等。当然，也有以果料做成的汤，如荔枝汤、橙子汤、乌梅汤，等等。

在宋朝，是很难吃到牛肉的。其实，不只宋朝，在整个以农耕为主要生产方式的古代，牛都是作为一种不可或缺的生产工具而受到法律保护。早在秦朝就有法律规定：盗马者死，盗牛者加。就算你把牛养瘦了都有可能被判刑或是被处罚。马是军事物资，而牛是生产资料，在崇尚“耕战”的古代，牛马乃国之根本。汉代的应劭在《风俗通义》里称：牛乃耕农之本，国家之为强弱也。《后汉书》中也记载了建武四年，刘秀明文规定“不得屠杀马牛”。

《三国志·陈矫传》记载当时的曲阜有一农民杀牛祭祖为父求平安，结果被县令判了死罪。太守陈矫认为此人是孝子，上表求法外开恩才赦免一死。《梁书·傅昭传》记载，傅昭儿媳偷偷为公公做了一顿牛肉，而谨慎守法的傅昭却斥之曰：食之则犯法，告之则不可，取而埋之。唐代的《唐律疏仪》是古代有名的法律典籍，唐人在这部法律里更是明确了对宰杀耕牛的处罚：杀自家牛者也要判一年徒刑。

在宋代农业社会中，牛是重要的生产力。官府曾屡次下令，禁止

宰杀耕牛。宋真宗时，西北渭州、镇戎军向来收获蕃牛，以备犒设。于是皇帝特诏：自今并转送内地，以给农耕，宴犒则用羊豕。由于皇帝的“特诏”，宋代对杀牛者的处罚则更为严格，杀牛者要处徒刑两年，甚至还要刺配充军。

不过由于官府的禁令，又使牛肉成为肉中珍品。例如，浙民以牛肉为上味，不逞之辈竞於屠杀；秀州青龙镇盛肇，凡百筵会，必杀牛取肉，巧为庖馔，恣啖为乐。

在宋朝吃牛肉犯法。那么，北宋人吃什么肉呢？

其实，在宋人的肉食谱中，北方比较突出的是羊。北宋时的皇宫御厨只用羊肉，原则上“不登彘肉”。陕西冯翊县出产的羊肉，时称“膏嫩第一”。宋真宗时，“御厨岁费羊数万口”，即“市於陕西”。

北宋时，战事连连以及南方的大部畜牧养殖业也有所颓废，国家羊肉产量显然不多，所以市面上羊肉价钱很贵，曾卖到一斤钱九百的高价。据宋人洪迈著的《夷坚志》记载，当年蒙城高公泗镇守鲁和绍兴，由于当时的羊肉高价九百钱吃不起，曾写一首打油诗自嘲：平江九百一斤羊，俸薄如何敢买尝。只把鱼虾充两膳，肚皮今作小池塘。可见当时羊肉价钱之高，就连地方官员也吃不起。

大致在宋仁宗、宋英宗时，宋朝又从“河北榷场买契丹羊数万”。宋神宗时，一年御膳房的支出为：羊肉四十三万四千四百六十三斤四两，常支羊羔儿一十九口，猪肉四千一百三十一斤。可见当时皇家吃猪肉的比例仍然很小。到了宋哲宗时，高太后听政，做得更绝：御厨进羊及羔儿肉，下旨不得以羊羔为膳。干脆就断绝了羊肉供应。即使到南宋孝宗时情况有点好转，皇后中宫的内膳才日仅供一羊。

牛肉不敢吃，羊肉价钱又太贵吃不起，那吃什么肉呢？当然是猪肉。

史书记载：开封城外民间所宰猪，往往从南薰门入城，每日至晚，每群万数，止数十人驱逐。当地杀猪作坊充街，每人担猪及车子上市，动辄百数。而临安更是城内外肉铺不知其几，悬挂成边猪，各铺日卖数十边。当时的“修义坊”，名曰肉市，巷内两街皆是屠宰之家，每日不下宰数百口，以供应饮食店和摊贩。

后来随着南北经济交往的日益密切，京都开封的肉食结构也逐渐发生变化。欧阳修在诗中说：宋统一中原以前，“于时北州人，饮食陋莫加，鸡豚为异味，贵贱无等差”。自“天下为一家”后，“南产错交广，西珍富邛巴，水载每连轴，陆输动盈车。溪潜细毛，海怪雄牙。岂惟贵公侯，闾巷饱虾鱼”。

尽管如此，苏轼诗中仍有“十年京国厌肥”之句，说明在社会上层中，肉食仍以羊肉为主。

豆油藕卷，俗名豆油卷，这道菜是楚乡湖北孝感民间传统风味素菜名馔。因孝感向以盛产优质莲藕出名，故当地人素喜烹食各种藕肴。特别是每适年节喜庆，几乎家家户户都少不了要烹制豆油的美味佳肴。

相传宋太祖赵匡胤自小家贫，早年曾浪游楚地，以推车贩运为业。一次寒冬，他手推独轮车，从古“楚王城（今湖北云楚）来至孝感西湖村，当独轮车满载贩购的西湖莲藕后，却已时值风雪黄昏，饥寒交迫的赵匡胤推车投宿酒家，急欲酒菜充饥御寒。

然而，却因年岁饥馑，兵祸战难频繁，朝廷严禁民间酿酒，加之此时酒馆饭菜俱空，厨间仅剩两张未用完的豆油皮及葱、姜等零星物料。于是，聪明的厨师随机应变，立即取用来客独轮车上的莲藕作原料，切成细丝，略用盐腌渍后，加入葱、姜、香菇丝等调配料和少许面粉，用净布紧紧卷捏成一字条形，再用抹过面糊浆的豆油皮包牢，经油炸烹制，然后以锯刀法切成形似“车轮”一样的筒片。

不一会儿的工夫，厨师便端上一盘“豆油藕卷”和一壶私家酿陈

酒送上餐桌。赵匡胤非常感激，便独酌起来，边吃边感叹：豆油藕卷肴，兼备美酒好，落肚体通泰，今朝愁顿消。公元960年，陈桥兵变，赵匡胤当上了宋朝的开国皇帝。一天，他忽然想起当年在西湖酒馆吃过那难得的美酒和佳肴，顿时感慨万分，为了不忘旧情，特为孝感颁发诏书，取消西湖禁酒令。据《孝感县志》转引《方舆胜地览》记载：太祖（赵匡胤）践位后，令宽西湖酒禁，仍置万户酒馆。自此，“西湖酒市”复兴，并沿传千年，而“豆油藕卷”这一佐酒美肴也便流传了下来。

秦汉隋唐，历来多少酒席似乎都是家宴和御宴。而且我们这个民族即便一直到盛唐都有宵禁的政策，元宵节偶尔开禁三晚已是很难得。史书记载，隋炀帝大业年间曾有一次开禁了达半个月之久，后被传为佳话。对此，古人曾经感慨：昼短苦夜长，不得秉烛游。但这一切到了宋朝就变了，晚上出门，只要你愿意，溜达一整夜也没人管你。

北宋初年，宵禁完全解除，于是，餐饮业起了结构性的变化。随着宵禁的解除，城市居民的夜间生活一下就变成了大事儿。于是很多人养成了入夜后再吃一顿饭的习惯。所以，宋朝人夜间的餐饮业自然也就蓬勃发展了起来。

据宋人吴自牧著的《梦粱录》记载：开封各处都有酒肆，门前扎着欢楼，欢楼内走廊是歌妓们等待召唤的地方，通常她们浓妆艳抹，随时随地等待为赴酒席的宾客表演歌舞，酒楼上看去“仿佛仙宫”。

几百年的私人宴会给了酒楼无限的题材，但以当时的酒楼对比现在的酒楼，你就会发现有好多地方不一样。首先，没有“外菜莫入”这一说。有可能酒楼老板不计较这点蝇头小利，或是心地大善。反正宋代的酒楼里会有无数商贩穿插其间，向客人兜售自己制作的点心、小菜和酒水，而老板管也不管。实际上，酒楼的老板很可能是这个酒楼的房东，如《水浒传》中的施恩、蒋门神等，他们不用付房租，所以没有压力，而这些商贩制作的吃食也是酒楼没有的，外来的商贩不仅给酒楼增加了食品的花色品种，也带来了人气，因为宋朝人热衷于到饭馆吃饭。

《梦粱录》里记载，宋朝，城市的“小资们”已经几乎不开火了，基本都在外面吃饭。而外面的小吃也确实好吃，品种丰富多样，更别说酒楼了。

酒楼是个奢华的地方，表现在他们都争相使用奢华的器具。一般，客人坐下后会上来筷碟，这些用具基本上都是银器。再点几道菜，也是银盆端来。而酒也是银壶暖了端上来的。据《夷坚志》记载：开封府州桥下有一家酒楼，招待客人分三六九等，最上等的用金盘盛菜，其次用银盘盛菜，再次用木盘盛菜，最差的才用磁盘。先不说用金银器是不是实用，单单就价值也是一般食器所不能比拟的。

那为什么瓷器在宋朝这么不招人待见呢？那是因为在宋朝瓷器烧造得太多了。史书记载，宋朝有五大官窑、八大民窑。官窑有汝窑、哥窑、定窑、钧窑、磁州窑。而民窑就如牛毛一样，多得数不胜数。这其中就数钧窑烧造时间最长，分布最广。如果现在你拥有一件真正的宋代钧窑瓷器，至少市值得个几千万。但是在宋朝，这玩意太普通了，根本就不值钱。

其实，不光是钧瓷，在宋朝，无论是什么瓷器都不被大家看好。据孟元老《东京梦华录》记载：宋朝宫廷餐具中，多是金器银器，最次的也是红漆木盘，没有一件瓷器。宋朝餐具中的杯、碗、瓶、壶、盆、筷、勺，甚至用的枕、镇纸、砚台也有瓷器做的，但由于是大路货，只有清官和穷人才用，有钱人根本不会用这东西来吃饭喝酒。

虽说那些金银盘子的价格不菲，但酒楼对顾客却是非常放心，给足面子。甚至可以向酒楼订酒菜，他们也一样会拿着金银器盛了酒菜送上门。直到第二天，才叫伙计上门收回。

宋朝酒楼的菜谱十分丰富。往往一个酒席一个人会有机会吃到四十几道菜。《梦粱录》等书中就有几则，包括高宗和秦桧宴席的菜单。就连《射雕英雄传》中的“鸳鸯五珍脍”的大名也赫然在列。看来金庸老先生大概也不知道那是什么，借射雕的洪七公偷偷跑去南宋皇宫偷吃解馋。当然 金庸先生写《射雕英雄传》只是个武侠小说，里面记载的东西也未必真实。

《射雕英雄传》开篇第一回，两个农民请一个说书先生喝酒，店小二摆出一碟蚕豆、一碟咸花生、一碟豆腐干，另有三个切开的咸蛋。这四道下酒菜当中，当中有一道菜就明显违背了历史背景。大家都知道，《射雕英雄传》写的是宋朝故事，而宋朝人是绝对不可能用花生做下酒菜的。因为花生是外来物种，要到明朝才能从美洲引进到中国。

去年我到河南旅游，在开封的鼓楼广场夜市发现一种很有名的食品叫“花生糕”。这种小吃是用花生、白糖和饴糖加工的点心。个别商家为了吸引顾客，也打着宋朝遗食的旗号，往包装盒上印了几个字：大宋宫廷御膳”。稍微有点历史知识的人都知道，这东西跟宋朝完全扯不上关系，因为宋朝没有花生，没有花生，怎么能做花生糕呢？

虽然宋朝海外贸易发达，特别是南宋，跟几十个国家有贸易往来，但是航行路线只限于亚洲，离出产花生的美洲还差得很远。直到郑和下西洋以后，花生才传到中国。可见开封人只管吆喝，不管历史，嘿嘿！广告也穿越了。

要说老百姓做广告穿越，只是找卖吃食的噱头，那么，电视剧《新水浒传》里出现的大片玉米地背景可就令我咂舌了。我们都知道玉米这东西也是原产于美洲，直到郑和下西洋以后才漂洋过海来到中国，这活儿也太糙了吧！

不侃了，书归正传。咱们还是回到真实的宋朝吧！

宋朝袁褧撰、子袁颐续的《枫窗小牍》中记载：旧京工伎固多奇妙，既烹煮食案亦复擅名，如王楼梅花包子、曹婆肉饼、薛家羊饭、梅家鹅鸭、曹家从食、徐家瓠羹、郑家油饼、王家乳酪、段家物、不逢巴子南食之类，皆声称于时。

好家伙，这二位一口气竟罗列出10余种名食，我想，这些都应该是宋朝汴京城里的著名品牌。看样子，我真没白来！

北宋时，国都汴梁（今开封）已拥有上百家著名的饮食店和餐馆。

“城中酒楼高入天，烹龙煮凤味肥鲜。公孙下马闻香醉，一饮不惜费万钱。招贵客，引高贤，楼上笙歌列管弦。百般美物珍羞味，四面栏杆彩画檐。”这是宋代话本《赵伯升茶肆遇仁宗》中的一首《鹧鸪天》，说的是宋仁宗微服来到城中，看见樊楼所发出的一番感叹。南宋诗人刘子翚也曾作诗咏道：梁园歌舞足风流，美酒如刀割断愁。记得承平多乐事，夜深灯火上樊楼。

樊楼是当时北宋东京市场上最有名的“饮食店”之一。宋时的酒楼很多，读过《水浒传》的人知道林冲和陆虞侯在樊楼喝酒；喜欢八卦、看过野史小说的读者知道，徽宗与李师师相会在樊楼；欣赏过张择端《清明上河图》的观众也知道樊楼。

州东宋门外仁和店、姜店，州北八仙楼，州西宜城楼、药张四店、班楼，金梁桥下刘楼，曹门蛮王家、乳酪张家，戴楼门张八家园宅正店，郑门河王家，李七家正店，景灵宫东墙长庆楼等等，这些都是开封的大酒楼，在京正店七十二户，此外不能遍数，其余皆谓之“脚店”。

酒楼里面的美食应有尽有，正如《东京梦华录》所形容的那样：汴梁城“集四海之珍奇，皆归市易”，“会寰区之异味，悉在庖厨”。

别的不说，咱们单说开在东接皇宫，东京最大大道——马行街上

的丰乐楼。到宣和年间，更是修三层建五栋形成了酒店群。五幢楼互相毗邻，“各有飞桥栏槛，明暗相通，珠帘绣额，灯烛晃耀”。只是因为太靠近皇宫了，后来禁止客人西楼登临眺望。原来他们的楼修得比宫墙还高，竟然可以直接看到皇宫内的活动，明显的违建。

宋朝的小市民吃得不亦乐乎，那些个大人物也不会甘拜下风，吃起东西来也不是小市民能比的。据史料记载，北宋宰相吕蒙正成长于单亲家庭（母亲被休），年少时饱经忧患，常遭白眼，与美食无缘，偶尔想吃一枚香瓜都不能如愿。后来，他状元及第，仕途顺坦，荣任一人之下万人之上的宰相，以奢侈为主调的生活便顺理成章。单说吃的一项，他嗜喝鸡舌汤，为此厨师杀鸡如麻，以至于厨房后院的鸡毛都堆积如山。但吕蒙正比何曾有良知和警觉，一旦那座巍峨的鸡毛大山引发外界非议，他就醒悟了，彻底戒掉了自己的馋瘾。再比如宰相蔡京，据说他非常喜欢吃鹌鹑羹，一小碗鹌鹑羹就要耗费上百只小生命。而欧阳修参加宴会时，发现累累盘中蛤，来自海之崖，也就是说盘子里的海鲜悉数来自遥远的海边，以至于让这位老兄“食之先叹嗟”，动嘴之前连连感慨，对这些奢侈的吃货们也只有瞠目结舌的份儿。

当然，奢侈的生活是高处不胜寒的，不见得长久。可能是由于北宋人活得太安逸，吃得太好了，以至于金人闻着香味就过来了。靖康年间，金兵攻陷汴京（史称“靖康之难”），不用说，肯定抢到了很多好东西，也吃到了很多美食，满足口腹之余，金国还顺便俘虏了众多宋朝宗室，北宋遂亡。

结尾照例总结：金国要征服北宋的原因有很多，我想北宋诱人的美食也是其中原因之一吧！

第十六章 吃得丰富——南宋

“靖康之难”后宋高宗赵构在应天府南京（商丘）仓促登基，继承皇位，后南迁定都临安府（杭州），重建宋朝，史称南宋。

当然，金朝也没放过赵构，一路南扑，直逼临安，宋高宗无路可逃，只得入海逃避，并在温州沿海漂泊达四个月之久。由于南方气候潮湿河道纵横，加上遇到南宋军民的英勇抗战，于是金主帅完颜兀术决定撤兵北上，但北撤到镇江时，被宋将韩世忠断掉后路，结果被逼入黄天荡。宋军以八千人兵力围困金兵十万，双方相持四十八日，最后金军用火攻才打开缺口，得以撤退，随后金军又在建康被岳飞打败，从此再不敢渡江。

书归正传。还是回到“吃”的上面来。

话说宋朝出现了那样多的美食，那样好的美食，自然就少不了好厨师，中国古代十大名厨中的两位就来自宋朝，她们是刘娘子和宋五嫂。

首先介绍一下刘娘子。刘娘子是南宋高宗宫中女厨，主管皇帝御食。史书记载，刘娘子手艺高超，虽宫中规定作为“五品”官的“尚食”应由男厨师担任，但她以烧得一手皇帝喜爱的好菜而被破格任用，所以人们尊称她为“尚食刘娘子”。据何薳撰的《春渚纪闻》记载：宋高宗宫中有位女厨师刘娘子，高宗继位之前，她就在赵构的藩府做菜了，宋高宗想吃什么菜，她就在案板上切配好，烹制成熟后

献食，高宗总是十分满意。看来，做“尚食”是一件非常有前途的职业，前有易牙得宠，后文咱还要说到做过“尚食”的魏忠贤，这是明朝的人物，当然，在明朝给皇帝做饭不叫“尚食”而是叫“典膳”。

书归正传。第二位出场的是宋五嫂，她是南宋著名民间女厨师。宋五嫂原籍北宋京师东京（今河南开封），以经营酒肴为业，精于烹饪，尤其擅长制作鱼菜。

靖康元年（1126年），金兵大举南侵，都城陷落，钦、徽两帝被掳北去，北宋王朝宣告灭亡。次年，康王赵构在江南建立南宋政权，定都临安。宋五嫂随着难民人流南下，寓居在临安西湖钱塘门外。为维持生计，宋五嫂重操旧业，张罗了一家小酒馆，以接待东西南北过往客商为生。临安地处东南沿海，不但近海而且西湖中还多产各种鲜鱼，当地男女老少又都喜欢吃鱼，所以城内外酒楼饭店以鱼所作的菜肴多不胜数。而宋五嫂志在创新，手艺超群，经过一段时间琢磨试验，以醋为主要佐料，辅之以生姜、糖、盐等，烹制了一道色、香、味独特的新颖鱼菜，取名为“醋溜鱼”。

宋五嫂的醋溜鱼一经问世，立时吸引了众多食客，各式人等纷纷慕名而来，店中生意非常兴隆。淳熙六年（1179年）阳春三月，宋孝宗驾幸西子湖畔钱塘门外，把在湖边的生意人召来，询问籍贯、身世及营生，宋五嫂也在其中。当问到宋五嫂时，她道了个万福回话说：“老身乃东京人氏，当年追随先皇到此，已五十载春秋了。”孝宗见这位满头银丝的老妪一片忠心，深为动容，于是移驾宋五嫂店中少歇。宋五嫂不胜高兴，当即挽袖下厨上灶台，亲自精心烹制了一盘醋熘鱼奉上，请孝宗品尝。孝宗平日里吃惯了山珍海味，想不到醋溜鱼皮酥肉嫩鲜美可口，味道好极胜过御膳，于是啧啧称赞：“真佳肴也！”当下赐与宋五嫂彩缎百匹。受万乘之主赏赐，宋五嫂的醋溜鱼名气更响，四远皆知，于是各地纷纷仿制，并作为一大名菜世代相传。现杭州的楼外楼、五柳居等餐饮店，就是因为经营醋溜鱼而数百年久盛不衰的。

醋溜鱼很是味美，清代番禺举人方恒泰品尝过醋溜鱼一饱口福后，作《西湖》诗大加赞赏：小泊湖边五柳居，当筵举网得鲜鱼。味酸最爱银刀脍，河鲤河鲂总不如。可见巾帼不让须眉，宋五嫂乃做鱼肴之大家也。

其实，宋五嫂最拿手的当是鱼羹，据宋人周密著的《武林旧事》记载：早在淳熙六年（1171 年），宋高宗赵构登御舟闲游西湖时，命内侍买湖中龟鱼放生，宣唤中有一卖鱼羹的妇人叫宋五嫂，自称是东京开封人氏，随驾到此，在西湖边以卖鱼羹为生。高宗吃了她做的鱼羹，十分赞赏，并念其年老，赐与金银绢匹。从此，宋五嫂的鱼羹声誉鹊起，富家巨室争相购食，此鱼羹也就成了驰誉京城的名肴。经历代厨师不断地研制提高。宋五嫂鱼羹的配料更为精细讲究，制成的鱼羹色泽油亮，鲜嫩滑润，味似蟹肉，故有“赛蟹羹”之称。而后，宋五嫂也被奉为脍鱼之“师祖”。

提到宋代的厨师咱就不得不提到《吴氏中馈录》这本书。这本书知道的人可能不多，其实它是收录于元朝陶宗仪《说郛》中的，全名为《浦江吴氏中馈录》。

唐宋两代后，菜谱开始出现。可是，一般菜谱只记载菜品粗略的做法，有的菜甚至只有菜名。而《吴氏中馈录》不同，它三大类品种70多个菜的做法，全都记录得清晰详细。

《吴氏中馈录》这本书中记载的菜品名称和做法，体现出了宋朝人们的饮食习惯。从原料选择到制作工艺，在我们现代人看来，也都是非常绿色的。吴氏的菜涉猎很广，除了肉禽类、鱼类、蔬菜的做法，其中更是有不少点心的做法。有兴趣的中式面点师可以参考一下。

《吴氏中馈录》的作者吴氏，真实姓名已不可考，只知道她是浙江浦江人，特别擅长私家菜的烹制。现《吴氏中馈录》这本书市面上很难见到。虽然我们已经不知道吴氏的真实姓名，但这并不影响她在中国传统饮食文化中的地位。《吴氏中馈录》是值得一读的好书。

以上这三位，可以说都是专业厨师。在宋朝还出现了一位厨师的超级票友，人家虽然不是厨师，但烹调技术还真不是一般厨师能比得了。他是谁呢？他就是苏东坡。提到苏东坡咱们很自然的就想到了千古名菜——东坡肉。东坡肉成菜薄皮嫩肉，色泽红亮，味醇汁浓，酥烂而形不碎，香糯而不腻口，想必吃过的人都不能忘怀。

苏东坡（1036—1101）作文名列唐宋八大家，作词与辛弃疾并为双绝，书法与绘画在当时也都独步一时。至于在烹调艺术上，他老人家更是有一手。

苏东坡在黄冈时，曾作了一首诗，云：黄州好猪肉，价贱如粪土。富者不肯吃，贫者不解煮。慢着火，少着水，火候足时他自美。每日起来打一碗，饱得自家君莫管。这就是苏东坡的《食猪肉》。

苏东坡固然是官场中人，但在相当多的场合，常常是才子的禀赋占据上风，这就使他能发现美，写出具有真性情的作品来。《食猪肉》就是这样一首非常典型的诗作。苏东坡非常准确地把握住了猪肉"富者不肯吃，贫者不解煮"这一特点，精确总结了煮猪肉的诀窍，从而为宋代城市中的知识分子阶层提供了一种可口的佳肴。

由于这道美食价钱不贵，就如他的文章一样，"东坡肉"很快在城市中下市民中传扬开来。不过，烧制出被人们用他的名字命名的"东坡肉"，还是他第二次回杭州作地方官时发生的一件趣事。

据传当时的西湖已被水草覆盖了大半。苏东坡上任后，发动数万民工除葑田，疏湖港，把挖起来的泥堆筑了长堤，并建桥以畅通湖水，使西湖秀容重现，又可蓄水灌田。这条堆筑的长堤，改善了环境，既为群众带来水利之益，又增添了西湖景色（这就是后来被列为西湖十景之首的“苏堤春晓”）。

当时的老百姓赞颂苏东坡为地方办了这件好事，听说他喜欢吃红烧肉，于是，到了春节的时候，不约而同地给他送猪肉，以表示心意。苏东坡收到那么多的猪肉，觉得应该同数万疏浚西湖的民工共享才对，于是就叫家人把肉切成方块，用他的烹调方法烧制，连酒一起，分送到每家每户。他的家人在烧制时，把“连酒一起送”领会成“连酒一起烧”，结果烧制出来的红烧肉更加香酥味美，食者盛赞苏东坡送来的肉烧法别致，可口好吃。趣闻传开，当时向苏东坡求师请教的人中，除了来学书法的、学写文章的外，也有人来学烧“东坡肉”的。后每逢农历除夕夜，杭州的民间，家家户户都制作东坡肉，并相沿成俗，用来表示对苏东坡的怀念之情。

现在，“东坡肉”已经成为一道传统名菜。杭州楼外楼效法苏东坡来烹制这个菜，供应于世，并在实践中不断改进，遂流传至今。

这只是个传说，无法考证，但东坡肉源于苏东坡确是不争的事实。史书上记载东坡先生特别爱吃肉，年轻时，几乎无肉不食，这种食法可与清代无肉不食的纪晓岚相媲美，可见，爱吃之人是爱琢磨吃的。

事实上，除了猪肉，苏轼喜欢过的菜肴材料还有各种鱼。包括黄鱼、鮆鱼、鲈鱼，等等。其中最有名的是关于河豚的。为此他还作诗一首：竹外桃花三两枝，春江水暖鸭先知。蒌蒿满地芦芽短，正是河豚欲上时。

由此可见，知识型美食家对城市食风是有很大影响力的，这也是因为美食家有钱有时间，他们才能够研究出既有营养又有文化底蕴的美食来。

其实，苏东坡他老人家在晚年是不杀生食素的。史书记载苏轼晚

年兴趣转向素食，主要食用蔬菜、水果。在广东海南期间，遍尝南国各种水果，杨梅、芦柑（卢橘）、荔枝、龙眼、橄榄、槟榔，他没有一样不喜欢的。这当中，尤其喜欢荔枝。“日啖荔枝三百颗，不辞长作岭南人！”足见他对荔枝的喜爱之情。

此外，苏轼晚年还曾着意于汤菜（羹）的研制。他先后发明过几款羹。其中在古诗《次韵子由种菜久旱不雨》云：新春阶下笋芽生，厨里霜齑倒旧罂。时绕麦田求野荠，强为僧舍煮山羹。这里提到的羹，是由春笋、齑粉（姜、蒜、韭菜的碎末儿）、荠菜等材料制成。

《狄韶州煮蔓菁芦菔羹》这首诗中提到的羹就是有名的“东坡羹”。其实，这只是苏轼架了一口断了腿的破鼎，在田野间制作的。主要材料有蔓菁和芦菔（就是萝卜）。估计这款羹大概有不错的保健作用，因此，东坡先生还挺得意，自号“珍烹”。

“香似龙涎仍酽白，味如牛乳更全清。莫将南海金齑脍，轻比东坡玉糁羹！”古诗里提到的羹是苏东坡儿子苏过发明的。可见苏过发明的羹不如苏东坡的“玉糁羹”好。那么，“玉糁羹”是怎么做的呢？诗云：过子忽出新意，以山芋作玉糁羹，色味皆奇绝。天上酥陀则不可知，人间决无此味。可能味道实在是太好了，具体制法苏东坡秘而不宣，不肯公布菜谱，只告诉我们主要材料是山芋。而后人给这道羹起了个响亮的名字，就叫“东坡玉糁羹”。后世的厨师们只能是根据想象烹制“东坡玉糁羹”，至于是不是人家的那款，我们就不得而知了。

在前文中，我们介绍过很多“大牌食客”，也给他们冠上“美食家”的大名，但那是我给他们的打趣诨名，要想成为一名真正的美食家，不但要会吃，会做，还得能把对美食的感受写出来，甚至还要优美地写出来。只吃不做，那是饕餮之徒；只做不写，那是厨子；会吃会做还会写，这才是真正的美食家。毫无疑问，苏轼是中国历史上最

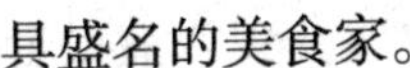

具盛名的美食家。

其实，宋朝相当多的美食最初都来自民间，经美食家研究整理，再流传开来，为更多的人所接受。像北宋初期善篆书、有诗名的郑文宝，就创制出一种“云英面”。这种面的制作颇像江南人好做的鲊脯鲙炙无不有，埋在饭中杂烹的“盘游饭”的风味。

其方法是：将藕、莲、菱、芋、鸡头、荸荠、慈菇、百合混在一起，选择净肉，烂蒸。放置一会儿，在石臼中捣得非常细，再加上四川产的糖和蜜，蒸熟，然后再入臼中捣，使糖、蜜和各种原料拌均匀，再取出来，做一团，等冷了变硬，再用干净的刀切着吃。“料”在其中，味在其里，回味无穷。

说实话，这种“云英面”跟我们理解的“面”是有差距的。现在的“面”一般多指面条。面条是一种用谷物或豆类的面粉加水揉成面团，之后或者压或擀制成片再切或压，或者使用搓、拉、捏等手段，制成条状（或窄或宽，或扁或圆）或小片状，最后经煮、炒、烩、炸而成的一种食品。而“云英面”更像是一种“高贵”的即食性“午餐肉”，不过肯定比现在的午餐肉好，里面一点淀粉的影子都没有。

面条是一种非常古老的食物，它起源于中国，有着悠久的历史，至今超过一千九百年。中国全盛时期的唐朝，便有文字提到当时宫廷要求冬天要做“汤饼”，夏天则做“冷淘”（过水面）；元代出现了可以长期保存的“挂面”和“刀削面”；明代又出现了技艺高超的“抻面”；清代出现了“五香面”和“八珍面”，而且在乾隆年间还出现了耐保存油炸的“伊府面”（可能这种“伊府面”就是方便面的祖宗）。

其实，早在东汉年间就已经有了关于面条的记载。但那时的面条不叫面条，而是被人们称为“煮饼”或是“水溲饼”。

汉朝的刘熙在《释名》里解释：饼，并也，溲面使合并也。意思

是说，用水将面粉和在一起所做出的食品均称为“饼”，以水煮的面条或面块亦全作“饼”称。

由初期的东汉、魏晋南北朝，到后期唐宋元明清都有关于面条名称的史料记录。但起初对面条之名称却不统一，除普遍称水溲面、煮饼、汤饼外，亦有称水引饼、馎饦等。

“面条”一词，其实直到宋朝才正式通用（但肯定不是云英面），宋朝面条跟现在的面条差不多，多为长条形。但宋代面条的花样却一点也不比现在的少，什么冷淘、温淘、素面、煎面……皆属面条。制面方法之多亦令人叹为观止，可擀、可削、可拨、可抿、可擦、可压、可搓、可漏、可拉……而这些制面技艺的出现都为面条的发展作出了重大的贡献。

面条是中国人经济饱肚的主食，还可作为登大雅之堂的上佳美食。据史料记载，很多达官贵人均喜吃面条，并会以面条招待贵宾。中国面条驰名中外，对世界之面食文化亦有深远影响。现今的日本拉面其实是在1912年由中国引入传统拉面制作技巧传到横滨的。

话又说回来，身为宋朝大臣的郑文宝不可能是“云英面”的发明者，他肯定是巧取民间厨人制“面”之精华，综合出“云英面”的制作方法。然后他又将“云英面”的方子赠给其他好吃之人，这使“云英面”的影响更加扩大，以至收入宋代食谱。

火腿是一种美食。其实，火腿也发明于宋朝。最早出现火腿二字是在北宋，苏东坡在他写的《格物粗谈·饮食》就明确地记载了火腿做法：用猪胰两个同煮，油尽去。藏于谷内，数十年不油，一云谷糠。火腿含有丰富的矿物质及蛋白质，不仅是令人垂涎欲滴的美味，而且还是强身的补品，更是送人的上佳礼品。时至今日，火腿不仅畅销国内，而且远销欧美，依然散发着宋朝美食的巨大诱人魅力。

宋朝人不仅发明了火腿，还发明了现代人爱吃的火锅。其实，真正有记载的火锅出现在宋代。以前古人也拿鼎煮肉，但那不能叫火锅，充其量只能算是大锅炖菜。咱们在前文介绍过甘泉一带的西汉古墓里出土的“铜染炉”，有专家考证说这是最早的火锅雏形。但这也只是推测。而宋人林洪在《山家清供》中详细地记述了火锅及火锅的吃法。师云：山间只用薄批，酒酱、椒料活之。以风炉安桌上，用水半铫，候汤响一杯后，各分以箸，令自夹入汤摆熟，啖之，乃随意各以汁供。由此可见，宋代的火锅和现代的火锅在造型与结构上一样，就是吃法也毫无二致，不再是炖和煮，而是“涮”。林洪到底是词人，还根据当时“浪涌晴江雪，风翻晚照霞”的美景，为“涮”取了一个浪漫的名字叫“拨霞供”。

在前文中介绍过三国时期的诸葛亮发明了馒头。但是，包子真正盛行的时期是在北宋。宋人王林在《宋朝燕翼贻谋录》中记载：宋神宗亲自去视察最高学府——太学，正逢太学生们吃馒头。宋神宗见太学生们吃得正香，于是与太学生们共同分享起来。宋神宗品尝之后不由的说：以此养士，可无愧矣！此后，“太学馒头”之名在宋朝广泛传播起来，食者莫不引以为荣。后来慢慢地，馒头就逐渐流传到民间，成为人民喜爱的食物。

岳飞之孙岳珂曾写下赞美这种馒头的诗句。诗云：几年太学饱诸儒，薄枝犹传笋蕨厨。公子彭生红缕肉，将军铁杖白莲肤。芳馨正可资椒实，粗泽何妨比瓠壶。老去牙齿辜大嚼，流涎才合慰馋奴。由于这馒头里有竹笋、蕨菜、红缕肉等馅料，也就成包子了。

宋人吴自牧在《梦粱录》中就曾经记载：四色馒头、细馅大包子、生馅馒头、杂色煎花馒头、笋肉包儿、水晶包儿、虾鱼包儿、江鱼包儿、蟹肉包儿、鹅鸭包儿、糖肉馒头、羊肉馒头、太学馒头、笋肉馒头、鱼肉馒头、蟹肉馒头、假肉馒头、笋丝馒头、裹蒸馒头、菠菜果子馒头、辣馅糖馅馒头等种类繁多的馒头都是宋人的美食。由此

可见，宋朝人跟现代上海人一样，管包子也叫“馒头”，只不过是一个有馅一个没馅而已。

书归正传。豆芽作为蔬菜食用也是始于宋朝。宋人林洪在《山家清供》中也存记载：以水浸黑豆，曝之及芽，以糠秕置盆中，铺沙植豆，用板压。及长，则复以桶，晓则晒之……越三日出之，洗，焯以油、盐、苦酒、香料可为茹，卷以麻饼尤佳。色浅黄，名鹅黄豆生。这里不仅明确记载了豆芽菜的制作方法，还有食用方法。据说“卷以麻饼”就是北京小吃“薄饼卷豆芽”的鼻祖。

西方称豆芽是中国食品的四大发明之一。豆芽菜物美价廉，雅俗共爱。既可登上奢华的宴席，也可是平民的家常之菜。豆芽菜的营养价值极高，近来西方研究发现，豆芽菜可以抗疲劳、抑癌、治癫痫，西方营养学家认为豆芽菜不仅有极高的营养，还有极高的治病价值，他们一致认为豆芽菜是理想得近乎完美的食品。只是他们没有想到，千百年前的中国先祖在宋朝就发明了豆芽。

介绍完了宋朝的美食，再介绍宋朝的休闲食品——爆米花。不过，宋朝的爆米花不叫爆米花，而是叫“孛娄”。

范成大在《吴郡志·风俗》中记载：“上元……爆糯谷于釜中，名孛娄，亦曰米花。每人自爆，以卜一年之休咎。”意思是说，在新春来临之际，宋人用糯米爆花来卜知一年的吉凶，姑娘们则以此卜问自己的终身大事。可见，爆米花真的出现在宋朝，而且宋人不单单是把爆米花作为一种零食，还加入了神秘文化，使之有了更丰富的内涵。爆米花至今还是民间“二月二”这天的吃食，寓意“金豆开花”，吃爆米花则叫“吃龙胆”，也可视作宋朝的遗风。

爆米花的发明更是折射出中国饮食的丰富多彩，它还有更深的含义，就是开创了一种食物的加工方式——膨化。这说明宋朝的食品加工，不仅仅是简单的加热作熟，而是能通过物理的高温高压作用来改变食物的状态和口感，这种加工方式就是现代新兴的膨化食品。可以说宋朝的爆米花是近现代各种五花八门膨化食品的祖宗。

其实，宋朝人发明创造的小吃还很多，如“角儿”“索饼”“焦碱”等。这里需要说明的是，“角儿”就是饺子，要说宋人发明了饺子，这种说法似乎也有不严谨之处。在其漫长的历史发展过程中，饺子的名目繁多，宋朝以前就有“牢丸”“饺饵”“粉角”等名称。其实，饺子起源于东汉时期，为医圣张仲景首创，而当初的饺子是为药用。话说当年的气温很低，一些人得了冻疮，医圣张仲景就用面皮包上一些祛寒的药材用来治病（羊肉、胡椒等），避免病人耳朵上生冻疮，进而发明了“角子”。

而到了三国时期，饺子已经成为一种真正的食品，被称为“月牙馄饨”，和现在的饺子形状基本类似。到南北朝时，“形如偃月的馄饨，天下通食”。据推测，那时的饺子煮熟以后，不是捞出来单独吃，而是和汤一起盛在碗里混着吃，这种吃法，在中国的一些地区仍然流行，如河南、陕西等地的人吃饺子时，要在汤里放些香菜、葱花、虾皮、韭菜等小料。

大约到了唐代，饺子已经变得和如今的饺子几乎一样，宋代称饺子为“角儿”，它是后世“饺子”一词的词源。这种写法，在其后的元至清甚至是民国仍可见到。

宋代的时候，饺子传到了蒙古，饺子在蒙古语中读音类似于“匾食”。饺子的样式也由原来馅小皮薄变成了馅大皮厚。后随着蒙古帝国的征伐，这东西也传到了世界各地，出现了俄罗斯饺子、哈萨克斯坦饺子、朝鲜饺子等多个变种。可以说，蒙古帝国给中国饺子向全世界的传播作出了极大的贡献，明代的书籍也证实了这点。明万历年间沈榜著的《宛署杂记》记载：元旦拜年，作匾食。刘若愚著的《酌中志》中也写道：初一日正旦节，吃水果点心，即匾食也。

据说民间春节吃饺子的习俗在明清时已相当盛行。新春佳节人们吃饺子，寓意吉利，以示辞旧迎新。徐柯编著的《清稗类钞》中说：中有馅，或谓之粉角——而蒸食、煎食皆可，以水煮之而有汤的叫作水饺。

美国人尤金·N·安德森在《中国食物》一书中说：宋朝时期，中国的农业和食物最后成形，食物生产更为合理化和科学化，而中国伟大的烹调方法也于宋朝定型。

说起宋朝的烹调方法那就多了。据考证，宋朝有煎、炒、烹、炸、烧、烤、炖、熘、爆、煸、蒸、煮、拌、泡、涮等不下几十种烹调方法。由此可见，宋朝真乃是美食的天堂。但可惜的是，许多宋朝美食的制作方法都已经失传了。

虽然宋朝有这样多的美食，但是宋朝没有吃海参、鱼翅、燕窝等滋补类菜肴的记载，现今关于吃海参、鱼翅、燕窝的例子，大多发端于明永乐之后。可见，宋朝人对于海产品的滋补功效还是不太在意的。

当时宋朝航海还不是很发达，吃海参、鱼翅这些东西到明朝永乐以后才盛行。当然，这也是后话。

宋朝有这么多美食，当然就少不了“美食家”。下面介绍的这位，不像唐朝的吃货那样贪嘴，而是真能吃。不但能吃，而且位高权重。春秋战国时的老将廉颇一餐能吃一斗米、十斤肉，但是他的饭量和我们要介绍的这位简直就不在一个档次上，只能算是轻量级选手。

赵匡胤建立的宋朝，前后近300年，担任宰相之职者多达上百人，名相也很多。在这些宰相中，饭量最大最能吃的非张齐贤莫属。张齐贤或许不是宋朝最能吃的，但绝对是宰相中最大的吃家。

张齐贤（942—1014），字师亮，曹州冤句（今山东菏泽南）人。宋代著名政治家，进士出身，先后担任通判、枢密院副史、兵部尚书、吏部尚书、分司西京洛阳太常卿等官职。还曾率领边军与契丹作

战，颇有战绩。战绩暂不谈，主要介绍他的饭量。

北宋史学家欧阳修在《归田录》里记载过张齐贤的饭量：体质丰大，饮啖过人，尤嗜肥猪肉，每食数斤。

张齐贤从小就特能吃，史书记载张齐贤幼时家贫，父亲早死，三岁时随母亲迁到洛阳（河南）。这个主儿似乎是饿死鬼托生，不说见啥吃啥吧，但也吃出了花样。

北宋学者邵伯温在《邵氏闻见氏》中记载：张齐贤当年为举子时，家庭贫困，困苦不堪，依附于河南尹张全义门下。他的饭量惊人，一个人的饭量能抵好几个人。正由于他超级能吃，家庭经济条件也有限，所以时常处于半饥饿状态，平时难得一饱。只有遇到村中富户作斋事施舍时，他才能饱餐一顿。一次有个富户作斋事，施舍食物。张齐贤去的晚，食物已经被别人吃光了。但张齐贤心有不甘，见这家墙壁上悬挂着一张生牛皮，他向富人讨要过来。背着生牛皮回家后，他拾缀了一下，将其煮熟后，竟然全部吃完。看来张齐贤还应该有很高超的烹饪手艺，要不干硬的牛皮怎能下肚？

北宋著名史学家司马光所著的《涑水纪闻》记载了张齐贤未及第时的一件往事：张齐贤生于乱世，十几岁便四处求学，到处流浪。一天他在乡村野店投宿。一群打家劫舍的强盗在抢劫、掳掠后，带着大包小包的金银细软到张齐贤寄居的旅店挥霍，进门便大呼小叫地讨酒要肉。旅店中旅客和本村人哪见过这样的场面，吓得抱头鼠窜。可张齐贤却没有走，走上前去，冲那群强盗作了个揖，不慌不忙地说：小生贫贱，从未吃过一顿饱饭，想求诸位壮士让我大吃一顿，行不行？

强盗们都感到惊诧，心想其他人见到我们唯恐避之不及，这位年轻人却来讨要吃的。给他吃点倒没有什么，反正这么多吃食，他们也吃不完。于是，他们笑了，慷慨地说：既然秀才不嫌弃我们，有何不可？只是我们都很粗鲁，秀才不要见笑罢了。

张齐贤此时只关心吃，管他什么强盗不强盗。既然这群强盗答应他的要求，他就坐下，满不在乎地说：所谓强盗，都是世间英雄，肮脏下贱的小人可做不了。说完就拿一个大海碗，倒满白酒，大口地喝酒，顺便撕下一只大猪腿，如狼似虎地吃起来。这把强盗们都看傻了，不由啧啧赞叹：秀才真有宰相气派，要不然，怎能如此不拘小节？将来治理天下，可别忘了我们都是不得已当强盗的。说着他们纷纷拿出钱财送给他，张齐贤也不推辞，酒足饭饱后背了一大包回家了。

宋太宗淳化年间，当张齐贤被罢去宰相职务，到安陆州（今属湖北）当知州。有一次张齐贤请客。有一位好事的厨师听说他特别能吃，就想搞清他饭量到底有多大。于是就在他请客人吃饭时，专门提来一个金漆大桶。看见他吃什么，就照样向桶内放上一份。他喝一杯酒，也向桶内倒上一杯。当地人算是开了眼界。到了晚上宴会结束，一个金漆大桶已装得满满当当，都是酒菜，“酒浆浸渍，涨溢满桶”。消息传出，全城轰动，大家都认为此人如此能吃能喝，其享有的富贵，一般人是难以达到的。

张齐贤不仅饭量大，令人不可思议的是，竟然还把药当饭吃。据说当时汴梁城内的佛寺天寿院所制的风药黑神丸相当有名。风药黑神丸是用来祛风活血、疏通经络治病用的，一般人进服，小小一丸也就足够，但张齐贤却以“五七两为一大剂”，还用烧饼夹着吃。感情这位倒是不怕中毒，不服不行。

虽然张齐贤饭量惊人，但度量却不大。有一天，他在举行礼佛仪式的地方对副宰相温仲舒说了一些粗俗的话。对此，御史中丞张咏认为他有失大臣风度，就上表弹劾，张齐贤深以为恨。

张咏的亲家王禹偁是个诗人，也写文讥讽张齐贤，张齐贤就给他安了个罪名，贬谪到地方上去了。王禹偁诗文好，人人皆知，可是张齐贤想把张咏、王禹偁一块儿搞掉，就向宋太宗打小报告：张咏本来不会写文章，他的那些章奏都是他亲家王禹偁代笔的。张咏听说后，跑到太宗面前辩白：我苦心钻研学术，无人不知，张齐贤这是诬蔑我啊！太宗让张咏把平生著述呈上，坐在龙图阁里翻看，还没看完，就下令赐坐，又吩咐黄门太监把自己常用的一把红绡金龙扇赐给张咏驱暑。这等于间接批评张齐贤。张齐贤因此也讨了个没趣。

更可笑的是，这位饭量惊人的宰相还跟当朝的另一位宰相抢老婆。不知道"那位幸福之人"竟有如此魅力竟然打动了当朝两位宰相，最后这事竟然还闹到了皇上那里。对此理学家程颐就毫不客气地品评过：两位宰相争娶一妻，无非为其有十万囊橐故也。很显然，他们争着娶她，很重要的一个原因是因为那个女人有钱。

不过话又说回来，张齐贤特别能吃还爱金钱，却不是酒囊饭袋。他曾在宋太宗、真宗两朝担任宰相长达21年之久，对北宋初期政治、军事、外交各方面都作出了极大贡献。与名相寇准被流放、客死他乡不同，张齐贤的结局也比较好。他退休后回到洛阳，住在唐代宰相裴度留下的午桥庄。此地风景优美，是洛阳八小景"午桥碧草"之所在。公元942年，张齐贤病逝于洛阳，时年72。

历史上敢吃的名人不少，饭量大的名人也不少。但是像张齐贤这样敢吃能吃，也算得上是前无古人后无来者。

介绍完了大肚汉张齐贤，咱们还是回到宋朝的美食上面来。

宋室南渡，把首都迁到了江南，这无疑对南方菜，尤其是杭州菜的发展，起到了极大的推动作用。其实，南方饮食文化的发展大都与中国古代经济重心的逐渐南移有关。

宋孝宗即位后，改革朝政，力图恢复失地，在他的统治下，南宋相对进入到一个兴盛时期。而当时的临安作为繁华的京都，南北名厨济济一堂，各方商贾云集于此，就促使了这个时期的杭菜达到了鼎盛。

在前文说过，这个时期的杭州菜分为“湖上”“城厢”两个流派。前者用料以鱼虾和禽类为主，擅长生炒、清炖、嫩熘等技法，讲究清、鲜、脆、嫩的口味，注重保留原汁原味。后者用料以肉类居多，烹调方法以蒸、烩、汆、烧为主，讲究轻油、轻浆、清淡鲜嫩的口味，注重鲜咸合一。

南宋人不但讲究吃喝，而且还有强烈的好奇心。有了好奇心就有了了解未知的愿望，他们敢于尝试新的口感和味道，并且一股脑地吃进肚子里。

南宋时期，江阴河豚赫然成了宋朝人的盘中美食。南宋叶梦得《石林避暑录话》中记载：今浙人食河豚，始于上元前，常州江阴最先得。方出时，一尾至直千钱，然不多得，非富人大家预以金瞰渔人，未易致。二月后日益多，一尾才百钱耳。翻译过来就是，浙江有钱的人为了吃到正月里“时鲜”——河豚，用一条一贯的高价，从渔夫那里预订。而到了二月以后，市场上河豚多了，价格大跌，一条才卖100文。可见在宋朝时，人们就有了“拼死吃河豚”的精神。

北宋元丰七年（1084年），苏东坡赴任江苏常州团练副使时，正值河豚上市季节，有位善于烹调河豚的常州厨妇请苏东坡吃饭，河豚烹好后端出给苏东坡品尝，自己和家人则躲在屏风后观察苏东坡的吃相，只见苏东坡早已摩拳擦掌，一边吃一感叹：也值一死了。

再以讲究吃海鲜而闻名的宋朝梅圣俞为例，他家经常吸引一些习气相投的有知识的食客，一时间，鲤鲂之脍，飞刀徽整，梅家几乎成为研究美食的中心。

梅圣俞就是在这样的宴席上赋《河豚鱼》诗的：春洲生荻芽，春岸飞杨花。河豚于此时，贵不数鱼虾。这首诗告诉我们至少在宋代城市中的知识阶层，吃河豚已成一种风气了。

河豚有毒，并非人人会烹制，可市民们又想吃，怎么办呢？于

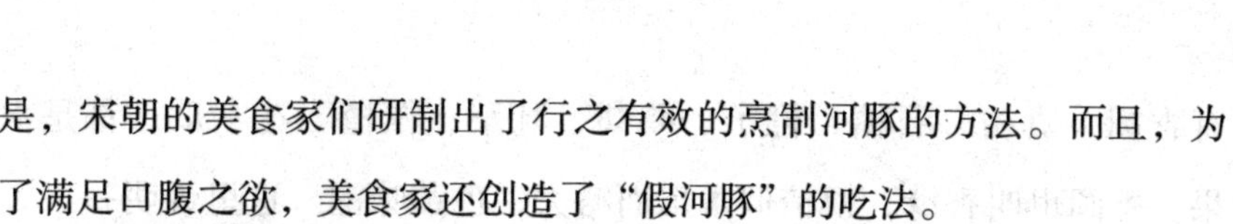

是，宋朝的美食家们研制出了行之有效的烹制河豚的方法。而且，为了满足口腹之欲，美食家还创造了“假河豚”的吃法。

杨次翁在丹阳时，做豚羹招待米芾，米芾疑虑不敢吃，杨笑着对他道：这是用别的鱼做的，假河豚。所谓假，乃象形也。如《山家清供》所记“假煎肉”的制作：葫芦和面筋都切成薄片，分别加料后用油煎，然后加葱、花椒油、酒一起炒，葫芦和面筋不但炒得像肉，而且它的味道也和肉味近似。当时，类似这样制法的假河豚已作为名菜频频出现在南宋的食店里。

没有什么是宋朝人不敢吃的。公元1150年4月，秀州海盐县的海滨有“巨鳅”搁浅了。这条“巨鳅”很大，史书记载说：高殆与县鼓楼等，长百丈不啻。估计可能是鲸鱼。这么大的鱼，人们自然没见过也没吃过。于是，南宋“美食家”们的探知食欲又被激发出来，其肉被分食，甚至出售，“每斤为钱二百”。

有史料记载：淳熙年间，广州珠江上“有蓖急棹就舟，綮二鲟鳇求售，大者长六尺，小者四尺，修鼻侈腮，口隐于颐，身无细鳞，上各有锋刃，与凡鱼不同……问所需几何？曰：四百。”

有人下江捕捞，自然就有人公开叫卖，你敢卖，我就敢买。显然，买回去的宋人是不会把鲟鳇做成标本以供大家观赏的，肯定会被吃掉。由此可见，鲟鳇也难逃被宋人吃掉的厄运。

鲟鳇就是中华鲟，是我国特有的古老珍稀鱼类，也是世界现存鱼类中最原始的种类之一，被人们称为“活化石”。宋朝肯定没有保护动物这一说。在宋人的眼中，“活化石”中华鲟也仅是比鲸鱼贵二百钱的肉食品而已。下面咱们再探讨一下南宋的宴会。

南宋豪华宴会的程序分“初坐”、“歇坐”和“再坐”。“初坐”即客人进门后坐下喘口气儿，随便吃点零食解乏。

“初坐”72道。第一轮8盘“看果”，名曰“绣花高饤八果垒”。

有香圆、真柑、石榴、橙子、鹅梨、乳梨、榠楂、花木瓜，都是水果。香圆也叫香橼，榠楂似木瓜而略大，色黄味涩。这里说明一下，看果属看菜，只管看，可不能吃。

第二轮12 道，名曰“乐仙干果子叉袋儿”。有荔枝、龙眼、香莲、榧子、榛子、松子、银杏、梨肉、枣圈、莲子肉、林檎旋和大蒸枣。这轮属于干果。

第三轮10盒，名“缕金香药”。有脑子花儿、甘草花儿、朱砂圆子、木香丁香、水龙脑、史君子、缩砂花儿、官桂花儿、白术人参和橄榄花儿。这轮也不能吃，只供嗅香，权当空气芳香剂使用。

第四轮12品，名曰“雕花蜜煎”。有雕花梅球儿、红消儿、雕花笋、蜜冬瓜鱼儿、雕花红团花、木瓜大段儿、雕花金橘、青梅荷叶儿、雕花姜、蜜笋花儿、雕花橙子和木瓜方花儿。这些类似于今天的蜜饯。

第五轮12道，名曰“砌香咸酸”。有香药木瓜、椒梅、香药藤花、砌香樱桃、紫苏柰香、砌香萱花拂儿、砌香葡萄、甘草花儿、姜丝梅、梅肉饼儿、水红姜和杂丝梅饼儿。这轮“咸酸”用来中和上轮“蜜煎”的甜腻。

第六轮上“十味脯腊”。有线肉条子、皂角铤子、云梦豝儿、虾腊、肉腊、奶房、旋鲊、金山咸豉、酒醋肉和肉瓜齑。铤子即长条肉干；云梦豝儿是晒干蒸熟的猪肉干条；旋鲊是羊肉干末；金山咸豉是豆豉，用来蘸肉干。这一轮都是肉干儿。

第七轮上“垂手8盘子”。有拣蜂儿、番药葡萄、香莲事件念珠、巴榄子、大金橘、新椰子象牙板、小橄榄和榆柑子。这轮为时鲜小水果，与“绣花高饤八果垒”的大果不同。

“初坐”完了，客人下桌歇会儿，称作“歇坐”，歇够了宾主再上桌，就是“再坐”。“再坐”接着上菜。

第一轮上8盘“切时果”。有春藕、鹅梨饼子、甘蔗、乳梨月儿、红柿子、橙子、绿橘和生藕铤子。

第二轮上12品“时新果子”。有：金橘、葴杨梅、新罗葛、蜜蕈、脆橙、榆柑子、新椰子、宜母子、藕铤儿、甘蔗柰香、新柑子和梨五花儿。

第三轮、第四轮把“初坐”的12品“雕花蜜煎”和12道“砌香咸酸”再“复习”一遍。

第五轮接着上12味“珑缠果子”。有荔枝甘露饼、荔枝蓼花、荔枝好郎君、珑缠桃条、酥胡桃、缠枣圈、缠梨肉、香莲事件、香药葡萄、缠松子、糖霜玉蜂儿和白缠桃条。“荔枝蓼花”是荔枝肉淋上麦芽糖。这一轮“珑缠”基本是干鲜水果外裹糖霜，仍属蜜饯。

第六轮重上“初坐”的“十味脯腊”。

以上这些干鲜果品、时令小吃上完了，紧接着再上“再坐”的66道大盘子。之后，家宴才正式开始。

南宋宴会正菜称“下酒”。共列“下酒”15盏，每盏2道菜，合计30道。计有：第一盏花炊鹌子、荔枝白腰子；第二盏奶房签、三脆羹；第三盏羊舌签、萌芽肚胘；第四盏肫掌签、鹌子羹；第五盏肚胘脍、鸳鸯炸肚；第六盏沙鱼脍、炒沙鱼衬汤；第七盏鳝鱼炒鲎、鹅肫掌汤齑；第八盏螃蟹酿橙、奶房玉蕊羹；第九盏鲜虾蹄子脍、南炒鳝；第十盏洗手蟹、鯚鱼（鳜鱼）假蛤蜊；第十一盏五珍脍、螃蟹清羹；第十二盏鹌子水晶脍、猪肚假江珧；第十三盏虾橙脍、虾鱼汤齑；第十四盏水母脍、二色茧儿羹；第十五盏蛤蜊生、血粉羹。

还有插食8品：炒白腰子、炙肚胘、炙鹌子脯、润鸡、润兔、炙炊饼、不炙炊饼和脔骨。“炊饼”即今馒头，炙炊饼，大约是烤馒头或炸馒头。宋朝管所有面食都叫“饼”，烤熟的叫“烧饼”，蒸熟的叫“炊饼”，煮熟的叫“汤饼”，也就是面条。

正菜外还有“劝酒果子”10道：砌香果子、雕花蜜煎、时新果子、独装巴榄子、咸酸蜜煎、装大金橘小橄榄、独装新椰子、四时果四色、对装拣松番葡萄和对装春藕陈公梨。

另有“厨劝酒”（厨师长特别推荐）10道：江珧炸肚、江珧生、蝤蛑（梭子蟹）签、姜醋生螺、香螺炸肚、姜醋假公权、煨牡蛎、牡蛎炸肚、假公权炸肚和蟑蚷炸肚。

其实，我最痛恨的就是写长长的菜名菜单，但是我不写不行，不写详细点就不足以证明宴会的豪华。

史书记载，南宋时某知府雇用知名厨娘做饭，仅仅作为配料的葱，也要先搬来五斤，只挑选芯儿里面类似韭黄的部分，其余一概淘汰。如此精耕细作，菜品果然“馨香脆美”“食者举箸无盈余”，引来人们一片赞叹。但菜的成本高得离谱，以至于身为高官的知府私下也只能叹惋：吾辈势力单薄，此等厨娘不宜常用。

比起前面的豪华宴会来，宋朝皇帝参加的御宴可以说是“略显寒酸”。因为在宋代，御宴是有定制的，每一盏酒都要有歌舞杂技，似乎这才是主要，吃喝倒在其次。

幽兰居士的《东京梦华录》载《宰执亲王宗室百官入内上寿》上说：使臣诸卿只是每分列环饼、油饼、枣塔为看盘，次列果子。惟大辽加之猪、羊、鸡、鹅、兔连骨熟肉为看盘，皆以小绳束之。又生葱韭蒜醋各一碟。三五人共列浆水一桶，立勺数枚。其实“看盘”只是摆样子的，不能吃。直至第三盏才让吃。第三盏的下酒菜有：下酒肉、咸豉、爆肉、双下驼峰角子；第四盏下酒菜有：子骨头、索粉、白肉胡饼；第五盏是群仙、天花饼、太平毕罗干饭、缕肉羹、莲花肉饼；第六盏假鼋鱼、密浮酥捺花；第七盏排炊羊胡饼、炙金肠；第八盏假沙鱼、独下馒头、肚羹；第九盏水饭、簇饤下饭。如此而已。

介绍到这里咱们还得说说另一道来自南宋的美食——油条。《宋

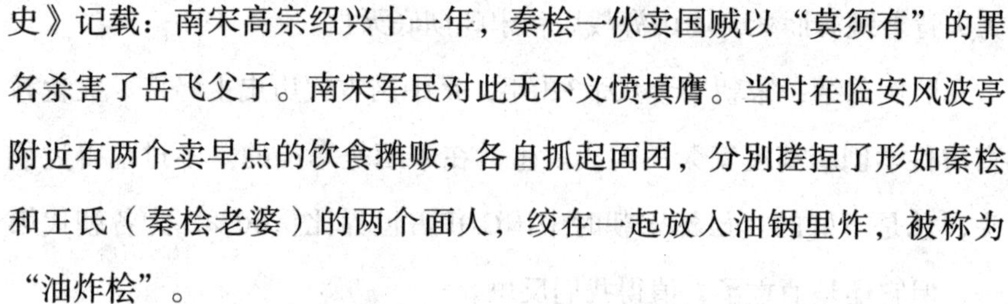

史》记载：南宋高宗绍兴十一年，秦桧一伙卖国贼以“莫须有”的罪名杀害了岳飞父子。南宋军民对此无不义愤填膺。当时在临安风波亭附近有两个卖早点的饮食摊贩，各自抓起面团，分别搓捏了形如秦桧和王氏（秦桧老婆）的两个面人，绞在一起放入油锅里炸，被称为“油炸桧”。

一时之间，买早点吃的群众心领神会地喊起来：吃油炸桧喽！吃油炸桧喽！以发泄心中愤恨，于是人们争相仿效。从此，各地熟食摊上就出现了“油炸桧”这一食品。后来，由于人们嫌捏小人太麻烦，就简单化了，两条面一粘一拧，扔进油锅一炸，“油炸桧”就变成了油条。至今，有些地方仍把油条称为“油炸桧”。

其实，在中国的历史长河中，以“吃”来表达“仇恨”进而发明的菜肴不在少数。比如“白起肉”。据说长平地区的谷口村（也叫杀谷），有一种烘烤的豆腐，就叫 “白起肉”。这个名称的由来皆因秦国白起心地过于残忍，长平之战更是残忍。

当年白起在击败了赵括后，四十万赵军悉数向秦军投降。可白起一时“兴起”，竟然在一日之内坑杀四十万赵军。当地百姓世代憎恨白起，为了祭奠被坑杀的赵军亡灵，就用莜饭作供菜，把豆腐当成肉，用炉火烧烤，用豆腐渣和蒜泥生姜调和成“蘸头”，表示把白起的脑浆捣成泥，与豆腐一起食用，曰“白起肉”。可见其仇之深、其恨之深。都说“杀降不详”，这位残忍的白起最后也被秦王赐剑，令其自刎而死。

据说南宋末年，蒙古人大举南侵，奉命率军抗敌的贾似道却暗中与蒙古人勾结。杭州百姓对于其劣行都恨之入骨，唯有将怨恨发泄在人人都喜爱吃的“南乳肉”上，以寓食其肉寝其皮之意。由于当时贾似道是一品官，所以此佳肴后来就被称为“一品南乳肉”了。

1276年，元朝军队攻占临安。1279年，8岁的小皇帝赵昺被大臣陆

秀夫背着跳海而死，厓山海战后，宋朝彻底灭亡。

照例总结：宋朝历十八帝320年，是中国古代历史上经济、文化教育与科学创新高度繁荣的时代。生活在宋朝是幸福的。不过吃得过了头，总是不好的。虽然宋朝时中国GDP占世界比重60%，为各朝代第一，但它还是消亡了，值得我们反思。

第十七章　吃的差异——元朝

1260年蒙古人忽必烈即位大汗，并建元“中统”。1271年忽必烈取《易经》“大哉乾元”之意改国号为大元，随后又逐步消灭金朝、西夏、大理等国。1276年攻占临安，南宋灭亡。1279年经崖山海战后消灭南宋残余势力，结束了自五代以来的分裂局面。

元朝是中国历史上第一个由少数民族建立的大一统帝国，元朝全称大元或蒙元。

书归正传，咱们还是回到吃的上面来。在每个民族文化领域中，饮食是最有稳定性和特征性的因素，而每个民族的饮食都有其与众不同的特点。一个民族的特质，往往能够形成一种独特的饮食文化。元朝时，国内民族众多，风俗各异，这就决定了元朝饮食习俗文化的多样性和特殊性。但随着国内各民族乃至与外部民族来往的日益密切，各民族饮食习俗相互影响，又呈现出元代饮食习俗文化的开放性和兼容性。

元代，内地汉族的饮食同样继承了中国古代饮食习俗的主要传统，并保持着定居农业民族饮食文化的各种特征。但后来由于蒙古、色目等各民族大量移居内地，带来了他们各自的饮食风习，这一时期外来的饮食习俗对汉族传统饮食习俗产生了明显的影响，尤其是对元代宫廷饮食习俗的影响极大。元忽思慧撰《饮膳正要》所记载的几百种食品中，不仅有汉族、蒙古族、回族等民族食品，而且更多的是华

夷兼容的食品新品种。但由于历史和种族的原因，元代人民的饮食习俗还是有很大差异的。

元初，蒙古人不食谷物，而食牛、羊肉。野味有兔、鹿、黄鼠、猪、野马等。饮料是牛羊马乳外加天然水。烹调方法则以烧烤为主，可能还有炖或是涮。调味品只有盐和野葱野蒜。但在江南地区就不同了，人们的饮食生活水平远非北方可比。江南的名产有砂糖、酒、盐、生姜、高良姜及各种蔬菜等，当地居民还饲养家畜，但一般不饲养羊，而饲养牛、猪、鸡等。

据明初小说《剪灯新语》中反映的元代饮食生活情形看，浙江湖州的居民，每逢有客人来访时，尽管措手不及，无从准备，但还是以吴兴的香糯为饭，以茹溪的鲜鲫鱼为羹，并用乌程的美酒招待客人，其饮食生活的丰富程度由此可见。虽然到后来元朝经济中心南移，东南沿海一度成为中国经济文化中心，但是这里的饮食风俗习惯一直没有太大改观。特别是苏南地区，基本上还是延续了汉人的烹调传统。

元朝的蒙、回两个民族不吃猪肉，这与蒙古人的生活习性有关。蒙古族原来是纯粹的游牧民族，逐水草而居，水草很快就会被牛羊吃完，剩下光秃秃的土地不能养活人和牲畜，所以蒙古人就只能骑着马去另外的地方游牧。要想吃猪肉，那得定居才行。至于回族人不吃猪肉，那是与他们的信仰有关。而造成元朝南北饮食差异的另外一个原因就是元代的疆域空前广阔。

元朝的前身为蒙古汗国。1206年，元太祖成吉思汗建立蒙古汗国时的领土有大漠南北与林木中地区（贝加尔湖一带）。后经由成吉思汗等蒙古诸汗的经营，以及三次西征之后，蒙古汗国的领土则东达日本海与高丽，北达贝加尔湖，南到安南，西达东欧、黑海与伊拉克地区。到了1279年，元世祖建立元朝后灭南宋，当时的疆域更大。北到西伯利亚南部，越过贝加尔湖，南到南海，西南包括今西藏、云南，西北至今新疆东部，东北至外兴安岭、鄂霍次克海、日本海，包括库页岛。据统计，当时的蒙元帝国总面积1300多万平方千米。

元朝承袭大蒙古国主要的领土，经过多次扩展后，于1310年元武宗时期达到最大，西到吐鲁番，西南包括西藏、云南及缅甸北部，北至都播南部与北海、鄂毕河东部，东到日本海，史书称“东尽辽左西极流沙，北逾阴山南越海表，汉唐极盛之时不及也。”

元朝是历史上民族大融合的一个朝代。伴随着民族的大融合，饮食文化也出现出东西南北、中外交融的态势。

随着移都中原，在前承宋代饮食业兴旺发展的基础上，元朝的饮食业十分兴旺。由于元朝的蒙古人自己不会生产生活必需品，对商品交换依赖较大，同时亦受儒家轻商思想较少，故元朝比较提倡商业。因此，元朝的商品经济十分繁荣。这样一来，就使元朝成为当时世界上相当富庶的国家。商品交流也促进了元代交通业的发展，改善了陆路、漕运，内河与海路交通。而元大都也成为当时闻名世界的商业中心，这就为这个时期的饮食大发展、大交融提供了便利条件。

史书上记载：元都城大都茶楼、酒馆林立，大都以外的城市及乡镇，酒肆、茶坊、饭店也相当普遍。然而，由于长期积淀在各民族文化中的饮食特点和方式仍然扎根于各民族人民的心理构成中，因此饮食文化还是因民族不同而不同。就拿进餐方式来说，汉族与蒙古族就有所不同。中国古代汉族，一天两餐比较普遍，唐宋时，一日三餐逐渐增多。而到元代，汉族人已普遍实行一日三餐，但蒙古族往往一日两餐。汉族常见的主要食具有筷、匙、碗、碟、锅等，而蒙古族则用匕（匙）、箸、叉、小刀等。从内容上看，汉族人们副食仍旧以蔬菜为主，加以肉类、果品。蒙古族则以肉食、乳品为主，菜蔬、果品则处于次要地位。其实这也是长期的饮食习惯造成的。但是总体来说，元代的饮食内容还是非常丰富的。

元代稻米以江南最盛，当地居民以稻米为主食，稻米在中原地区居民的饮食中也占有一定比例，大都的居民就以稻米为主食。肉类中，羊肉最为重要。朝廷举行宴会，主要供应羊肉。民间食肉，也普遍食羊，送礼的佳品也以肥羊为上。也难怪，蒙古人就是养羊的行家。当然，后来随着蒙汉的融合，猪肉也占有一定的比例。跟以前的朝代一样，元代对宰杀牛马严加控制。因此牛肉、马肉在人们的饮食结构中比例不大。那时不像现在，野生动物比较多，所以，野生动物的肉亦占有相当比例。元朝人食用的蔬菜比较常见的有20多种，果品有南北普遍出产的梨、桃、梅、杏、枣、栗、柿、葡萄、西瓜等。面食中出现了“挂面”，“挂面”起初主要在宫廷，后来普及于民间。

元代饮茶已成为各民族、各阶层共同的嗜好。元代饮茶有“点”“煎”之分。其中“煎”是宋代没有的。元代马奶酒、葡萄酒盛行，但以汉族为主的广大农业区主要饮用的还是粮食酒。蒙古语称米酒为“答剌速”。在酒类中，元时还流行药酒，可祛病强身，有滋补的功效。值得注意的是，元代从海外引进了蒸馏技术，并应用到酿酒工艺中，并且很快在全国传播，当时称这种制法的酒为烧酒、白酒，日后成为了中国酒的一个重要品种。

和宋代一样，元代汤饮也十分流行。在宫廷中有人参汤、四和汤、橘皮醒醒汤等。民间则流行醒醒汤、熟梅汤、天香汤、须问汤等。由此可见，饮汤已经成为元代食疗的一种重要方法。

更值得一提的是，蒙元帝国时期的饮食宴会之风比起前朝甚盛。元朝的宴会名目繁多，过年过节要饮宴，婚嫁生日要饮宴，请托酬谢要饮宴，亲朋聚会要饮宴，君臣议事要饮宴，尤其是举办类似忽里台大会那样的大规模朝会更需要饮宴。

因此，曾在忽必烈手下做过高官的王恽在一篇为友人写的碑文中说：国朝大事，曰征伐，曰搜狩，曰宴飨，三者而已。王恽之所以将蒙元帝国最高统治者举行的宴会与战争、狩猎视为同等重要的大事，是因为按当时蒙古人的习惯，国家大事都要在宴会上讨论决定。而这一习惯的形成，和蒙元帝国建立前蒙古社会的游牧生活方式以及部落组织形式有着密切的关系。

当然，除了统治者举行的宴会，蒙古人也经常通过举办形形色色的宴会来联络彼此的感情，讨论事务，相互交往。虽然宴会的规模、档次，因举办者的身份、地位、财力、嗜好而有所不同，但由于在当时是比较普遍流行的一种聚餐方式，因此，也相对集中地反映了当时社会人们的饮食习俗和饮食养生价值取向。既然介绍到蒙古人好摆宴席，那就要介绍一下有着蒙古特色的“诈马宴”。

“诈马宴”，是由蒙古大汗或是元朝皇帝在遇到节庆或其他主要事件时举行的大型宴会。“诈马宴”又称“质孙宴”，是蒙元帝国时期最高档次也是最负盛名的国宴。元人周伯琦有幸在元上都参加了一次由元朝皇帝举办的诈马宴，事后写了一首情文并茂的诗篇《诈马行》。诗前有一篇序，对诈马宴的盛况做了比较简练而又全面的介绍。

“国家之制，乘舆北幸滦京，岁以六月吉日命宿卫大臣及近侍，服所赐济逊（质孙）珠翠金宝衣冠腰带，盛饰名马，清晨自城外各持彩仗，列队驰入禁中。于是上盛服御殿临观，乃大张宴为乐，唯宗王、戚里、宿卫、大臣前列行酒，余各以所职叙坐合饮。诸坊奏大乐，陈百戏。如是者凡三日而罢，其佩服日一易。大官用羊二千，嗷马三匹，他费称是，名之曰济逊宴。济逊，华言有色衣也，俗呼曰诈马筵。”

通过他的记述，我们可以大致想象出诈马宴举办的程序以及其壮观、奢华的情景。第一，诈马宴要在预先选定的日子里举办。第二，参加诈马宴的人须着盛装，如果宴会连续举行数天，还必须一天

换一种颜色的服装，而且每天的着装不得重样、重色。第三，按规定就座，乱坐就有可能被杀。第四，颁宴前朗读《大扎撒》。大扎撒，意为“大法令”，是成吉思汗在蒙古帝国建立初制定的简单成文法，由蒙古的习惯法和成吉思汗的“训言”等组成。第五，正式颁宴。第六，宴筵中穿插有歌舞杂技助兴。

一位南宋宫廷乐师写过一首《忽必烈开宴歌》，虽然记录的是忽必烈设宴款待投降后的南宋小皇帝母子时的情景，我们却也可以从中窥见蒙元宫廷举办诈马宴一类宴会时的奢华情景。

“皇帝初开第一筵，天颜问劳思绵绵。大元皇后同茶饭，宴罢归来月满天。第二筵开入九重，君王把酒劝三宫。驼峰割罢行酥酪，又进雕盘嫩韭葱。第三筵开在蓬莱，丞相行杯不放杯。割马烧羊熬解粥，三宫宴罢谢恩回。第四排筵在广寒，葡萄酒酽色如丹。并刀细割天鹅肉，宴罢归来月满鞍。第五华筵正大宫，辘轳引酒吸长虹。金磐堆起胡羊肉，乐指三千响碧空。第六筵开在禁庭，蒸麋烧麝荐杯行。三宫满饮天颜喜，月下笙歌入旧城。第七筵排极整齐，三宫游处软舆提。杏浆新沃烧熊肉，更进鹌鹑野雉鸡。第八筵开在北亭，三宫丰燕已恩荣。诸行百戏都呈艺，乐局伶官叫点名。第九筵开尽帝妃，三宫端坐受金卮。须臾殿上都酣醉，拍手高歌舞雁儿。第十琼筵敞禁庭，两厢丞相把壶瓶。君王自劝三宫酒，更送天香近玉屏。”

这首诗将诈马宴上吃什么喝什么介绍得非常详尽。由此可以看出，蒙古人的宴会虽然不像以前朝代吃得那样“有文化，有内涵”，但也是气势磅礴，大有前无古人后无来者的气势。当然，诈马宴只是元朝宴席中的有代表性的，除了诈马宴外，还有“赏花宴”等。

其实，身处统治阶级的蒙古人不但能享受到高规格的诈马宴赏花宴，还能享受到具有草原特色的“全羊宴”。

全羊宴，又称“全羊大筵”，是由一系列以羊肉为主料的馔食组成。据考证，这种风味独特的筵宴，早在成吉思汗时代就已风靡蒙古草原了。

据《青史演义》记载，在成吉思汗三十九岁的那年新春，成吉思汗就以蒙古大汗的身份举办过九桌全羊大筵。元朝建立以后，以羊肉为原料主办筵宴的风俗在新形势下又有了新的发展，这一点在陶宗儀《饮膳正要》中有翔实的记录。而到了清康熙年间，全羊席就更加丰盛完备了。据考证，宴席上的菜肴多达百种左右，许多羊肉菜不仅形色不同，口味各异，做得还十分考究，而且连菜名都起得别具一格。

据《蒙古族风俗志》介绍，全羊宴七十六道菜的菜名，道道菜名都看不到一个“羊”字。如：以羊眼睛做的菜，名为“玉珠顶”；以羊百叶做的菜，名为“素菊花”；以羊脑做的菜，名为“烩白云”；以羊骨髓做的菜，名为“烩凤髓”；以羊蹄筋和骨髓合烧的菜，名为“蜜汁髓筋”。总之，以不同部位的羊肉做成的菜都有一个各具特色的名称，如“五香兰肘”“樱桃豆腐”“锅烧腐竹”“清炖百合”“酥烧枇杷”等。

全羊宴上菜的次序也十分讲究，一般先上羊头菜，然后四个菜为一组，一道道奉上，最后才是各色点心、小吃等主食。清乾隆年间袁枚编撰的《随园食单》里就有全羊宴总共七十二道菜肴的记载。其中常见的吃法和做法有：烤全羊、手把肉、腊羊肉、烤羊肉、烤羊腿、用羊肉炒菜、用羊肉做汤、调羹，用羊肉熬粥，等等。

从中我们可以看出，全羊宴上的菜肴，虽然道道菜肴不见羊字，但其实道道都离不开羊肉。因此，我们也可以这样理解，所谓全羊宴，实际上是蒙古人对羊肉吃法、做法的一个大荟萃、大展示。

说到“全羊宴”，咱就不能不侃侃全羊宴中的烤全羊，这可是蒙古人宴会上的一道大菜，又称“内蒙功勋烤全羊”，蒙语称为“昭木”。据史料记载，它是成吉思汗最喜爱吃的一道宫廷名菜，也是元

朝宫廷御宴诈马宴中不可或缺的美食，其制作方法也一直由宫廷御厨及大都的各亲王府内的厨师秘密掌握，绝不外传。

其实烤全羊最初的烤法很简单。据《蒙古秘史》等史书记载，成吉思汗时代，蒙古军队打仗造饭，经常搭个三角架子挂整只羊烤着吃，后来经过蒙古的宝儿赤（厨师）完善加工工艺，才逐渐发展成现在这个样子。烤全羊必须选用两年左右的肥羯羊。将宰杀好去毛儿带皮整只羊准备好，把调料分别撒入腹腔及4条腿的厚肉上，并将特制的调料和熬制好的酱油等调味汁均匀地刷在羊身上，烤制前须用沙漠植物"索索材"将烤炉提前烧热4小时左右，然后将炉内的火除净，稍凉片刻后，将整只羊吊在烤炉内，封口焖烤4小时制熟。出炉前，还要稍加炭火，使烤炉升温。这样烤出来的羊形状完整、色泽枣红、羊皮酥脆、肉质鲜嫩、口味浓香。由于羊肉中含有丰富的脂肪、蛋白质、钙、铁以及纤维素等，所以对体质虚弱、胃寒、贫血等人有很好的补虚和保健功效，同时也保证了蒙古勇士强健的体魄。

蒙古人的美食不止烤全羊这些，他们还有"八珍"。不过他们的"八珍"跟我们传统意义上的"八珍"不同，是"蒙古人的八珍"，又称"北八珍"。

"八珍"起源于周代，原本是烹调风俗。但蒙古八珍却后来居上，从蒙元时代一直风行至明清，甚至到今天。对蒙古八珍的具体组成和解释历代虽然略有不同，但根据元人陶宗儀著的《南村辍耕缘》记载，基本可以确定所谓的蒙古八珍，其实并不是什么十分罕见、难得的山珍海味，它们只不过是八种蒙古人常见饮食的总称。这八种饮食几乎有一半就是现在蒙古人常吃常喝的用牛羊乳制成的食品和饮料。八珍具体的名称是：醍醐、麆（zhù）沆、野驼蹄、鹿唇、驼乳麋、天鹅炙、紫玉浆、元玉浆。醍醐：就是牛奶中提炼出来的精华。提炼乳酪时，上层凝结的为酥，酥上带油的为醍醐。麆沆：就是獐的幼羔。野驼蹄：在草原上，野驼的蹄子是与熊掌齐名的营养食品。鹿唇：不仅指鹿的口唇，还包括犴的口唇，以及鹿尾等，均是十分名贵的养生滋补食品。驼乳麋：就是骆驼奶。天鹅炙：是烤天鹅肉，据说烹调法就像今日做北京烤鸭。紫玉浆、元玉浆：就是马奶酒或酸马奶，只不过是名称典雅一点罢了。

从上述介绍不难发现，所谓“八珍”，是按蒙古人对食品的分类，除了红食（乌兰伊德），就是白食（查干伊德）。蒙古人最爱吃的红食，在诈马宴和全羊宴中已经作过介绍，而所谓白食，就是蒙古人最爱吃的奶制品，包括鲜奶、酸奶、奶皮子、奶豆腐、奶油、奶酪等。

介绍完“北八珍”，咱们还是回到蒙古人的宴会。正是由于蒙元统治时期宴会之风盛行，才促进了元朝社会饮食业的发展。史书记载，元朝人不但好吃、讲究吃，并且为了吃好还设有专门的机构。

话说当年蒙元帝国将政治统治中心南移到大都以后，元朝中央政府就把前代主要掌管朝会、祭祀、宴享、御膳的宣徽院，改造成了一个主要负责宫廷、王室、怯薛（皇家卫队）以及蒙古故土（漠北）王公贵族等饮食起居的专门机构，并且在宣徽院内专门设立了负责粮食存储、食品供应的光禄寺。

光禄寺的主管光禄寺卿，级别为正三品。光禄寺所属的尚饮局、尚酝局在上都亦设有同等级别的办事机构。蒙古帝国时期的怯薛（皇家卫队）具有护卫大汗、宫廷服役、行政差遣等多重职能，皆为世袭。入元以后，怯薛组织依旧保留，备受优遇，并成为元代高级军政官员的主要来源。而且有些怯薛的职责逐渐发展成为专门的内府结构，如速古儿赤（供御衣物者）组成了侍正府，宝儿赤（厨师）当了尚膳监的负责人。因此，元朝皇帝日常饮食和宫廷宴会的管理，常常由怯薛和宣徽院所属的专门机构分别或共同管理。为了保证皇帝的饮

食安全和食品卫生，不仅在大都和上都的皇城内设置了专门的御膳房、御膳亭，而且还为为宝儿赤（厨师）专门准备了生活起居的专用房间——“庖人之室”。

闲侃几句，除了饮食管理机构建设外，元朝宫廷对饮食卫生制度建设也十分重视。据陶宗儀著的《南村辍耕锑》和马可·波罗著的《游记》等史料记载，早在元世祖忽必烈在位时，元朝宫廷就已经规定，给皇帝传送食品的人，必须用面纱或绸巾遮住自己的嘴巴和鼻子，以免呼出的浊气影响食物的清洁卫生。另外，元朝的蒙古人还非常讲究饮食养生。

忽思慧的《饮膳正要》对于蒙元贵族讲究饮食养生有比较集中的记述。忽思慧认为，人的饮食养生，与其他养生保健活动一样，也要与一年四季时光的流转、气候的变化规律相适应。他在《饮膳正要》“卷二·四时所宜”中说：春气温，宜食麦，以凉之，不可一於温也，禁温饮食；夏气热，宜食菽，以寒之，不可一於热也，禁温饮食，饱食；秋气燥，宜食麻，以润其燥，禁寒饮食；冬气寒，宜食黍，以热性治其寒，禁热饮食。

从以上记述我们不难发现，当时以忽思慧为代表的蒙古宫廷医生，主张吃东西要与一年四季时光的流转、气候的变化规律相适应，既赞同汉医学的“春夏养阳，秋冬养阴”这一基本饮食养生原则，又有自己独特的见解。

忽思慧在《饮膳正要》中还告诫人们，并非所有的食物都是安全卫生有利无害的，还列举了一些不能吃或吃了有害的食物。如麦有秽气，不可食；生料色臭，不可食；浆老而饭馊，不可食；煮肉不变色，不可食；诸肉非屠杀者，勿食；猪羊疫死者，不可食；曝肉不干者，不可食；鱼馁者，不可食；诸果虫伤者，不可食，等等。而其中的“麦有秽气，不可食”，也和宋朝南人不太爱吃面食的看法类似。

我们都知道，蒙医药和养生是蒙古族丰富文化遗产的一部分，也是祖国医学的重要组成部分。蒙古宫廷医生认为，与不同的食物有酸、甘、苦、辣、辛、咸、涩等不同的味道一样，不同的食物也具有不同的营养价值和养生作用。《饮膳正要》“卷二·五味偏走”就明确指出：酸涩以收，多食则膀胱不利，为癃闭；苦燥以坚，多食则三焦闭塞，为呕吐；辛味熏蒸，多食则上走於肺，荣卫不时而心洞。咸味涌泄，多食则外注於脉，胃竭，咽燥而病渴。甘味弱劣，多食则胃柔缓而虫过，故中满而心闷。因此，忽思慧主张无论哪一种食物，都不得摄入过量，更不能偏嗜偏食。因为“多食酸，肝气以津，脾气乃绝，则肉胝肋而唇竭。多食咸，骨气劳短，肥气折，则脉凝泣而变色。多食甘，心气喘满，色黑，肾气不平，则骨痛而发落。多食苦，则脾气不濡，胃气乃厚，则皮槁而毛拔。多食辛，筋脉沮弛，精神乃央，则筋急而爪枯。唯有兼收并蓄，平衡摄入五谷为食，五果为助，五肉为益，五菜为充，气味合和而食之才能“补精益气”，才能有助身体的健康。

忽思慧著的《饮膳正要》记载：元仁宗在新疆打败了沙皇侵略军队，班师回到了大都。但因数年的军营生活，四处奔波，操劳过度，导致肾气亏虚，患了阳痿，十分痛苦。太医忽思慧知道后，发明了一种以羊肾、羊肉和韭菜为主要原料熬制的“羊肾韭菜粥”为他调治，每日食用，不到3个月，元仁宗的阳痿竟愈，还使王妃怀了孕。他非常高兴，于是就将此粥列为宫廷膳食良方，经常服食。上有所好，下必甚之，后这一妙方传到民间，百姓也以之神奇，纷纷效仿。说实话，这款“羊肾韭菜粥”的疗效是不是像《饮膳正要》记载的那样神奇，还有待考证。

马可·波罗在《东方见闻》一书中记载道：东方的黄金国里，居民们喜欢吃奶冰。所谓奶冰，就是在元朝人冰点的基础上做出来的

“冰激凌”。

据考证，元人将平常食用的蜜糖、珍珠粉混入其中，这样凝成的冰像沙泥一样，比冰块要柔软很多，入口即化。据说为了保守制作工艺的秘密，元世祖忽必烈还颁布了一条除王室外禁止制造“冰激凌”的敕令。直到13世纪马可·波罗离开中国时，才把冰激凌的制作方法带回意大利，后又传到法国和英国。据说当年英王亨利五世举行加冕典礼时，就曾经用这种“冰激凌”来宴请宾客，当宾客吃过这道冰凉清香的甜点，赞赏备至，后得知它源于古老的中国时敬佩不已。

其实，元朝人发明冰激凌也不是一蹴而就的，很有可能是总结了前人食“冷饮”的方法，并加以总结完善才发明出的。冷饮在古时被称为“冰食”。国人食“冰食”的传统源远流长，至今已有3000多年的历史。史书记载，早在周朝就设有专掌“冰权”的“凌人”。《诗经·豳风·七月》中就有这样的诗句：二之日凿冰冲冲，三之日纳于凌阴。这是当时的奴隶们唱的一首农事歌，二之日、三之日指的是旧时的十二月和正月。翻译过来就是：十二月，把冰凿得咚咚响。正月里，把它藏进冰窖。“凌阴”就是藏冰室。为什么把冰藏进冰窖呢？是因为当时的富贵人家已知冬日凿冰贮藏于窖，以备来年盛夏消暑之需。到了春秋末期，冰的用途就更广泛了。诸侯喜爱在宴席上饮冰镇米酒。《楚辞·招魂》中有“挫横冻饮，酎清凉些”的记述，赞赏冰镇过的糯米酒喝起来既醇香又清凉，可见当时冷饮制作的水平已相当高超了。三国时期的藏冰之俗更盛。到了唐代，市面上就已经开始公开出售冰制品了。冷饮在宋代发展得很快，而且种类繁多，甚至出现了卖冷饮专卖店。元代，冷饮有了新的突破，在冰中加入蜜糖和珍珠粉。元好问《继夷坚志》中就有：洮水冬日结小冰，圆洁如珠，盛夏以蜜水调之加珍珠粉。这就是真正意义上的“冰激凌”。当然，这里的珍珠粉指的是焙干粉状的牛奶，类似于今天的奶粉。

据说马可·波罗是第一个发明比萨饼的人，但是，比萨来自中国，可能就有好多人不知道了。

《六人行》中的意大利人马可·波罗酷爱比萨。香气四溢的比萨拈在手中，往口里一送，馅料软滑，皮层柔韧，回味无穷。如此美味的比萨，有人道是源自于中国的“葱油饼”。

据说马可·波罗旅居中国，最爱吃北方的葱油饼，回到意大利后更是对葱油饼日思夜想，却苦于不会烤制。后来，他终于在朋友们家中的聚会上找到一位愿意为他做“葱油饼”的那不勒斯厨师。

然而，中国的“葱油饼”并不好做。那位那不勒斯厨师做了半天也不知道怎样把馅料放入揉好的面团中。此时大家已是饥肠辘辘。于是马可·波罗就提议将馅料放在面饼上，把面饼烘烤后进食。然而这种新式“葱油饼”就受到大家的一致称赞。而那位那不勒斯厨师回到家乡后又将“葱油饼”配上那不勒斯的乳酪和食材，才创造出了口味独特的“比萨”。据说意大利的面条也是源于中国，为此，中意双方还争论了好一阵子。

书归正传，还是回到元朝。话说蒙古人统一中国建立元朝后，幸福生活开始。但由于饮食习俗和本性的不同，他们老是想改变点儿什么。可以理解，一般的统治者都有点想法。于是就改，改来改去就改变了很多中原原有的规矩。说实话，都改得很糟糕，在这些糟糕的规矩中，有一条规矩很有趣，当然，也更糟糕。

早在大蒙古国时期，成吉思汗攻占中原后，就有位大臣提出，将当地汉人驱赶，把中原变成蒙古人的大牧场。但成吉思汗的谋士契丹人耶律楚材以可以向汉人征收大量税收为由反对这个计划，该提案才没有实施。因为那时的蒙古人不食谷物，甚至一度认为面食有毒！当然，这也是蒙古人长期食肉的饮食风俗偏见所致。

另外，元朝还存在非常严重的等级歧视制度。一种常见的说法

是将臣民分为四等，即蒙古人、色目人、汉人、南人。这种划分反映在一系列不平等的政策和规定中。比如禁止汉人打猎、学习拳击武术、持有兵器（如数家才可共用一把菜刀）、集会拜神、赶集赶场作买卖，甚至在夜间都不许走路。杀蒙古人的偿命，杀色目人的罚黄金四十巴里失，而杀死一个汉人，只要缴一头毛驴的价钱。色目人、汉人、南人要想在朝廷谋个一官半职就更没门儿了，比登天还难。

这些规矩和等级歧视制度，也造就了元朝饮食的另外一个特点，就是身处统治阶级的蒙古贵族，想吃啥就吃啥，没人敢说也没人敢管，而普通老百姓就只能有啥吃啥了。但就是这样的制度还造就了一种美食的诞生，那就是刀削面。

据说蒙古鞑靼侵占中原后，为防止“汉人”造反起义，将家家户户的金属全部没收，并规定十户用厨刀一把，切菜做饭轮流使用，用后再交回鞑靼保管。一天中午，一位老婆婆将棒子、高粱面和成面团，让老汉取刀。结果刀被别人取走，老汉只好返回，在出鞑靼的大门时，脚被一块薄铁皮碰了一下，他顺手拣起来揣在怀里。回家后，锅开得直响，全家人等刀切面条吃。可是刀没取回来，老汉急得团团转，忽然想起怀里的铁皮，就取出来说：“就用这个铁皮切面吧！”老婆婆一看，铁皮薄而软，喃喃地说：“这样软的东西怎能切面条？”老汉气愤地说：“切不动就砍”。砍字提醒了老婆婆，她把面团放在一块木板上，左手端起，右手持铁片，站在开水锅边“砍”面，一片片面片落入锅内，煮熟后捞到碗里，浇上卤汁让老汉先吃，老汉边吃边说：“好得很，好得很，以后不用再去取厨刀切面了。”这样一传十，十传百，“砍着砍着”，刀削面就传遍了晋中大地，直至今日。

这就是刀削面的来历，不过它只是个传说但能反映出古代劳动人民吃的智慧和元朝社会的黑暗。

要说到刀削面，咱就不能不介绍一下晋菜。晋菜在现代发展中落后了，许多外地的消费者，包括本地人也只知道山西刀削面等面食，晋菜名典也只知道有“过油肉”，其实，晋菜的历史也是非常悠久的。

晋菜，又叫山西菜。是以山西为发源地的菜系，风味以咸香为主，甜酸为辅。晋菜选料朴实，烹饪注重火功，成菜后讲究原汁原味，擅长爆、炒、熘、煨、烧、烩、扒、蒸等多种烹饪技法，地域特点明显，风味特色各异。晋菜按流派可分为南、北、中三派。南路以运城、临汾地区为主，菜品以海味为最，口味偏清淡。北路以大同、五台山为代表，菜肴讲究重油重色。中路菜以太原为主，兼收南北之长，选料精细，切配讲究，以咸味为主，酸甜为辅，菜肴具有酥烂、香嫩、重色、重味的特点。当然，晋菜还有一种按地域的分法为：晋中菜、晋南菜、晋北菜。

晋菜即使如此细分，也很难涵盖晋菜所有的特点。比如晋中菜系中，根据烹饪技法和菜肴特点，又可以分为“行菜”和“庄菜”两个大类。“行菜”也称为“市井菜”，泛指在社会餐饮行业中广为流传的常见菜肴。其特点是用料广泛，烹饪手法多样，讲究成菜后的造型，是饭庄、酒楼、驿站日常经营的大路菜肴。

而“庄菜”与“行菜”不同，主要是指源于晋中地区的富商巨贾、钱庄票号、官宦世家以及官府等特殊场所专供自己享用的菜肴通称，说白了就是有钱有势的人吃的美食。那说到这群人，就不能不说说晋商。

晋商，通常意义的晋商指明清500年间的山西商人，是和最古老商帮——秦商齐名的一支商人帮会。而晋商跟秦商不同，晋商主要经营盐业，票号等商业，尤其以票号最为出名。

其实，晋商可以追溯到隋唐之间的武士彟，当年武则天之父、李

渊父子从太原起兵时，木材商人武氏从财力上大力资助，李渊父子的就是凭借当时天下最精华的太原军队和武氏的财力开始夺取全国政权的。另外，晋商也为近代中国留下了丰富的建筑遗产，著名的乔家大院、常家庄园、曹家三多堂等。

跟秦商一样，晋商对山西菜的发展也功不可没。特别是在明清之际，在晋商的带动下，晋菜众取所长，体系优异，也曾风靡一时。于是，一批晋菜也曾走出娘子关，随着晋商的足迹传遍大江南北，像晋菜中的传统名菜有糖醋鱼、锅烧羊肉、拔丝山药、铁碗烤蛋、腐乳肉等。山西著名的风味小吃“头脑”、刀削面、拨鱼、猫耳朵、莜面、闻喜饼等，一度成为了中国人餐桌上的美食，让三晋人民引以为荣。

山西面食尤其著名，品种多，吃法别致，风味各异，成品或筋韧或柔软，无不滑利爽口，余味悠长。最奇的是山西面食可以成宴，且从头至尾不会相同。

介绍了晋菜，咱们书归正传回到元朝。跟历史上的王朝一样，到了元朝后期，统治腐败、宰相专权、内乱频发，更加深了民族之间的矛盾。

史书记载，元朝的统治者——蒙古大汗可以随时把汉人视如生命的农田，连同农田上的汉人，像奴隶一样赏赐给皇亲国戚——亲王公主或功臣之类。在南宋灭亡后所举行的一次赏赐中，少者赏赐数十户数百户，多者竟赏赐十万户。每户以五口计，一次就得到五十万个农奴。汉人忽然间失去他祖宗传留下来的农田，而自己也忽然间从自由农民沦为农奴。蒙古人可以随意侵占农田，他们经常突然间把汉人从肥沃的农田上逐走，任凭农田荒芜，生出野草，以便畜牧。遇到征伐战争，差别待遇较平时更甚。像1286年，为了进攻安南，征用全国马匹，色目人三匹马中只征两匹；而汉人的马，无论多少，全部征收。以后不断征马，每次如此，汉人的马就成为珍品。所以在元朝普通人

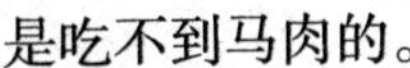
是吃不到马肉的。

在元朝，“主”以上的地方政府首长全由蒙古人担任。汉人是不能当官儿的，当蒙古人不够分配，或中亚人贿赂够多时，就由中亚人担任。汉人想当官儿，门儿都没有。而且蒙古官员大多数是世袭的，每一个蒙古首长，如州长、县长，他所管辖的一州或一县，就是他的封建采邑，汉人则是他的农奴，他们对汉人没有政治责任，更没有法律责任。

其实，在元朝，许多蒙古贫民生活也很困苦，到了元朝中叶，常有大批蒙古贫民在大都、通州等地被贩卖，色目人也有不少沦为奴仆的。看来，享乐的还是少数贵族阶级。顺便说一句，元代始终没有颁布完备的法典，这样的朝代历史上没有，恐怕今后也不会有。

元朝统治者的所作所为，导致元末大规模的农民起义，各地人民纷纷起兵反抗元朝暴政。1368年朱元璋领导的农民起义军攻占南京，改国号为大明，正式建元称帝，随后明军北伐，占领元大都，后元政权退居沙漠，又开始“啃草皮”，史称北元。1402年元臣鬼力赤篡位建国鞑靼，北元亡。至此，元朝彻底消亡，历史又进入大一统的明朝。

结尾照例总结：吃的都不一样，元朝灭亡是注定的事。

第十八章 吃垮的政权——明朝

由于元朝统治者日益残暴黑暗，南宋灭亡50年后，终于爆发了元末农民起义。朱元璋参加了当时的濠州大帅郭子兴领导的红巾军分支，经过多年的南征北战，1364年，朱元璋自称吴王独霸一方，史称西吴政权。1368年，朱元璋称帝，以应天府（南京）为京师，国号大明，年号洪武，建立了明朝，朱元璋即为明太祖。不久他又命徐达、常遇春等人北伐，攻占大都（今北京），蒙元统治者北逃，结束了在中原89年的统治，中国再次回归到由汉族建立的王朝——明朝的统治之下。因明朝的皇帝姓朱，故又称朱明。

明太祖朱元璋，原名朱重八，后取名朱兴宗，最后才改名为朱元璋。“璋”原意指一种带尖儿的硬玉，是古代朝聘、祭祀、丧葬、发兵用以表示的瑞信。老朱之所以改这名字就是要告诉天下，他跟元朝势不两立，自己就是诛杀元朝的那块带尖儿的硬玉。

朱元璋是农民出身。他十多岁就开始给地主放牛，吃的是世界上最恶劣的饭食，受尽了世间苦难和元朝的残酷统治。所以他即位后一方面减轻农民负担，恢复社会经济生产，另一方面改革元朝留下的糟糕吏治，惩治贪污的官吏，使明朝的社会经济得到迅速的恢复和发展，历史上称这一段时期为“洪武之治”。

据陈梧桐著的《朱元璋大传》记载，明太祖朱元璋非常勤恳，事必躬亲，甚至在一段时间里还取消了宰相制度，到后来一个人忙不过

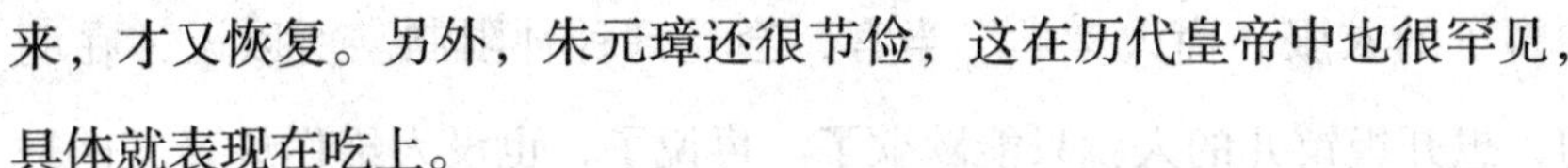

来，才又恢复。另外，朱元璋还很节俭，这在历代皇帝中也很罕见，具体就表现在吃上。

话说朱元璋取得了江山后，一日，与马皇后忆苦思甜，念及贫贱时想吃豆腐而不得，不由叹息不已。马皇后贤淑，进言：大明初立，民生凋敝，百废待兴，陛下当以节俭治天下。朱元璋称：善！于是下诏：崇尚俭朴、禁止奢华，从朕做起，只用蔬菜，外加一道豆腐。他还明谕后世也照此执行，使皇子皇孙们“知外间辛苦也”，这成为明朝自始至终的一条皇家家规。

而他所用的床，也无金龙在上，“与中人之家卧榻无异”。他命工人给他造车子造轿子时，按规定应该用金子的地方，都用铜代替。朱元璋还在宫中命人开了一片地来种菜吃。洪武三年（1370年）正月的一天，朱元璋拿出一块被单给大臣们传示。大家一看，都是用小片丝绸拼接缝成的百纳单。朱元璋说：此制衣服所遗，用缉为被，犹胜遗弃也。

当了皇帝的朱元璋仍保持着朴素的农民道德，对天下老年人施以特别的尊重。他颁布《存恤高年诏》，规定：所在有司精审耆民……年八十、九十，邻里称善者，备其年甲、行实，具状来闻。贫无产业，八十以上，月给米五斗、肉五斤、酒三斗；九十以上，岁加赐帛一匹、絮十斤；其田业仅足自赡者，所给酒、肉、絮、帛如之。

话说这位脑袋长得有点像独门兵器月牙铲的朱元璋，还是一个坚定的重农抑商主义者。在他眼里，商人都是不劳而获者。农民（他以前也是）在土地上辛辛苦苦地用汗水换来的是实实在在的粮食，而商人们只是把货物在各地交换一下罢了，货物总量并没有增加，却像变魔术一样地变出了许多额外的利润，这无论如何让他想不通，因此朱元璋就成了中国历史上最为轻商的皇帝。为了贬抑商人，他特意规定，农民可以穿绸、纱、绢、布四种衣料。而商人却只能穿绢、布两

种料子的衣服。商人考学、当官，会受到种种限制。所以说，在明初，想开饭馆儿的人就只能歇歇了。再说了，也没人给你炒菜。这是为什么呢？咱就在这里说明一下。

在明朝，对任何事都大包大揽的朱元璋规定，平常人按职业划分可分为民户、军户、匠户等。其中民户包括儒户、医户等，军户包括校尉、力士、弓兵、铺兵等，匠户分委工匠户、厨役户、裁缝户等。这些户的划分是很严格的，朱元璋制定这些制度的目的也很明确，主要是为了用人方便，要打仗就召集军户，要修工程就召集匠户。如果要想办个几百桌的大宴，那就召集匠户中的厨役户。

从这点我们可以看到，这样的划分实在是不科学的，不但民户军户这些大户之间不能转，同一户内不同的职业也不能转。所以说，在明朝是不可能出现有名气的大厨的，也没机会，至少在明初是这样的。但有一个人却是例外，她就是董小宛。

董小宛是一名歌妓，而且是秦淮乐妓，即南礼部教坊司的官方歌妓。歌妓和妓女是不一样的。她们从小就接受培训，琴棋书画无所不能，不仅人长得漂亮，还色艺俱佳。而董小宛跟普通的歌妓也不一样，因为她还很会做饭。这里需要说明的是，歌妓只卖艺不卖身。

董小宛（1624—1651），名白，字小宛，一字青莲，苏州人，因父母离异生活贫困而沦落青楼。她16岁时，已是芳名鹊起，与柳如是、陈圆圆、李香君等同为“秦淮八艳”。

其实给我们留下深刻印象，并能记住董小宛的是她和冒辟疆的爱情故事。冒辟疆叫冒襄，字辟疆，后人习惯称他为冒辟疆。他是江苏如皋人，生于明万历三十九年（1611年）三月十五日。明清时期，如皋城里的冒氏家族人才辈出，是当地的名门望族，也是一个文化世家。冒辟疆与方以智、陈贞慧、侯方域合称明复社四公子。

托尔斯泰曾经用这样的话形容过厨师：上帝给我们送来了食物，

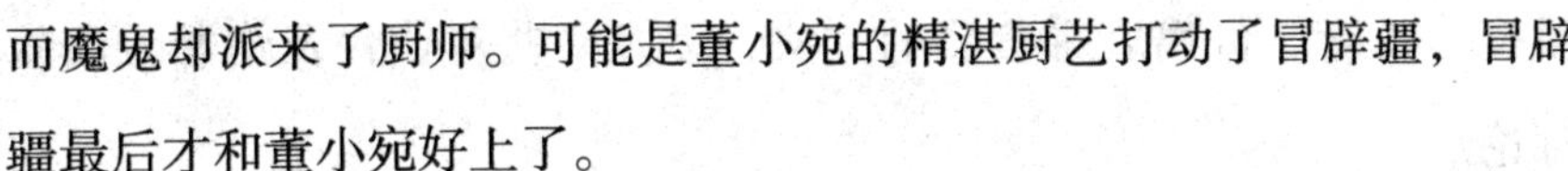

而魔鬼却派来了厨师。可能是董小宛的精湛厨艺打动了冒辟疆，冒辟疆最后才和董小宛好上了。

虽然富家公子和青楼姑娘的爱情故事总是令人心醉，但最后的结局大多数很凄惨。跟怒沉百宝箱的杜十娘不同，董小宛和冒辟疆最后喜结连理，有情人终成眷属，虽然董小宛死的时候只有二十七岁，虽然嫁给冒辟疆的身份是小妾，但这并不影响两人之间的感情。

史书上记载，小宛经常研究食谱，看到哪里有奇异的风味就去访求它的制作方法。现在人们常吃的虎皮肉，即走油肉，就是她发明的，因此，虎皮肉还有一个鲜为人知的名字叫“董肉”。据说当时的抗清名将史可法就很待见“董肉”，说这东西可称得上是“天下第一绝”。

小宛还善于制作糖点，她在秦淮时曾用芝麻、炒面、饴糖、松子、桃仁和麻油作为原料制成酥糖，切成长五分、宽三分、厚一分的方块，这种酥糖外黄内酥，甜而不腻，人们称为“董糖”。《崇川咫闻录》记载：董糖，冒巢民之妾董小宛所造。

《影梅庵忆语》中更详细记载了董小宛制作桃膏、瓜膏，还有红腐乳的方法。当然这是环境好的时候才能做的美食，到后来家境中落时，小宛的厨艺也能体现出来。

话说董小宛跟冒辟疆结婚后，由于生逢乱世，战乱过后，和许多普通家庭一样，冒家辗转回到劫后的家园，缺米少柴，日子变得十分艰难，多亏董小宛精打细算，才勉强维持着全家的生活。即使是这样，嫁入冒门的小宛还是把琐碎的日常生活过得饶有情致。小宛天性淡泊，不嗜好肥美甘甜的食物，用一小壶芥茶温淘米饭，再佐以一两碟水菜香豉，就是她的一餐。而辟疆却喜欢甜食、海味和腊制熏制的食品，董小宛就精打细算，花尽心思，为他制作鲜洁可口、花样繁多的“美食”。在《影梅庵忆语》中有详细记载的董小宛为冒辟疆制作桃膏、瓜膏、红腐乳等食品的方法，以及一些对饮食及炮制方法的评论。

其实，董小宛能成为名厨纯粹是爱好所致。董小宛在美食上很有造诣，做的桃糕、西瓜糕、菊花糕等都堪称绝美，当年在秦淮就引得无数文人愈加仰慕。她亲手腌制的咸菜，竟也能使黄者如蜡，绿者如翠，不说口感如何，仅“色美”一条就极诱人。辅以各色野菜，一经她手都有一种异香绝味。难怪有美食者这样点评：她做的火肉有松柏之味，风鱼有麂鹿之味，醉蛤如桃花，松虾如龙须，油鲳如鲟鱼，烘兔酥鸡如饼饵，一匕一脔，妙不可言。寥寥几句，凸显出她绝佳的技艺，吃她做的饭菜更是绝好的享受。

董小宛有这般成就，还与她经常研究食谱，看到哪里有奇异的风味就去访求它的制作方法是紧密联系在一起的。试想，如今人们常吃的“董肉”（跑油肉、虎皮肉），她在创做时肯定是花了许多工夫的，因而以她的姓命名很适合。细细琢磨，虽然“董肉”和“东坡肉”的创作人不同，风味也各异，但二者倒是相映成趣，也别有意味。

这一切充分说明董小宛位列中国古代十大名厨排行榜，绝非浪得虚名，而是实至名归。身为“名妓”成为“名厨”的董小宛，是唯一做到前无古人后无来者之人，实在令人感叹、叫人敬佩。

介绍了歌妓出身的董小宛，咱们还是回到明朝。

商帮，自古有之，比如咱们前文介绍的秦商、晋商，当然，作为历史上三大商帮之一的徽商是不甘寂寞的，由于朱元璋在世时抑制商人，没有多大的发展空间，但在朱元璋死后，这些规矩自然烟消云散，而徽商也就焕发出了新的活力。

徽商即徽州商帮，其实，徽商萌芽于东晋，成长于宋唐，兴盛于明朝，明成化以前，徽商经营的行业主要是“文房四宝”、漆、扣

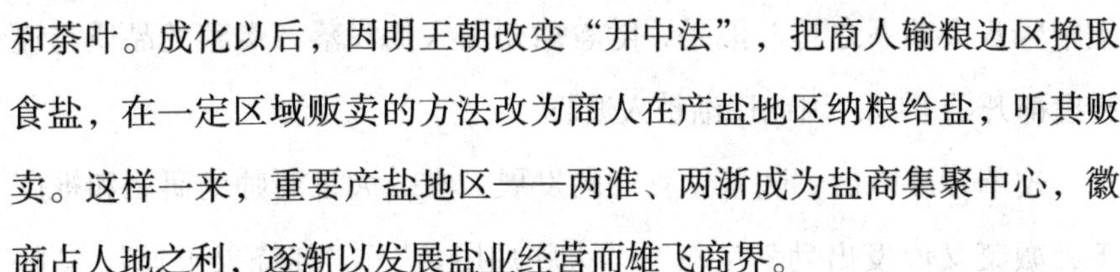

和茶叶。成化以后，因明王朝改变“开中法”，把商人输粮边区换取食盐，在一定区域贩卖的方法改为商人在产盐地区纳粮给盐，听其贩卖。这样一来，重要产盐地区——两淮、两浙成为盐商集聚中心，徽商占人地之利，逐渐以发展盐业经营而雄飞商界。

在介绍吃的文章里为什么会介绍商帮？跟前文一样，因为徽商对于徽菜的发展也起到了巨大的推动作用。

徽菜是汉族八大菜系之一，仅仅指徽州菜，而不能等同于安徽菜。明时的徽州与经济发达地区毗邻，境内有新安江直通杭州，水路交通极为方便，山货土特产品又极为丰富，有商品流通的物质基础，加之徽商的推波助澜，才造就了徽菜的鼎盛。而徽菜的鼎盛时期，正是徽商独霸中国的时期。

徽菜起源于黄山麓下的安徽歙县（古徽州）。后来，由新安江畔的屯溪小镇成为“祁红”“屯绿”等名茶和徽墨、歙砚等土特产品的集散中心，商业兴起，势必造就饮食业的发达，徽菜也随之转移到了屯溪，并得到了进一步发展。由于徽州地处两种气候过渡地带，雨量较多、气候适中，故物产特别丰富。根据记载，仅黄山地区的植物就有1470多种，其中有不少可以食用。野生动物，栖山而息，徽州是山区，种类就更多了。山珍野味，构成了徽菜主原料的独到之处，而徽菜正是以烹制山珍野味而著称。

关于徽菜的传播与发展也有以下几种说法：一是说，当时徽商谈生意、应酬或是好友聚会都会摆上一桌家乡菜，以示对贵宾的尊重。因为徽菜的取材以及风味独具一格，十分具有代表性，于是，徽菜开始迈向注重品质、多元化发展的趋势；二是说，徽州商人遍布天下，根在徽州，口味也在家乡，所以有求必有供。于是遍布全国的徽菜馆开始陆续出现，这也推动了徽菜体系的发展。

曾几何时，徽菜一度成为了大众流行饮食，甚至有传徽菜一度登

上中国八大菜系之首。但是，随着徽州商人的没落，徽菜的品质与流行度都开始下降，因此逐渐被人遗忘。

改革开放以后，随着饮食业的发展，在一大批厨师的研制和推广下，徽菜又焕发出勃勃生机。“火腿炖甲鱼”“红烧果子狸”“腌鲜鳜鱼”“黄山炖鸽”等上百种徽菜经典菜肴又进入国人视野。现在绩溪，民间宴席中还流行六大盘、十碗细点四，岭北有吃四盘、一品锅，岭南有九碗六、十碗八等美味。

书归正传，侃完了徽商徽菜，咱们再侃侃明朝饮食的大体情况。

如果说大元帝国是一个世界性帝国，很重视与周边国家的往来，那么明太祖朱元璋建立的明朝就是一个封闭、保守的王朝，对于外界，是排斥、恐惧和不信任的，至少在明初是这样，这也是朱元璋农民的保守本性所致。他对曾给中国带来巨大财富的海外贸易不感兴趣，不但禁绝了海外贸易，甚至禁止渔民下海捕鱼，把海岛上的居民悉数内迁，“以三日为限，后者死”。看来至少在明初，要吃到海产品还是有点不太现实。

太祖朱元璋出身农家，幼年饱受饥寒之苦，家破人亡之痛，虽然登基后制定出了一些有点好笑的规定，但是由于他在位期间，大力提倡节俭，为天下树立榜样，所以，明初的社会风气还是十分勤俭朴素的。

明代的宫廷饮食虽也继承了唐宋两朝，朱元璋却提出“筵不尚华”的主张，身为开国之君，他的吃喝也经常是青菜豆腐红烧肉。上崇尚节俭，下亦效仿之。当时有的大臣就用菜粥招待朝廷使者，菜不过五样。请朋友吃饭也是，席间只有一肉，外加腌菜一道，或者杀只鸡，买三四样鱼肉而已。就算是地方大员，每天所食，也不过猪肉一斤，豆腐两块，蔬菜一把。而民间普通人家宴会更是简单，几盘水果、数碟菜肴就行了，除非来了重要的客人或者新媳妇过门，才添些虾蟹水产。

据陆容《菽园杂记》记载，当时江西人吃饭，为了省菜，第一碗不许就菜，吃到第二碗才准许夹菜。吃肉只买猪内脏，一是因为猪内脏便宜，二是内脏没有骨头，吃起来不会浪费掉。而江西人摆在酒席上的果盘纯粹是一种装饰，只有最中间的果子可以吃，其他水果用木头雕刻而成，外面再涂上油漆，只能看不能吃，就连祭祀用的食品也是临时从食店里租来的，祭祀完了再还回去。

当然，也有个别腐败官员，如左丞相胡惟庸，经常请一些人在家中酣饮，挖空心思把十几只猴子训练得能打躬作揖，跳舞吹笛，宴客时，让它们端茶斟酒，并雅称为“孙慧郎”。当然，最后胡惟庸被朱元璋处死

虽然朱元璋出身贫寒，会骑马打仗征天下，但同时他还是一位能经营江山的皇帝。据《明大政纪》记载，洪武二十七年（1394年），由工部在京城建了10座大酒楼，具体经营交给民间的商人，用现在的话说就是用官方的投资来拉动内需。

这些酒楼非常豪华，里边还设有各种娱乐场地，有些酒楼很有想象力，里面甚至有水上流动的餐位。酒楼的名字也很大气，如鹤鸣、醉仙、讴歌、鼓腹、来宾、重泽等，后来又加盖了5座酒楼，共15座。这些酒楼在当年的8月23日建成，隆重开业，接待四方来客。为了刺激消费，朱元璋还赏钱给文武百官官钞，让他们到这些酒楼中去消费娱乐。有了皇帝和百官的带领，这些酒楼自然生意兴隆，“日收十万钱”。由此看来，朱元璋是相当有头脑的皇帝，不但知道拉动消费，还会发放拉动内需的消费券，简直能称得上是一位明朝的“经济学家”了，当然，酒楼收的营业额最后都进入了朝廷的国库。

因为朱元璋是安徽人，开国将领中也多是淮扬一带的人，所以明代酒楼官场上流行的菜还是以淮阳风味为主。在明代的宫廷名菜

菜谱中，发明的淮扬菜品就有21道，分别是：烧香菇、蟠龙菜、炙蛤蜊、炒大虾、田鸡腿、笋鸡脯、三事、烹火腿、酒糟虾、烧鹿肉、燎肚子、带冻姜醋鱼、生爨牛、花珍珠、烹虎肉、炙泥鳅、酢腐、水母汇、油煎鸡、炙鸭、一捻针、水煠肉。

正所谓一方水土养育一方人，淮扬菜经过漫长历史演变形成了一整套自成体系的烹饪技艺和风味，如今，它已经成为了我国的八大菜系之一，今天的国宴仍然以淮扬菜为主，可以说其渊源跟朱元璋有关。

咱们先说说“蟠龙菜”。蟠龙菜现在还是湖北钟祥县的名菜，这道菜与明朝的一位皇帝有关，他就是明代赫赫有名的嘉靖皇帝朱厚熜。

朱厚熜本是明兴献王朱祐杬的长子，被封地在钟祥。正德十六年（1521年），明武宗朱厚照驾崩，但朱厚照无子即位，由于朱厚熜是朱厚照的嫡亲堂弟，按“兄终弟及”的规矩，朱厚熜就做了皇帝。由一个地方诸侯王成为皇帝，自然是“蟠龙升天”，于是，就有人考证说，“蟠龙菜”是在朱厚熜赴京登基前，他的蒙师给他做的一道“送行菜”。也有人考证，说“蟠龙菜”是朱厚熜怕人谋害，让厨师特意为他准备路上吃的干粮。其实，“蟠龙菜”是以瘦猪肉、肥肉膘、鲜鱼片、鸡蛋清、绿豆干粉、葱白、胡椒，食盐等为原料，将鱼肉剁成肉馅，纱布过滤，佐料拌和，蛋皮包裹，然后盘龙造型，入笼蒸制而成。由于这道菜是由厨师詹多发明，在当地又被称为“多菜”，或称“詹剁”，因为做法是由蛋皮包裹而切成片，故又名为“卷切”。

“三事”这道菜在这里也很有必要说一下。它是将几种海味（海参、鲍鱼或鱼翅）加上肥母鸡、猪蹄筋三种食材混合，加调料，用小火慢煨而成。

虎肉是一种特殊的食材，现在已经不可得，但在明朝，或可吃

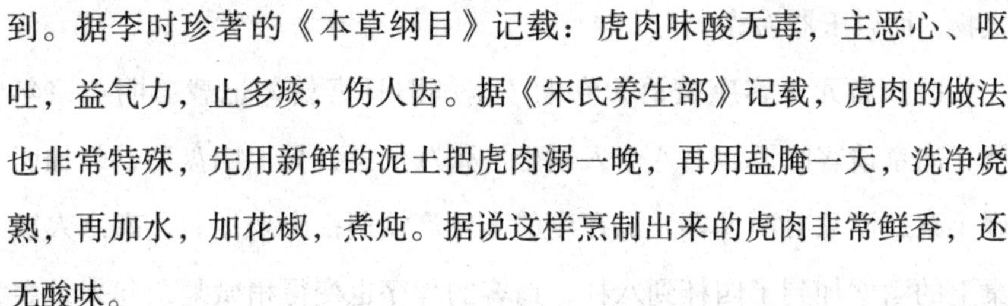

到。据李时珍著的《本草纲目》记载：虎肉味酸无毒，主恶心、呕吐，益气力，止多痰，伤人齿。据《宋氏养生部》记载，虎肉的做法也非常特殊，先用新鲜的泥土把虎肉溺一晚，再用盐腌一天，洗净烧熟，再加水，加花椒，煮炖。据说这样烹制出来的虎肉非常鲜香，还无酸味。

明初的皇帝吃食一般都很简朴，一是家规摆在那里不敢逾越，二是明朝的言官很厉害，如果你胡吃海喝，他们会冒死进谏，所以他们就是想吃也有所顾忌。但底下人和他们就不一样了，那些皇室贵族和当官的，表面上正气凛然，私底下却奢靡成风。

和以前的朝代一样，到了明朝中期以后，社会风气发生了巨大的变化，随着经济的发展与朝廷的腐败，朴素的社会主流作风烟消云散，老祖宗的那种勤俭过日子的习惯也慢慢被人们淡忘。

对于珍珠翡翠白玉汤的故事，我想大家早就耳熟能详了，著名相声大师刘宝瑞的单口也曾绘声绘色的描述过，我们都知道所谓珍珠翡翠白玉汤其实就是馊饭、烂菜叶子和发酵的臭豆腐一锅烩，朱元璋之所以让文武百官喝这东西，无非就是要告诫他们，江山来之不易，你们可不要忘本，并且还规定：今后时时刻刻自重自省，自警自励，慎行慎独，慎始慎终，众卿请客，最多只能“四菜一汤”，谁若违反，严惩不怠。由此看来，朱元璋可算得上是”四菜一汤“的老祖宗了。

可朱元璋万万没想到，他死后宫廷中的豆腐已不用黄豆，而以百鸟脑酿成，一盘菜费鸟近千只，奢侈至极。大臣设宴摆席，花费更是高达数千金。民间最寻常的宴会也要十几道菜，富户请客，更是有荤有素，山珍配海味，更有甚者，还要买些地方名产，像泰州鸭蛋、辽东金虾，浦江火肉，诸暨香狸，太湖大闸蟹之类。当时，士大夫一层设宴，一般要准备几天，采购许多美食，才能发请柬，饭菜不丰盛，事后会被骂小气。在宋朝被认为够档次的金银餐具也不再被视为珍贵

之物，而以玉器为尊。

据顾启元《客座赘语》卷七《南都旧日宴集》记载：明英宗年间，南京请客吃饭，七八个人围坐一张八仙桌，只上四盘菜，外加四碟小菜，酒只有两大杯，供在座的人轮流饮用；十余年后，南京人饭桌上的酒增加到了四杯到八杯，请客的程序也变得稍微复杂起来，主人需要提前一天告知客人，当天早上再去请一次；又过了十余年，到了明宪宗成化年间，请客的程序就更加讲究了，由口头告知变成了书面邀请，请帖长五分，宽一寸三四分，并且要在上面注明请谁、什么时间、在什么地方，都有什么人参加等，如不这样，就好像请客之人没诚意一样。

到了孝宗弘治年间，人们不再围坐着一张八仙桌吃饭，而是每两人坐一张小桌，每桌上七八个菜，桌上出现了果盘。而等到明武宗、明世宗年间，酒席上要请来乐队、舞队助兴，主人也不再亲自下厨，而是花钱雇用专业厨师置办酒席，钟鸣鼎食，极尽奢华。据嘉靖《建宁府志》记载，同一时期，福建人请客，普通的宴席桌，要上二三十道菜。到了冬天，亲戚互相宴请，杀猪宰牛，大摆宴席，饭桌上盛过菜的空碗无处摆放，摞起来竟有一尺多高。

明孝宗隆庆年间的名士何良俊说，他小时候见人请客，饭桌上只有五道菜，五种果子，只有宴请重要客人或者新媳妇过门的时候，酒席上才增添鱼、虾、蟹、蛤等几样海鲜，但这样的宴席，一年也难得吃上一两次。等他长大后，普通人请吃一顿饭，至少要上十道菜，野味、海鲜、远方特产，均不可缺。叶梦殊著的《阅世编·宴会》也记载，明朝末年达官富豪之家，一席之间，水陆美食毕呈，菜肴多达数十道，士庶及中等人家，宴席的规模也有二三十道菜，至于一桌十几道菜，不过是民间最普通的酒席罢了。

而正是明朝中后期经常举行极尽奢侈的豪华宴席，才使得饮食品

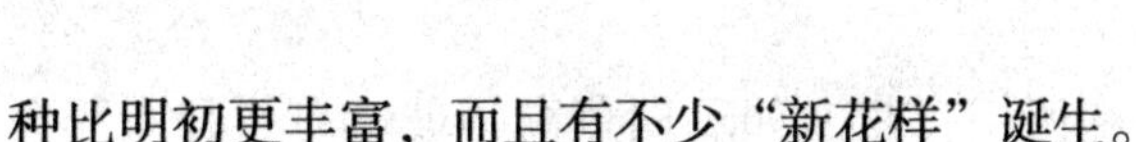

种比明初更丰富，而且有不少“新花样”诞生。

万历年间，富家大室的餐桌上有山珍海味，南方的牡蛎，北方的熊掌，东海的鳆鱼，西域的马奶，可以见到全国各地的特产，正所谓“富有四海，食之无极。”有史书记载：士庶之家，初登仕版，即犀玉酒器以华宾宴……且以象筷玉杯为常，仕古奢淫之主所不敢轻用，而今寒素之士所不肯深惜也”。

比起富贵人家的膳食，明朝皇宫里的御膳那就更讲究了。史书记载，明代宫廷的膳食品种繁多，制作十分精美，比起前朝更甚。

清学者阮葵生所写的《茶余客话》中，记录了一份由明朝深宫漏传至宫外的大内食单，食单上的名字取得十分古怪，叫“一了百当”，其制作过程也很奇特。取猪、牛、羊肉各一斤，剁烂成馅，虾米半斤捣成碎末，马芹、茴香、川椒、胡椒、杏仁、红豆各半两，捣成末，十两细丝生姜，腊糟一斤半，麦酱一斤半，葱白一斤，盐一斤，芜拂细切二两。先用好香油一斤炼热后，将肉料一齐下锅炒熟，然后统统下锅焖煮。放冷以后，装入磁器，封贮收藏，随时食用，吃的时候也可以调以汤汁。

由于明代宫中美味制作过程不许观看，其宫廷食单自然也是秘不示人，深宫无数奇珍异味秘不外传，以此确保皇室独享其味，可惜无数美味佳肴随着王朝的灭亡而绝迹。

其实，学者阮葵生写《茶余客话》是笔记小说，内容并不见得真实，其中记录的菜肴是不是正统的明朝深宫御膳菜肴还有待商榷。2010年，在北京亚洲容海国际拍卖有限公司上，被直隶官府菜研究会会长梁连起拍走的第2050号古籍善本《大明嘉靖·摆席书》可是货真价实的明代宫廷御膳菜单。据推测，这本《大明嘉靖·摆席书》可能是负责明代皇帝御膳的厨师告老还乡时私自带出宫的。

《大明嘉靖·摆席书》全书共46页，内文共200多种菜肴，多为宫

廷菜和官府菜肴的做法和所用食材，如玛瑙燕窝、玻璃海参和水晶鱼翅及八宝心、羊枣肝等，均为现今罕见的高档菜肴。

那么，明朝皇帝是不是能享受到《大明嘉靖·摆席书》上所记录的这些菜肴呢？我们不得而知，但根据一份明朝万历年间御膳房的食料清单，可知皇上一天要享用如下食物：126斤猪肉，5只鹅，33只鸡，60个鹌鹑，10个鸽子，20斤香油，23斤面；此外还有杂七杂八的各色物品：从16斤核桃到8斤白糖，等等。这些皇帝都要一天之内消耗掉。折算下来，每天皇帝的伙食标准大约是16两银子，折合成现在的人民币大约是几千元钱的样子。

皇帝贵为天子，饮食自当很讲究，吃的都是当时能想到的最好的东西。但是，断季的食物是万万不能给皇帝吃的，这也是御膳房的大忌。试想，有些个一年之中只有一两月才有的果菜，倘若皇上吃得入味，夏天要冬笋，冬天要新鲜蚕豆，那他们还真是没法弄去。

正是在这种思想的作用下，明代皇帝对宫中美味习以为常，不觉得如何滋味无穷，因为，每天吃到的就是那么有限的一点儿东西。而他们各自则常常有不同的偏好，有些偏好还不伦不类，显得有点可笑。

明熹宗天启皇帝喜吃海鲜，而且还是大杂烩。宫中御膳房就特地将炙蛤、鲜虾、鲨翅、燕菜等十几种海味烩在一起，进呈给天启皇帝，天启皇帝吃得有滋有味，乐不可支。当然，这好东西并不是每天都能吃得上，得由地方进贡才行。

明穆宗隆庆皇帝喜欢吃果饼，没即位前，穆宗朱载垕生活在藩邸，常派侍从到东长安街去买果饼，很喜欢吃。做了皇帝以后，朱载垕仍念念不忘，总是想吃这种果饼。负责皇帝饮食的尚食监、甜食房得知皇帝想吃街上的果饼，立即派人观摩，并开价数十两银子到宫外去买原料，精心制作，穆宗吃得十分开心。

其实，真正的明朝皇宫美食很多。之所以这样说，是有证据的。

明神宗万历年间，宫中有一位了不起的太监，叫刘若愚。大太监魏忠贤（这位就管理过御膳房）的心腹李永贞以刘若愚长于文墨，派他入内直房管理文书笔墨，所以，刘若愚对大内生活，包括宫中饮食自然都十分熟悉。后来魏忠贤事败，殃及刘若愚，谪充孝陵净军。刘若愚感到冤屈，但又无从辩驳，只好前往孝陵。最后，魏忠贤自杀，李永贞获罪立斩，刘若愚也受牵连，被处斩监候，囚入牢狱。入狱以后，倍觉冤枉的刘若愚为给自己辩护，便拿起笔，列举许多宫中的事实，以此说明自己一心于文事，忠于职守，而绝不是魏、李私党。全书结稿后，定名为《酌中志》，刘若愚以《酌中志》申诉冤屈。不久，刘若愚还真的被无罪释放了。

《酌中志》全书24卷，真实地记述了明代宫中皇帝、皇后、嫔妃、太监、宫女的宫中活动和明宫宫殿、内廷职掌、饮食好尚，内宫书籍等，是一部难得的、极具史料价值的反映明代宫廷生活的著作。

刘若愚在《酌中志》火集中专谈明宫饮食好尚，比如：明宫正月初七日是人日，也是一个重要的节日，这一天宫中要吃春饼和菜。两天后，宫中开始耍灯市卖灯，迎接元宵节。宫中元宵节都吃元宵。正月明宫所尚珍味，包括：冬笋、银鱼、鸽蛋、麻辣活兔、塞外黄鼠、半翅鹖鸡、冰下活虾、烧鹅、烧鸡、烧鸭、烧猪肉、冷片羊尾、爆灼羊肚、猪灌肠……

从《酌中志》我们可以看出皇家御膳的花样繁多，从大年初一到腊月二十九的吃食就没有重样的，天天有新菜，月月吃不同。一顿饭仅素蔬就有滇南枞、五台山天花羊肚菜、鸡腿银盘麻姑、东海石花海白菜、龙须、海带、鹿角、紫菜、江南蒿笋、糟笋、香菌、辽东松子、蓟北黄花、金针、都中山药、土豆、南部苔菜、武当山鸶嘴笋、黄精、北山榛、栗、梨、枣、核桃等美食，真是不可胜计也。这么多

美食，在明朝的御膳中还只是日常素菜所用，更不用提龙肝、凤髓、豹胎、鲤尾、鸮炙、猩唇、熊掌、和酥酪蝉这些个明“八珍”了。由此可见，只要当了皇帝，再怎么节俭，对普通人而言，也是太过奢侈的。

明朝历代皇帝都很善待厨师。据说，当年朱元璋登基后分封自己的一大帮儿子为王，晋王是个猛人，脾气不太好。当他拜辞凤阳祖陵去封国的路上，鞭笞他的厨师（就是用鞭子抽他的厨师）。朱元璋知道了后，怒斥晋王，说我戎马一生，杀人无数，对手下的将帅十分严格，可23年来唯独对自己的私人厨师没有斥责过。你还敢这样？吓得晋王直缩脖。朱元璋善待厨师是有原因的，在于侍食、侍寝之人，离自己太近，帝王的吃喝拉撒和常人无异，也得需要人照顾。虽然他能运筹帷幄，掌握江山社稷，可日常生活却离不开这些人，对自己肉体能形成直接威胁的往往是这样能接近自己的人，因此必须笼络，否则厨师想报复你，你防不胜防。

书归正传。皇上能吃到不少好东西，普通人家可承担不起这种消费，但是明朝史料中记载的浙江人对各地特产的嗜好，则可以反映明朝普通人的消费水平。

据史书记载，在当时的杭州，人们的家里很少储存粮食，以车夫、佣人为生的底层百姓，白天辛苦劳碌一整天，晚上回家的第一件事就是买来酒和小菜。夫妻喝得醉醺醺的，第二天再继续为生活奔忙。史书上是这样记载的：人无担石之储，然亦不以储蓄为意，即舆夫仆隶奔劳终日，夜则归市肴酒，夫妇团醉而后已，明日又别为计。

北京的市民也是这样，史书上记载：家无担石而饮食服饰拟于巨室。翻译过来就是：家里的米缸从来不满，衣服和家具却一定要豪华漂亮，不次于达官贵人家。明朝的北京市民喜欢吃各地的特产，他们爱吃河北产的苹果、黄鼠、马牙松，山东的羊肚菜、秋白梨、文官果，福建的牛皮糖、福橘饼、红腐乳，苏州的山楂糕、橄榄脯，南京的地栗团、山楂糖、桃门枣，杭州的西瓜、鸡豆子、花下藕、韭菜，台州的瓦楞干、江珧柱，山阴的破塘笋，河蟹、白蛤、鲥鱼，等等。这些各地的特产难买到，人们就想方设法去买，一年总能尝到一次。好买的，就月月买，天天买，“日日为口腹谋”。

嘉靖中叶以后的山东博平县人也不甘落后，“以欢宴放饮为豁达，以珍味艳色为盛礼”。郓城县百姓则“贫者亦捶牛击鲜，合飨群祀，与富者斗豪华，至倒囊不计……胥吏之徒亦华侈相高，日用服食拟于仕宦……里中无老少，见敦厚俭朴者窘且笑之”。

万历时期的南直隶通州人更甚，“乡里之人无故宴客者一月凡几”。菜肴十分丰盛，“稍贱则惧其渎客”。

浙江桐乡县的青镇人就更出格了，“其俗尚侈，日用会社婚葬皆以俭省为耻，贫人负担之徒，妻多好饰，夜必饮酒”。

这是中原，就连远在塞外的宁夏地区，由于人们好吃，习俗也逐渐与内地一样。

另外，在明代还兴起了“攒盒”，盒内分为不同形状的格子，将各种食物攒集为一盒，可携带外出游山玩水。“设席用攒盒，始于隆庆，滥于万历。初止仕宦用之，今年即仆妇龟子皆用攒盒饮酒游山，郡城内外始有装攒盒店，而答应官府，反称便矣。”

明朝时期，江南经济发达，大款也多，所以说这里的饮食风气也最为奢华。明代的何良俊曾往嘉兴访一友人，“见其家设客，用银水火炉，金滴嗉，是日客有二十余人。每客皆金台盘一副，是双螭虎大金杯，每副约有十五六两”。

特别是在江苏扬州一带，因为河湖众多，所以还非常流行船宴。船宴就是以船为设宴场所。美食、美景、美趣结合，更是别有一番情趣。那时的杭州西湖、无锡太湖、扬州瘦西湖、南京秦淮河、苏州野

芳浜以及南北大运河等水上风景区，都有专门供应船宴的“沙飞船”（又称“镫船”），艄舱有灶，尾随在游船后供应酒食。清代沈朝初有首《忆江南》的诗词，很好地描写了船宴之乐：苏州好，载酒卷艄船。几上博山香篆细，筵前水碗五侯鲜，稳坐到山前。

游杭州必游西湖。西湖泛舟向来被人们誉为一种美的享受，能在泛舟时享受一顿美餐更是美不胜收。所以，西湖船宴历史悠久，宋代苏东坡就曾经和佛印和尚等友人泛舟湖上，举杯赏月。其实，我国早在春秋时期就出现了餐船。传说吴王阖闾曾船行江上，举行宴饮，将吃剩下的残余鱼脍倾入江中，化成了大银鱼。这应该是关于餐船的最早记载。

南宋时西湖饮宴的餐船很大。据史书记载，有一千料，长五十余丈。“料”是量词，过去计算木材的单位，两端截面是一平方尺，长足七尺的木材叫一料。丈是长度单位。虽然古时的长度单位比较混乱，但我们仍旧可以推算出南宋时的餐船长度。明朝长度单位跟现代比较接近，而且分的也比较细，有裁衣尺、量地尺、营造尺之别。裁衣尺约合现今的34厘米；量地尺约合现在的32.7厘米；营造尺约合现在的31.1厘米。1丈等于10尺，50余丈就是150多米。虽然宋朝的长度单位比现在的小，但1尺也达到了现在的23厘米，50余丈长换算成现在的长度，估计有100米出头。由此可见，南宋的餐船肯定比百米跑道还要长。据说可容百余客。

史书记载，雕梁画栋，皆奇巧打造。这么牛的餐船自是行运平稳，如坐平地。无论四时，常有游玩人赁假舟中，所需器物一一毕备。游人朝登舟而饮，暮则径归，不劳余力。

明代西湖船宴已经形成规模。史书记载：大型船宴是“楼船箫鼓，峨冠盛筵，灯火优傒，声光相乱。”小型船宴是“亦船亦声歌，名妓闲僧，浅斟低唱，弱管轻丝。”这在张岱的《西湖七月半》中可

见端倪。

可以推论，真正意义上的旅游餐饮，应该是从明代开始发展起来的，娱乐与餐饮的结合也是明朝饮食行业的一大特点。

其实在商品经济大潮的冲击下，从江南到塞北，从繁华的都市到偏远的乡村，到处都在追求口腹的享受，明朝饮食文化的发达具有明显的普遍性。生活奢华、挥金如土自然以腰缠万贯的富商大贾居多，但他们的生活方式必然对周围各阶层发生影响，从而带动整个社会风气的变化。明朝中后期，据记载，普通百姓也追逐时髦，崇尚享乐，“人情以放荡为快，世风以侈靡相高。”

在明朝，讲究饮食似乎成了全社会一种普遍的风气，在流风的影响下，出家人亦是如此。明朝人王士性著的《广志绎》中记载：河南一带，一百个和尚中九十九个是酒肉和尚，很难找到一个不喝酒、不吃肉的“唐僧”。

可以说，明朝人对美食的追求在生活中占据极其重要的部分，别的朝代都比不上他们。因为相对于别的朝代来说，明朝人很富有。经济基础决定上层建筑，任何一种生活方式的形成和变革，都是以社会经济条件为转移的。明朝中后期崇尚奢华、追求时髦的饮食风俗，正是商品经济大潮冲击的结果。从某种程度上来讲也是国家强盛的表现。它标志着明初悭吝朴素、单调刻板的生活方式所发生的巨变，更是反映了消费习惯、消费结构的巨大变迁。

随着生产力的提高，社会物质的丰富，文化的繁荣，明朝从上到下讲究吃喝蔚然成风，到了明代中叶以后，饮食在民间也逐渐走出了“吃”的局限，并成为一种独特的娱乐方式。这与宋代相比有了很大的进步。比如，《水浒传》中经常记载的还是吃饭、填肚子，酒楼的主要功能还是“吃饭”，而明代，去酒楼更多的是一种娱乐行为。

总体来说，明朝的饮食风俗有着特别而丰富的内涵。在口味上，

因为讲究养生，清淡成为时尚。当时有食客认为：肥辛甘非真味，真味只是淡。还有人说：世味酽，至味无味。味无味者，能淡一切味。明朝的文学家书画家陈继儒在《养生肤语》中也讲道：天地养人之本意，至味皆在淡中。今人务为浓厚者，殆失其味之正邪？

味一淡则对厨艺的要求更高，有人做水盐诸菜，就如董小宛一样，能使黄者如蜡，碧者如苔。藕、竹笋、茼蒿等蔬菜炒出来更是满席盈香。有人将一种或几种烹调原料填入另一种烹调原料中，经过烹制，成为菜肴。在食物的制作上，炒、炖、熬、煎、烧、蒸、卤、爆、炙、摊各种方法轮番上阵。荤菜素做几乎以假乱真，使得吃斋的人不敢动筷。可见当时厨师的手艺之高。

厨艺高超必然带动了菜品样式的增多。粗略统计，在明代著名白话小说《金瓶梅》中列举的食品达280多种，茶有19种，酒24种，提及的饮食行业有20多个。其精细程度，让现代人也感到惊叹。

张岱（1597—1679）又名维城，字宗子，又字石公，号陶庵、天孙，别号蝶庵居士，晚号六休居士，汉族，山阴（今浙江绍兴）人，寓居杭州。

张岱本人虽然没有中过科举，也没有做过官，但他出生于官宦之家，家道殷实，加之他的家乡又是物产丰富的江南，因此有条件追求各种生活享受。

他自称好精舍，好养婢，好娈童，好鲜衣，好骏马，好华灯，好烟火，好犁园，好鼓吹，好古董，好花鸟……且诗词歌赋，琴棋书画，笙箫弦管，蹴鞠弹棊，博陆斗牌，使枪弄棍，射箭走马，挝鼓唱曲，傅粉登场，说书诙谐，拨阮投壶……样样精通。自然，张岱对于各种饮食也都极尽讲究之能事。这其中，他对螃蟹的吃法尤其有研究。

每到十月，张岱便与友人兄弟辈组成“蟹会”，举行吃蟹活动，大致情形是：一人分得六只蟹，为怕冷腥，便轮番煮着吃。辅食有肥腊鸭、牛乳酪、如琥珀的醉蚶，用鸭汁煮，如玉版的白菜，水果有谢橘、风栗、风菱，蔬菜有兵坑笋，饮用玉壶冰，饭用新余的粳白米，漱口用兰雪茶。所有这些，都记载在他的《食蟹》一文中。

书归正传。明代饮食的另一大特点就是，很多外来食材的出现大大丰富了原本的菜系、菜式。番茄、辣椒、南瓜、地瓜（甘薯）、玉米、大蒜都是在明代传入中国的，特别是辣椒的传入，这对于中国饮食来说是革命性的。没有辣椒，今天川菜、湘菜的口味都无法形成。

据明代费信著的《星槎胜览·苏门答剌国》记载：其有一等瓜，皮若荔枝，如瓜大。未剖之时，其臭如烂蒜；剖开如囊，味如酥油，香甜可口。这种一等瓜就是由伟大的郑和带回中国的，即今天我们吃的榴莲。我们要感谢那位七下西洋的三宝太监郑和，没有他，可能燕窝、鱼翅，爪哇的水果等好些美食，我们都吃不到！

《星槎胜览》还记载，郑和七下西洋还带去许多蔬菜作为船夫的伙食。因为乌鳢鱼离水仍能生存很久，所以还带去不少乌鳢鱼。因为这种鱼适宜在亚热带繁殖，产量甚高，加之华人的传播，现如今美洲各地都有它的“子孙”，并成为华侨常吃的鱼类之一。看来这位三宝太监为西洋饮食的发展也作出过贡献。

明永乐三年（1405年），三保太监郑和奉圣旨率领士兵三万人，建造楼船62艘，从南京出发，至泰国、越南、新加坡、龙牙门、马辰、泗水、帝汶岛、吕宋、马达维亚、马六甲、斯里兰卡等地，先后7次，最远到过印度和非洲东岸，国威远播，传播中国文化，交流中外物产，是中国最光荣的宣慰使节。郑和经历坎坷，九死一生，实现了中国历史乃至世界历史上伟大的壮举。他七下西洋，促进了中国和东南亚、印度、非洲等国家和地区的交流，并向他们展示了一个强大开明国家的真实面貌。

其实，我们更要感谢郑和的主子永乐皇帝，不管他出于什么目的指派郑和七下西洋，但毕竟郑和从西洋带回来了好多食材，这极大的丰富了明朝人的餐桌，所以说，永乐皇帝对于中国饮食的发展也是有功的。

我们现在一说北京菜，首先想到的就是满清，其实不然，北京菜的历史可以追述到明永乐年间。朱棣本是朱元璋的四子，1399年，朱棣发动“靖难之役”夺得帝位，1403年改北平为北京，并于1406年开始迁都北京。当时的北京还不是粮食主产区，属蛮荒之地（相对江南来说），而这些迁都涌入的官员士兵和家属是要吃饭的，由于受当时的交通所限，由陆路运粮成本太高，所以，唯一的选择就是漕运。在前文咱们介绍了运河，从春秋战国一直到明清，它一出现在历史的舞台上，就能创造出好多好吃的，更是能催生出许多大城市。北京也不例外，大运河的开通，让江南的丰富食材得以顺水路进入北方，更是丰富了北京菜的花色品种。

由于朱棣在21岁以前一直生活在北京，生活习惯和饮食口味一直偏向北方口味。据史料记载，朱棣偏好北方饮食，而且十分喜欢朝鲜泡菜，当时的朝鲜国王李芳远曾派出朝鲜厨师（火者）侍奉朱棣，而他也欣然接受，想来喜欢北方口味的朱棣对南方菜是不会太感兴趣的。所以，我们有理由相信，促使朱棣迁都北京的原因之一就是饮食偏好。当然，朱棣决定迁都北京也是出于政治、国防、经济的需要。正是由于朱棣迁都北京，才造就了现在繁华的北京和北京菜的诞生。所以今天北京菜的繁荣，朱棣可谓功不可没。

闲话少说，书归正传。丰富的食材造就了明朝的美食，也催生出许多美食家，他们不仅精于品尝和烹饪，也善于总结烹调的理论和技艺，并形成文字，而且还享誉一时。搞得撰写饮食论著被士林视为风雅，张岱、袁宏道、屠隆等名人志士也不能免俗。一时间，明朝食品

在文字的世界里清香四溢，甚至有成文化主流的态势。

而在烹饪技术上，明代与两宋相比也有了很大的进步，在烹调技法上也更加规范，有烧、蒸、煮、煎、烤、卤、摊、炸、爆、炒、炙等烹调手法。查阅明代的史料，我们可以发现至少有28道菜都是用独立的烹饪方法做成的，如火燎羊头、水晶鹅、炮凤肚、酿螃蟹、蒸龙肝、烧芦花猪、糟鹅掌、烩通印子鱼、煎鸡、熬鸡、酥鸡、卤烤鸭、摊鸡蛋、火熏肉、腌螃蟹、王瓜拌金虾、肉鲊炖雏鸡、腊鹅、羊灌肠、馄饨鸡、油炸烧骨、鸡煎汤、蒸羊肉、榛松糖粥、鸾羹等。

更可说的是，明朝人也很聪明，他们也效仿伍子胥，天才地发明了“守山粮”。“守山粮”是什么，可能有好多人不知道，其实就是大萝卜。这东西加工起来挺容易，大萝卜洗净，剁掉根须，刮去青皮，摆锅里蒸熟，冷却后倒盆里，再捣成泥，装进模子，脱成砖坯，摞起来自然风干，然后用来筑墙。单看原料和做法，这种食品应该叫“方块萝卜”或“萝卜砖”才对。但清代名医王士雄说，该食品主要是用来防兵防匪。哪天战火一起，全城戒严，市民们不能出去采购，等到面缸见底、米囤空仓的时候，仍可以从墙上凿下一块砖来，扔锅里熬粥喝。因此物贵能防守，所以叫“守山粮”。

书归正传。总体上说来，明朝的饮食风俗有着特别而丰富的内涵，富人穷人，男人女人，及时行乐、集体狂欢，以一种特殊的手法装饰着明朝中后期的社会繁荣。但是，什么事情都得有个度，有个底线，一旦越界，准得出事儿。

吃喝代代有，朝朝大不同。但像明朝这样全国上下胡吃海喝的，从古至今在历史上还没有出现过。朱元璋建立明朝之初，以他特有的性格订立了一系列的治国措施，有些甚至可以用“残酷”来形容。比如，严禁宦官干政、规定公款宴请四菜一汤等。吊诡的是，明朝中叶以后，全国上下弊病丛生，宦官把持朝政、锦衣卫一手遮天，官家吃

喝风气大炽。可能连朱元璋自己也没想到，自己建造的十五座大酒楼有这样的“威力”，并对后世产生了这样大的影响。

比方说，明朝中后期，人称天下有“九福”，其中一“福”就是吴越人的“口福”，巨室钟鸣鼎食，人家是有那个经济实力挥霍浪费，但穷人居然也不顾自身经济水平，“捶牛击鲜”“弦歌夜饮”，崇尚时髦、追求享乐的饮食风尚出现普遍化全民化的趋向，这就颇值得思考了。

据史书记载，明朝后期的“吃货们”吃得昏天黑地，十分猖狂放肆，甚至有点变态，以致山河变色。他们在宰杀牲畜时，多以惨酷取味，鹅鸭之属，皆以铁笼罩之，炙之以火，饮之以椒浆，毛尽脱落未死，而肉已熟矣。驴羊之类，皆活割取其肉，有肉尽而未死者，冤楚之状，令人不忍见闻。就是说将鹅鸭关在烧得铁皮滚烫的笼子里头，放碗调了佐料的清水，鹅鸭吃不住烫了就去喝水，如此往复，烫熟的鹅鸭连佐料都不要加（据说新中国成立前大地主刘文彩也这样吃过）。

嘉靖朝的奸相严嵩与其子严世藩，生活奢侈得已接近了登峰造极，日享珍馐百味，不要说餐具理所当然是由金银等贵金属做成，就连尿壶便盆都是用金银打造的。这对父子最大的爱好是设法捞钱，且每当贪赃受贿满一百万两的时候，就在家里大摆宴席以示庆贺。严嵩倒台后，仅从他家抄没的金银酒具就有17000余两，相当于当时明朝三年的国库收入。

上有所好，下必甚焉。地方上官家宴请也就成了迎来送往的主要工作，而官宴除了政府财政负担，官府还想出别的法子转移支付，也就是“吃派饭”，当然，最后费用由基层官员、普通百姓埋单，说到底就是变着法子敲诈勒索。

史载，某次“上级领导”一行人到南京巡视工作。按规定，接待工作由南京行政区域内的上元、江宁两县地方的基层官员“坊长”负责。按照当时每人接待标准一吊（千钱）钱惯例预算，面上的接待费用预算即需一万三千钱。除此之外，领导秘书司机当然是少不了花钱的。领导视察照例还要带上专门的厨师，这也是必须要打点的，否则他们在领导吃的菜里头加点巴豆番泻叶之类，领导吃坏了肚子，账则要算在接待方头上。

视察的领导们用完餐，就开始了游山玩水之类的正式节目，接待方就派人抬着“攒盒”跟着，内置美食预备领导随时野炊，领导如果玩得兴起，再来一个船宴也不是不可能。完事儿接待方还得安排丰富多彩的娱乐节目，这一套下来所耗资财自然不菲。

别看他们自己胡吃海喝，但是接待外宾的伙食可寒酸多了。根据《万历野获编》记载，明朝接待外宾的饭是馊的，肉是臭的。那这是为什么呢？政府不是没拨下银子来啊！实话告诉你，银子是拨下来了，但是都流进了官员的腰包，自己留着吃大饭了，典型的集体腐败！他们腐败，菜和肉就跟他们一起“腐败”了！

明朝末代皇帝崇祯，也曾学太祖吃野蔬粝食。但御膳房想出了变通之法，为他加工野菜那是“门道”多多。“先将菜放在生鹅肚子里入锅闷煮，鹅熟，取出菜，用酒浸一浸，再淋以香油，拌以调料，装盘上桌”。这样一来，原本价格低廉的一盘野菜，实际开支就上涨数十倍，御膳房上下都有得赚。而崇祯皇帝不知道其中的缘由，夹一筷尝尝，嗯，味道还不错嘛，谁说百姓吃糠咽菜苦？于是继续催逼各地饷银、赋税。

1644年，李自成攻入北京，崇祯皇帝于煤山自缢，明亡。

有人分析明朝灭亡的原因，说是有好多种，要我看，明朝其实是被“吃垮”的。因为明朝最后一个皇帝崇祯听信谗言，中了皇太极设下的反间计，将明末杰出军事家、爱国将领，曾任兵部尚书、右副督

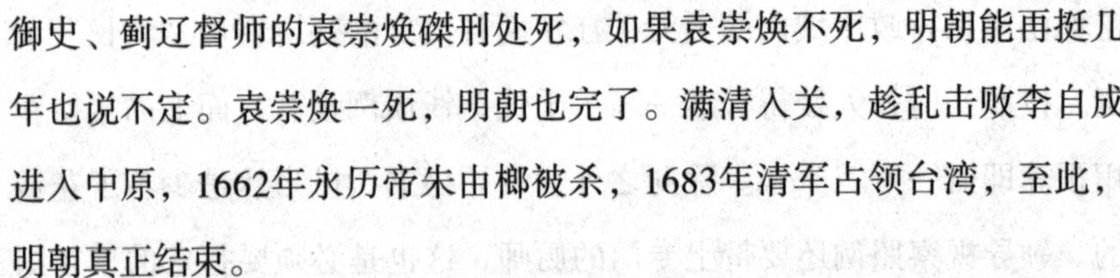

御史、蓟辽督师的袁崇焕磔刑处死，如果袁崇焕不死，明朝能再挺几年也说不定。袁崇焕一死，明朝也完了。满清入关，趁乱击败李自成进入中原，1662年永历帝朱由榔被杀，1683年清军占领台湾，至此，明朝真正结束。

结尾照例总结：明朝美食多，可也不能是这么个吃法，所以说，明朝是被吃垮的。

第十九章　腐败的吃——清朝

一

公元1616年，建州女真部首领努尔哈赤建立后金。1636年，皇太极改国号为清。1644年明末农民将领李自成攻占北京，明朝灭亡。已经崛起的满清趁乱进入中原，击败李自成，随后席卷江南，1662年永历帝朱由榔被杀，1683年清军占领台湾，“明郑”彻底结束。满清入关后定都北京，政治上推行剃发易服，军事上打击农民军和南明诸政权，并逐步统一中国。

从最初的女真到后金，从后金到入主中原，满清一路走来其实并不容易。据记载，最初的女真连铁锅都造不出来，生产力极其低下，就如当初的蒙古人一样。但历史上落后的民族战胜先进民族的例子并不少见。清朝是中国历史上第二个由少数民族建立的统一政权，也是中国最后一个封建帝制国家。

书归正传，咱们还是回到清朝的饮食上来。

清朝统治者源于白山黑水间的东北大地，其饮食习惯是在东北形成的。东北物产丰富，他们的肉食主要来自畜牧的羊、牛、马、骆驼等大牲畜和射猎的禽兽、渔猎的鱼类，当然也包括饲养的猪、鹅、鸭、鸡等。跟其他少数民族一样，最初满族人的烹饪方法并不发达，早在女真时期，满族先世就有在野外狩猎架火烤野味烧陶罐的饮食风俗。到了后金时代，也没有多大起色。可见满清最初的烹调方式还是

以烤、炖为主。这就是最初东北菜的起源。

大盘装菜、大碗盛汤、大锅炖菜对于现代人肯定不陌生，现在在马路上随便问个人，估计都能说出两三个东北菜来，如大拉皮、锅包肉、地三鲜、乱炖、小鸡炖蘑菇、杀猪菜等。其实这都是现代版的东北菜。

东北菜的起源最普遍的说法是从20世纪30年代算起。其实，早在南北朝时期东北菜的雏形就已出现。北魏人贾思勰所著的《齐民要术》中就曾记述了北方少数民族的“胡烩肉”“胡羹法”“胡饭法”等肴馔的烹调方法。可见，那时的北方少数民族的烹调技术已经具有较高水平，但这只是一种烹调方法，还谈不上流派之说。后来随着末代皇帝溥仪在长春建宫，长春便成了管辖八方的政治中心。皇帝自是饮食讲究，皇宫的御膳房中不仅有从北京带來的宫中御厨，许多山东名厨也聚集到北方来。山东厨师善烹鲁菜，这也是北方菜系的主打菜，后鲁菜流出皇宫进入民间。逐渐地，鲁菜等各种外来菜与地方民间菜相融，就形成了今天的东北菜。

由于东北菜发源于少数民族，虽然很容易给人一种粗犷有余、精致不足的印象，现代的高档的宾馆酒楼里也很少有人做东北菜，但真正的东北菜制作方法和用料还是很考究的。因为东北菜兼收了京、鲁、川、苏等地烹调方法之精华，口味以咸为主，重油腻，重色调，这就使菜肴更保持形态完美。由于取料着重选用本地的著名特产，所以更具有地方特色。这其中主要名菜有“红扒熊掌”“飞龙汤”“三鲜鹿茸羹”“美味鼻”“白松大马哈鱼”“白扒猴头”“什锦蛤蟆油”等数百种。

现代“正统的大家”看不上东北菜，但这反而成全了东北菜的“市民菜”“百姓菜”形象。在“八大”菜系里面，东北菜没有排上号，但这并没有妨碍经营东北菜饭馆的生意。

书归正传。当年东北满族淳朴的食风、简单的饮食方式随着清朝皇室入关，也来到了北京城。入关之初，满族贵族初次登上统治地位，需要本民族的武装力量维护刚刚取得的权力。因此，用民族传统意识和民族传统风俗加强民族凝聚力，是清统治者的当务之急。所以，满清统治者一方面钦定中国传统的儒学、理学为“正学”，使其在文化思想领域占据统治地位，稳定和笼络汉族知识分子，另一方面又积极地制定一系列防止汉化的措施。其中就包括服饰、发式、礼仪、饮食习惯等方面，以此来加强满族八旗官兵的凝聚力，来保持与皇室的向心力。所以，无论是清朝宫廷御膳，还是皇帝赏赐有功之臣的吃食，大都保留了满族传统。

清初，满清人的饮食原料、物料仍以东北特产的粮、肉、蛋、菜为主。每到年底仍旧尊关外风俗，行“狍鹿赏”。就是向满、蒙、汉八旗军的有功之臣颁赐东北老家产的山珍野味。并在北京城内分设关东货场，专门出售东北的狍、鹿、熊掌、驼峰、鲟鳇鱼等土特产，使远离家乡故土的八旗士兵和眷属身在异地，也能够吃到家乡风味。正如清人李声振在《北京竹枝词》中所写的那样：关东货始到京城，各路全开狍鹿棚。鹿尾鲤鱼风味别，发祥水土想陪京。

但是，清代宫廷生活在北京这块土地上，必然也要受到北京风土人情、饮食时尚的影响。而且，清王朝统治者与历代封建统治者一样，亦有着王天下者食天下的强烈愿望，对天下的美味食品倾注了极大的热情。

清初的顺治、康熙两朝，在以故乡“关东货”为主要饮食的同时，也效法明代宫廷以“尝鲜”为由，按季节征收天下贡品。江南的鲜鱼虾蟹、两广的瓜果蜜饯、山东的苹果、山西的核桃、直隶的蜜桃、鸭梨、陕甘的花皮瓜、新疆的奶子葡萄等特产，都成为满清的宫廷的美食。真是天下美食，南北大菜，尽情享用。这其中最具代表性

和特殊性的就是皇宴饮食。

跟所有的统治者一样，清朝的皇亲国戚、王公大臣也喜欢大摆筵席，而且比以前的朝代更甚。据记载，清宫筵宴名目繁多，排上队，能从年初吃到年尾。除元旦、万寿（皇帝生日）、冬至三大节日筵宴之外，还有庆祝征战胜利的凯旋宴、笼络臣民的千叟宴、皇帝大婚宴、公主下嫁宴、招待朝鲜使臣和西藏贡使及蒙古王公等的除夕宴、皇太后圣寿宴、皇后千秋宴、各嫔妃的生辰筵宴、皇子皇孙的成婚礼宴、宗室家宴，此外还有各种节令宴等。

那这么多宴会，都有什么风味儿呢？据记载，清朝的御膳主要由三种地方风味及菜系组成。满族菜是从小吃惯了的民族口味，各种肉类及野味、粘食饽饽、蘸酱菜等都是皇帝后妃难舍的美食。入主中原后，清宫沿袭了明代宫廷饮食特色，膳食逐渐以山东风味为主。到了乾隆年间，由于数次南巡，苏杭菜点受到赏识并在宫中流行起来。这其中最具代表性的就是总结汲取中国传统饮食文化的精华、登峰造极、集天下菜系风味于一身的宫廷饮食“满汉全席”。

“蒸羊羔，蒸熊掌，蒸鹿尾儿，烧花鸭，烧雏鸡儿，烧子鹅，卤煮咸鸭，酱鸡，腊肉，松花，小肚儿，晾肉，香肠，什锦苏盘，熏鸡，白肚儿，清蒸八宝猪，江米酿鸭子，罐儿野鸡，罐儿鹌鹑，卤什锦，卤子鹅，卤虾，烩虾，炝虾仁儿，山鸡，兔脯，菜蟒，银鱼，清蒸哈什蚂，烩鸭腰儿，烩鸭条儿，清拌鸭丝儿，黄心管儿，焖白鳝，焖黄鳝，豆豉鲇鱼，锅烧鲇鱼，烀皮甲鱼，锅烧鲤鱼，抓炒鲤鱼，软炸里脊，软炸鸡，什锦套肠，麻酥油卷儿，熘鲜蘑，熘鱼脯儿，熘鱼片儿，熘鱼肚儿，醋熘肉片儿……

听着耳熟吧！跟大家一样，对于满汉全席的菜单，我最开始还是听相声知道的。我们最常听到的相声《报菜名》，报的就是满汉全席。

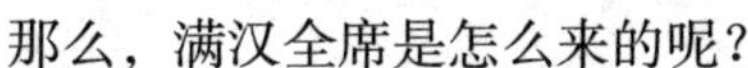

那么，满汉全席是怎么来的呢？

满清入主中原以后，汲取了元朝灭亡的教训，加强了民族融合，虽然也有自己的民族政策，但是比起元朝来，已经有了很大的进步。

关于满汉全席的起因，有人说，是清朝民间商贾为了赚钱盈利而意想编造的；还有人认为是清朝皇帝所举办的国宴；更多的则认为是清末慈禧为了豪奢所做。但是，我要告诉大家，这些说法都是不正确的。满汉全席，其实是孕育于满族入关，处于北京这个政治历史的背景中，其渊源可以追溯到康熙以后清宫中的“满席”和“汉席”。

满清入关之初，他们的饮食习惯还保持着传统的民族特色。随着清王朝的强大和昌盛，满族统治者在饮食上十分考究。在康熙至乾隆时期，朝局鼎盛。据《大清会典·光禄寺则例》记载：当时光禄寺举办的各类宴席中就已经分为“满席”和“汉席”了。其中满席分为六等，汉席分为三等，每等满席和汉席所用的原料的数量、饽饽用料定额、干鲜果品定额等，都有明确的规定。光禄寺办的各种宴席，或是满席，或是汉席，满汉共宴的情况是没有的。从清代史籍和目前出版的有关回忆清宫帝王的生活资料中也没有发现关于满汉共筵的记载。不难理解，在民族等级森严的清宫中，清朝统治者是不允许以任何形式把其他民族与满族并列在一起的。

不过话又说回来，满清也是少数民族，物产虽然比蒙古人丰富，但是跟中原或是江南比还是有较大的差距。早期的满清，生产力极其低下，吃的也肯定好不到哪里去。但江南精细的美食，无时无刻不在诱惑着清朝皇帝的味蕾。所以，御厨们为了满足皇帝的口福，把这两者有机地结合起来，就诞生了最初的满汉全席。

清朝中叶，康熙帝在位60多年间，清政府奖励垦荒屯田，重视兴修水利，多次减免租税，经济逐步得到恢复和发展。雍正帝继承父业，社会经济继续发展，到乾隆时期，社会经济呈现繁荣景象。历史上称这一时期为“康乾盛世”。

当时，豪华宴会在官府中风靡一时，满、汉官员之间也经常互相宴请。满官宴请汉官用汉菜，汉官宴请满官用满菜。因此，后来为了省事儿，就将满汉全席有选择的汇聚于一席，以示不分彼此。一些外出上任的官员，多带有技艺高超的厨师，于是又将这种形式传到外埠，并在流传中不断吸取各地民间筵宴和饮食中的精华，以致又衍生出“小满汉席，新满汉席”等之分，其中还有藏、蒙、回等民族的菜肴。

满汉全席最初在一些上层官府中盛行，乾隆下江南的时期已在民间的市肆酒楼饭店中广为流传。

乾隆甲申年间（1746年），江苏省仪征县有位叫李斗的人，著有《扬州画舫录》，其中记有一份满汉全席食单——这可以说是关于满汉全席最早的记载。这部书是李斗身居扬州期间，根据自己目之所见、耳之所闻写成的。虽然真实性有待考证，但扬州当时是一座繁华的城市，又是乾隆皇帝多次游览的地方，因此，满汉全席在当时的扬州出现也是不足为奇的。

另一部记载满汉全席的书，是乾隆朝诗人袁枚所著的《随园食单》。其中说道：今官场之菜……又有满汉全席之称……用于新亲上门，上司入境。由此可见，满汉全席最初的形成大约在乾隆时期，最初是始于官府之中。

由满汉全席我们可知，清朝的统治者是比较成功的，最少比起蒙古人要成功得多。蒙古人入主中原后，还特立独行地保持着自己的饮食传统，但满清不一样，他们注重吸收新鲜血液，虽然在建国初期还保持着自己的传统，但随着统治者观念的转变，注意到了民族融合，可以说，满汉全席就是民族融合的代表，正是民族的融合才造就了满汉全席。

满汉全席光主要大菜就有56种之多，相声里说的那些个“毛菜、压桌的枯果、鲜果”不算。第一份：头号五簋、碗十件。包括：燕窝鸡丝汤、海参烩猪筋、鲜蛏萝卜丝汤、海带猪肚丝羹、鲍鱼烩珍珠菜、淡菜虾子汤、鱼翅蚌蟹羹、麻姑煨鸡、辘辘锤、鲨鱼皮鸡汁羹、血粉汤。第二份：二号五簋、碗十件。包括：鲫鱼舌烩熊掌、米糟猩唇、烩猪脑、假豹胎、蒸驼峰、梨片拌果子狸、蒸鹿尾、野鸡片汤、风猪片子、风羊片子、兔脯奶房签。第三份：细白羹碗十件。包括：炖猪肚、假江瑶、鸭舌羹、鸡笋粥、猪脑羹、芙蓉蛋、鹅肫掌羹、假斑鱼肝、糟蒸鲥鱼、西施乳、文思豆腐羹、甲鱼肉片子汤、茧儿羹。第四份：毛血盘十件。包括：獾炙、哈尔巴、小猪子、油炸猪羊肉、挂炉走油鸡、挂炉走油鹅、挂炉鸽（月霍）、猪杂什、羊杂什、燎毛猪羊肉、白蒸猪羊肉、白蒸小猪子、白蒸小羊子、白蒸鸡仔、白蒸鸭仔、白蒸鹅仔、白面饽饽、梅花包子、什锦火烧。第五份：洋碟二十件、热吃劝酒二十份……

在中国，清代帝、后的饮食可称得上“中国宫廷之最”。这由清代宫内御膳房的“八珍”就可以看出来。

据载，清代的“八珍”有“参翅八珍”、“山水八珍”和“四八珍”三个版本。

咱们先介绍“参翅八珍”。“参翅八珍”是参（海参）、翅（鱼翅）、骨（鱼明骨，也称鱼脆）、肚（鱼肚）、窝（燕窝）、掌（熊掌）、筋（鹿筋）、蟆（哈士蟆）。“参翅八珍”中海产品的比例占半数。

第二个版本“山水八珍”。“山八珍”包括：熊掌、鹿茸、犀鼻（或象拔、犴鼻）、驼峰、果子狸、豹胎、狮乳、猴脑；“水八珍”包括：鱼翅、鲍鱼、鱼唇、海参、唇边（鳖的甲壳外围裙状软肉）、干贝、鱼脆、哈士蟆。

第三个版本是满汉全席的“四八珍”。即山八珍：驼峰、熊掌、猴脑、猩唇、象拔（象鼻）、豹胎、犀尾、鹿筋；海八珍：燕窝、鱼翅、大乌参、鱼肚、鱼骨、鲍鱼、海豹、狗鱼（娃娃鱼）；禽八珍：红燕、飞龙（产于东北山林中的一种叫榛鸡的鸟）、鹌鹑、天鹅、鹧鸪、彩雀（可能是孔雀）、斑鸠、红头鹰；草八珍：猴头（菌）、银耳、竹荪、驴窝菌、羊肚菌、花菇、黄花菜、云香信（香菇中的一种）。

其实，清代宫内御膳房内不光有“八珍”，据野史记载，还有“八样”。“八样”又分“海味八样”和“动物八样”。“海味八样”有：鱼翅、海参、鱼肚、淡菜（干贻贝肉）、干贝（干扇贝肉）、鱼唇、鲍鱼、鱿鱼；“动物八样”包括：熊掌、象鼻、驼峰、猩唇、鹿尾、猴脑、豹胎、燕窝。

虽然这三个版本的“八珍”跟“八样”有些重复，但已能反映出清代宫内御膳房内的珍贵烹饪原料的多样性。所以说清代宫廷的膳食在食物的色、香、味及数量上都达到了历史的巅峰。

清代内务府的档案《起居注》里保存了很多皇帝的膳食清单，这些清单的内容非常详细，皇帝今天在哪里用膳，吃了哪些菜品，每道菜品用什么器皿盛放，做了多少量，都记载得非常清楚。有兴趣的朋友不妨去图书馆借阅。

书归正传。通常，皇帝每餐要有20多道菜肴，4种主食，两种粥（或汤）。菜肴以鸡、鸭、鱼、鹅、猪肉和时令蔬菜为主，以山珍海鲜、奇瓜异果等为辅。皇帝吃的米是专门培育的黄、白、紫三色米，以及各地进贡的上等“贡米”。同时，各地方的行政首脑每年还要按规定的数量上交鹿、狍、鹿尾、鹿舌、鹿筋、熊、野猪、野鸭、虎骨、鹅、腊猪、咸鱼、鲟鳇鱼、鲈鱼、栾色鱼、乳酒、乳油、燕窝、鱼翅、海参等。此外，蒙古王公还要进献黄羊等，山珍海味那是应有

尽有。

溥仪6岁时的一份早膳，菜谱如下：口蘑肥鸡、五绺鸡丝、炖白肉、炖肚肺、肉片炖白菜、黄焖羊肉、羊肉炖菠菜豆腐、樱桃肉山药、驴肉炖白菜、羊头片氽小萝卜、鸭条溜海参、样丁溜葛仙米、烧茨菰、肉片焖玉兰片、羊肉丝焖跑哒丝、炸春卷、黄韭菜炒肉、熏肘花小肚、卤煮豆腐、熏干丝、烹掐菜、花椒油炒白菜丝、五香干、祭神肉片汤、白煮塞肋、烹白肉。

有人又要问：皇上一个人吃个早点就这么多花样，那皇上一大家子人，吃饭得花多少钱啊？据《起居注》记载，皇上的份例菜，肉每天22斤、计30日份例共660斤，其中：汤肉5斤，共150斤；猪油1斤，共30斤；肥鸡2只，共60只；肥鸭3只，共90只；菜鸡3只，共90只。太后和贵妃的份例，太后：肉1860斤，鸡30只，鸭30只；瑾贵妃：肉285斤，鸡7只、鸭7只；瑜皇贵妃：肉360斤、鸡15只、鸭15只；珣皇贵妃：肉360斤、鸡15只、鸭15只。如果把宫内的大臣、侍卫等算进去，一个月要猪肉31844斤，猪油840斤、鸡鸭4786只，加上鱼虾蛋品，一个月花销14794两白银，这还不算果品，饮料等。

根据记载，慈禧太后一餐通常有一百多道菜品，用来盛放食物的食器和餐具也非常考究。饭前，先进食瓜果、茶。在菜品中，猪肉类约有10种，鸡肉、鸭肉、羊肉各有数种，烤、蒸、炒等烹调方法俱全，御厨们还要绞尽脑汁，将菜品摆放成龙、凤、蝴蝶、花卉等各种吉祥的图案，或拼成“福”“寿”“万年”“如意”等字样。

那做这么多美食需要多少人呢？根据档案记载，清代管理皇帝膳食的机构有内务府下属的御膳房、御茶房、内饽饽房、酒醋房、菜库等。其中仅御膳房就有正副尚膳、正副庖长以下370余人及太监数十人。

据德龄撰写的《慈禧太后的秘密生活》介绍，慈禧有一次坐火车

去奉天，为了保证她在火车上的伙食水平不降低，火车上光做饭用的炉灶就摆了50个，每个炉灶上配一名大厨和一名专管生火的小厨。经过这些大、小厨师们的共同努力，才保证了慈禧在火车上也能每顿饭都吃上100道菜。

老佛爷哪能吃得了那么多菜？其实，仅仅因为她是太后，或者说她掌握着清廷实权，喜欢摆谱罢了。那么，慈禧摆谱得花多少钱呢？有资料证明：慈禧每天的生活费需白银4万两。光吃的一项就得花费近1万两白银，我大致算了一下，老佛爷一个月的伙食费就相当于一艘战列舰，因为当时英国和德国制造的最先进的战舰每艘售价才25万两白银。正如曾给慈禧画像的美国画家卡尔女士在《慈禧写照记》中所说：中国皇帝之尊严，仅次于天。臣下以犬马声色奉者，自然穷奢极侈，惟恐不得主上之欢心。而皇帝则自以为贵为天子，富有天下，区区数千百万金之供奉，自亦无所用其顾惜也。

清朝的统治者比以往朝代的统治者更注重美食。

鲥鱼是生活在今江苏南京、镇江一带季节性很强的鱼种，每年春季溯江而上，初夏时洄游繁殖。据《食鉴本草》记载：鲥鱼每年初夏时则出，月余不复有也。因此鲥鱼身价倍增，成为江南特产。自明代起，皇帝就把鲥鱼列为皇家贡品。而清朝的皇帝也继承了这个传统。

第一网鲥鱼就要送满清皇帝尝鲜。当桃花盛开的时候，宫廷要举行“鲥鱼盛会”，届时皇帝会赐文武百官一同品尝。虽说鲥鱼味道鲜美，但运送鲥鱼是一件非常辛苦费钱的事情。明朝的航运业发达，大运河由南京直通北京，运送鲥鱼用船也很多。据《大明会典》记载，当时南京用于运送鲥鱼的专船就有十四艘。当然，这种船不是普通的船，而是冰船。清朝，由于大运河堵塞，加之航运不发达，所以就用快马，并在沿途设冰窖、鱼场保鲜。镇江到北京约三千里路程，官府限定22个时辰（44小时）送到。为争取时间，鲥鱼捕捞出水后，即刻装入特制的带冰木匣之中，由专人“飞骑传京”，送鱼人在途中马歇人不歇，只准许吃鸡蛋充饥。常常是“三千里路不三日，知毙几人马几匹？马伤人死何足论，只求好鱼呈圣尊”。为了吃条鱼，不知道要花去多少白银，大有苏轼《荔枝叹》中描述当年杨贵妃吃荔枝的情景：飞车跨山鹘横海，风枝露叶如新采。宫中美人一破颜，惊尘溅血流千载。

溥仪在《我的前半生》中，对皇家的吃饭也有细致的描写：耗费人力、物力、财力最大的排场莫过于吃饭。关于皇帝吃饭还有一套术语，那是绝对不能说错的。饭叫膳，吃饭叫进膳，开饭叫传膳。何时吃饭，则完全由皇帝自己决定。皇上吩咐一声：传膳！看过清宫电视剧的人都见过，皇上的御前小太监便照样向守在养心殿的太监说一声：传膳！这样一道道传下去，不等回声消失，由几十名穿戴整齐的太监们组成的队伍就走出御膳房，抬着大小七张膳桌，捧着几十个绘有金龙的朱漆盒，浩浩荡荡地直奔养心殿而来，就跟送嫁妆一样。进入明殿，由套上白袖头的小太监接过，在东暖阁摆好。

平日菜肴有两桌，冬天另设一桌火锅，此外有各种点心，米膳、粥品三桌、咸菜一桌。餐具上绘着龙纹和写着“万寿无疆”字样的明黄色瓷器。冬天则是银器，下拖以盛有热水的瓷罐，主要是为了保温。而且每个菜碟或菜碗都有个银牌，上书某某人制作云云，这是为了戒备下毒而设的。并且为了同样的原因，菜送上来之前都要经过一个太监尝过，叫作尝膳太监。在这些都尝过的东西摆好后，皇帝入坐前，一个太监高喊：打碗盖！其余小太监将银牌子撤下，皇帝开始就餐。看这排场，人家那才叫“进膳”，老百姓就只能叫“吃饭”了。

满清的皇帝非常注重健康，注重养生。

据记载，乾隆皇帝就经常服用龟龄酒、松龄太平春酒、健脾滋肾状元酒，晚年还常吃“八珍糕”。慈禧中年后也开始饮如意长生酒，

此酒除风祛湿，化食止渴，疏通血脉，强筋壮骨，是保健佳品。

据统计，在我国的历史上，前后有230多个皇帝，短命的多，长寿的少。就是那位以长寿著称的乾隆皇帝也就活了89岁。乾隆帝之所以能成为大清朝长寿皇帝，是因为跟别的皇帝饮食喜好不同。据记载，乾隆皇帝的膳食粗细搭配、粮菜互补，十分合理。如此看来，吃啥不重要，重要的是得搭配合理才行。

清朝皇宫的人讲究吃，官宦家庭也讲究吃，清朝著名文学巨著《红楼梦》里就记述了皇亲国戚、世代簪缨、金陵望族的贾府的饮食，这里面的主子像贾母、王夫人、王熙凤、贾宝玉等人个个娇贵无比，他们的饮食生活真可以说是炊金馔玉、穷极奢华。在《红楼梦》中，曹雪芹用了将近三分之一左右的篇幅描述众多人物丰富多彩的饮食文化活动。就其规模而言，则有大宴、小宴、盛宴；就其时间而言，则有午宴、晚宴、夜宴；就其内容而言，则有生日宴、寿宴、冥寿宴、省亲宴、家宴、接风宴、诗宴、灯谜宴、合欢宴、梅花宴、海棠宴、螃蟹宴；就其节令而言，则有秋宴、端阳宴、元宵宴；就其设宴地方而言，则有芳园宴、太虚幻境宴、大观园宴、大厅宴、小厅宴、怡红院夜宴等，真是令人闻而生津。

据研究者统计，《红楼梦》中，描写到的食品多达186种，包括主食、点心、菜肴、调味品、饮料、果品、补品补食、外国食品、洗浴用品9个类别。其中主食原料11种，食品10种，点心17种，菜肴原料31种，食品38种，调味品8种，饮料23种，果品30种，补品补食10种，外国食品7种，洗浴用品4种。这186种食品有的详写，有的略写，有的随文而出，有的精心安排，名目繁多，精妙绝伦。更重要的是，曹雪芹在写这些饮食生活的时候，总是结合原料产地、烹饪技术、生活习惯、民俗风情、礼仪制度、历史掌故……从而赋予饮食以文化的形式和内涵，显示了一种高雅的、诗意化的生活方式。

其中在《红楼梦》第四十一回，凤姐奉贾母之命，挟了些茄鲞给刘姥姥吃，刘姥姥吃了说：别哄我，茄子跑出这味儿来，我们也不用种粮食，只种茄子了。对于这道菜的做法，凤姐向刘姥姥进行了较为详细的介绍：把茄子刨了皮，切成丁，用鸡油炸了，再用鸡胸脯子和香蕈、新笋、蘑菇、五香豆腐干、各色干果切成丁，拿鸡汤煨干，将香油一收，外加糟油一拌，盛在瓷罐子里封严，要吃时，拿出来用炒的鸡瓜子一拌，就是你吃的茄子。

一道烧茄子能想到极致，做到极致，的确是烹饪的极致。由此可见，粗菜细做，家常菜细做，正是清朝官府菜的一大重要特点。

清朝官宦家庭讲究吃，能吃到不少美食，接下来咱再来介绍一下在清朝跟名人有关的美食。

据说林则徐在广州当钦差大臣时，洋人邀请他吃饭。宴会快结束的时候，送上来最后一道点心，是甜食冰激凌。那时候，冰激凌还很罕见。林则徐见冰激凌冒着汽，以为很烫，就送到嘴边，还用嘴吹了吹。这样一来，在座的外国人哄堂大笑，嘲笑大清钦差没见过世面。林则徐感到受了侮辱，心里非常生气，但是他压住怒火，似乎毫不在意地说：这道点心，外面像在冒热气，其实是冷冰冰的，今天，我算是上了一次当。

过些天，林则徐在府上设宴回请，回敬上次参加宴会的那些外国人。宴席上，端上来一道道中国名菜，那些外国人一个个张大嘴巴狼吞虎咽。他们一边吃喝，一边赞不绝口。酒足饭饱之后，有个外国人说：中国菜，好吃得没话可说，只可惜少了一道甜食。

有！林则徐吩咐道：上甜食！话音刚落，一盆槟榔芋泥端上来了。外国人见是甜食，便举起汤匙，兴冲冲地舀着往嘴里倒。这一下，可够那些外国人受的了。他们“啊——”“啊——”，嚷成一片。喉咙里比放块火炭还难受。他们有的挥起手，想伸进嘴巴里抓，

有的按住嘴，泪水直淌。一个个洋相出尽，狼狈不堪。

林则徐不动声色，若无其事地说：这是我家乡福建的名菜，叫槟榔芋泥。这甜食，看上去外面冰冷，内里却滚烫，正好和似热实冷的冰激凌相反。吃的时候，性急不得，性急了就要烫了喉（猴）的！虽然这则故事没有实据可考，但足以说明中华美食博大精深，洋鬼子跟咱斗，只能是自取其辱。

清朝有这么多美食，自然就催生出很多美食家，具有代表性的有两位。

第一位，就是酷爱吃蟹的李渔。史书上记载李渔不但酷爱吃蟹，对此还有特精辟的论述。他说：蟹之为物至美，而其味坏于食之人。以之为羹者，鲜则鲜矣，而蟹之美质何在？以之为脍者，腻则腻矣，而蟹之真味不存。更可厌者，断为两截，和油、盐、豆粉而煎之，使蟹之香与蟹之真味全失。此皆似嫉蟹之美观，而多方蹂躏，使之泄气而变形者也。

李渔认为最好的做法是以全蟹放在笼屉里蒸熟，贮以洁白如冰的大盘之中，而且必须亲自剥着吃，让别人代劳味同嚼蜡，自己从蟹腿、蟹螯乃至躯壳一点一点剥着吃，仔细品尝，其乐无穷。

李渔号笠翁，被称为中华五千年第一风流文人，原籍浙江兰溪，生于雉皋（今江苏如皋），著有很多作品，其中为我们厨界所熟悉的就是《闲情偶寄》。

《闲情偶寄》又叫《笠翁偶集》。这是李渔一生艺术、生活经验的结晶。《闲情偶寄》分为词曲、演习、声容、居室、器玩、饮馔、种植、颐养八部，共有234个小题，堪称生活艺术大全、休闲式百科全书，是中国第一部倡导休闲文化的专著。更值得称道的是《闲情偶寄》中的“饮馔部”，这是李渔讲求饮食之道的专著。他主张于俭约中追求饮食的精美，在平淡处得生活之乐趣。其饮食原则可以概括为

24字诀，即：重蔬食，崇俭约，尚真味，主清淡，忌油腻，讲洁美，慎杀生，求食益。这正表现了中国传统文化对饮食美的追求。说心里话，对于饮食观，在下最佩服的就是李渔，他的饮食原则正是现代健康饮食的精髓。

介绍了李渔，咱再来说说清朝的另外一位美食家——袁枚。袁枚（1716—1797）是清代诗人、散文家。字子才，号简斋，晚年自号仓山居士、随园主人、随园老人。汉族，钱塘（今浙江杭州）人。袁枚自称：好味、好色、好房、好游、好友、好画草泉石、好名人字画、好书。人送绰号"八好"先生（比那位明朝的张岱少四好，那位是十二好）。

袁枚乾隆四年（1739年）进士，历任溧水、江宁等县知县，有政绩，四十岁即告归。在江宁小仓山下筑随园，吟咏其中。广收诗弟子，女弟子尤众。袁枚是乾嘉时期代表诗人之一，与赵翼、蒋士铨合称"乾隆三大家"。袁枚为文自成一家，与爱吃肥肉的纪晓岚齐名，时称"南袁北纪"。

吃，是一种享受；会吃，却是一门学问；写吃，更是吃的最高境界。因为并非所有人都能把到嘴的美味佳肴说出个一二三，讲得头头是道。而提笔写吃，写得让人读起来津津有味，口舌生香，那更是一个美食家的最高境界。袁枚就是这样一位美食家，他写了一本前无古人后无来者的著名食经——《随园食单》。

《随园食单》是一部系统地论述烹饪技术和南北菜点的著作，《随园食单》出版于乾隆五十七年（1792年），全书分为须知单、戒单、海鲜单、江鲜单、特牲单、杂牲单、羽族单、水族有鳞单、水族无鳞单 、杂素单、小菜单、点心单、饭粥单和菜酒单十四篇。在须知单中提出了既全且严的二十个操作要求，在戒单中提出了十四个注意事项。接着，用大量的篇幅详细地记述了我国从十四世纪至十八世纪中流行的

326种南北菜肴饭点，也介绍了当时的美酒名茶，从选料到品尝都有所叙及。

从中可以看出，中国菜肴几百年来没有多少根本性的变化，他推崇的美食，如今仍然广受追捧，非常实用。《随园食单》是提高烹饪技术、研究传统菜点以及烹制方法的指导性史籍。自问世以来，这部书长期被公认为厨者的经典参考文献，此书不但在中国发行，而且英、法、日等大语种也均有译本。至今，淮扬菜、本帮菜、杭菜、徽菜，万变不离其宗，都跳不出这本《随园食单》。

《随园食单》文字简单清爽，人人都可照着去做，有趣的是，作者还将某菜做法出自何人何家大都写了出来。实在是一本美食家和厨师的必读之书。此书在美食界和厨师界享有很高的地位，据说没读过此书者都妄称美食家、名厨。

值得一提的是《随园食单》里的“茶酒单”篇，此篇对于南北名茶均有所评述，此外还记载着不少茶制食品，颇有特色。其中有一种“面茶”，即是将面用粗茶汁熬煮后，再加上芝麻酱、牛乳等佐料，面中散发淡淡茶香，美味可口。而“茶腿”是经过茶叶熏过的火腿，色泽火红，肉质鲜美而茶香四溢。由此可以看出，袁枚是一个对茶、对饮食有相当研究的人。

有人说《随园食单》里好多做菜方法是袁枚听来的，他自己并不会做菜。也有人说，袁枚只能算是一名美食家，而不能说是烹饪家，因为他本人并不会厨艺。对此，袁枚在《随园食单》须知单中开宗明义地说：学问之道，先知而后行，饮食亦然，作须知单。

那么，袁枚到底会不会做菜呢？我的回答是：会，肯定会。比如，袁枚对燕窝的做法就有独到的论述：燕窝贵物，原不轻用。如用之，每碗必须二两，先用天泉水泡之，将银针挑去黑丝。用嫩鸡汤、好火腿汤、新蘑菇三样滚之，看燕窝变成玉色为度。此物至清，不可

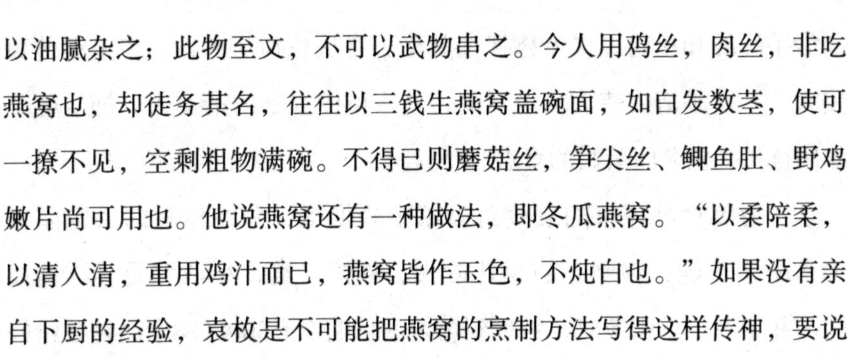

以油腻杂之；此物至文，不可以武物串之。今人用鸡丝，肉丝，非吃燕窝也，却徒务其名，往往以三钱生燕窝盖碗面，如白发数茎，使可一撩不见，空剩粗物满碗。不得已则蘑菇丝，笋尖丝、鲫鱼肚、野鸡嫩片尚可用也。他说燕窝还有一种做法，即冬瓜燕窝。“以柔陪柔，以清入清，重用鸡汁而已，燕窝皆作玉色，不纯白也。”如果没有亲自下厨的经验，袁枚是不可能把燕窝的烹制方法写得这样传神，要说他是一位名厨也不为过。

那么，袁枚会经常亲自下厨吗？我的回答是：肯定不会。人家是“大家”，是不会轻易亲自下厨的！那有人就会问了，不经常实践哪里来那样多的理论知识啊？这你就有所不知了，袁枚府上还真有一位“实干家”，他就是王小余。

史书上记载，王小余是袁枚家的掌勺大厨师，是一位烹饪专家。他身怀烹调绝技，并有高明丰富的理论经验。他烧的菜肴很精美，所烹制出的菜肴香味散发很远，时人称其：闻其臭香，十步以外无不颐逐逐然。虽然古人善于夸张，但已能反映出王小余的烹调水平之高。

另外，王小余对于烹饪技艺也颇有研究，发表过一系列高见，这些技术上的真知灼见对袁枚影响很大。其实，《随园食单》上的很多篇幅是得力于王小余的见解。

袁枚很喜欢王小余，对他的要求亦很严。王小余死后，袁枚为了纪念这位优秀厨师，还专门写了一篇《厨者王小余传》。在《厨者王小余传》结尾，袁枚写道：未十年卒。余每食必为之泣，且思其言，有可治民者焉，有可治文者焉。为之传以咏其人。可见袁枚对王小余喜爱至深。自此，王小余则成为我国古代唯一死后有传的名厨师。历史上别人给写生平传记的人物并不少见，但作为一个厨师能让人写传记，那就真是不简单了。

书归正传。在清朝，跟袁枚有关的还有另一位名厨——萧美人。

“妙手纤纤和粉匀，搓酥糁拌擅其珍。自从香到江南日，市上名传萧美人。”这是清代诗人吴煊写的诗句，诗中提到的萧美人，即清乾隆年间杭州一位名叫萧娘的女点心师。

作为美食品评家的袁枚对萧娘十分推崇，并在他写的《随园食单》中盛赞她：善制点心，凡馒头、糕饺之类，小巧可爱，洁白如雪。并于一年重阳节时，特地到萧娘家订购点心3000件8个品种赠给好友，可见其烹饪技艺之高。

据传，萧娘年轻时还是一位美女，有不少诗词中赞美她：昔年丰姿，面如夹岸芙蓉，目似澄澈秋水。说她少年时，美到了令人嫉妒的程度，即便是徐娘半老时，也“芳名犹重”。她的手艺高超，“出自婵娟气巧楼，遂将食品擅千秋。”其点心之味美，使人“流舷馋煞老饕牙”。即使年过50，技艺精湛仍不减当年，其“贵比金”。像这样人美艺高的女点心师，古往今来，实在少见。

以上介绍的这几位，都是正统经典式的人物，咱们再来介绍一个在清朝对美食有着不一样品评的“怪人”，他就是金圣叹。

金圣叹是明末清初人，著名的文学家、文学批评家，为人处世很幽默。

话说顺治十八年（1661年）二月，五十四岁的金圣叹因“哭庙案”入狱，冠上“摇动人心倡乱，殊于国法”之罪。金圣叹在狱中写家书并字付他的大儿子看，说咸菜与黄豆同吃，大有胡桃滋味。同年七月十三日（8月7日）金圣叹于金陵三山街头被处斩时，临刑遗言竟然还是对美食大发感慨，也道出了他对美食的毕生“研究”：豆腐干与花生米同嚼，有火腿味。这老兄真是幽默，都死到临头了，竟然还能有这等想法，真是超级“美食家”了。据说他的首级落地时，耳里滚出两个纸团，上面写着“好”“疼”二字。这位“美食家”幽默了一生，就是临死也没忘了戏言一把，真是令人佩服。

先总结一下：清朝好，有名厨，有美食，其实现代饮食、菜系、风味在清朝已经定型，至今我们也没跳出那时的圈子。

二

在上节里我们介绍了清朝皇亲国戚都吃什么美食，下面咱再来谈谈清朝的普通老百姓吃什么。

我们都知道，但凡美食，那都是有钱人才能吃得起的东西，老百姓在大多数时候都是粗茶淡饭。那么，在清朝，普通老百姓到底吃什么呢？

18世纪末，国势蒸蒸日上的英国人认为他们有充分的底气来与东方巨人——中国握握手了。于是，他们派出一个以著名外交家马戛尔尼勋爵为团长、成员多达700人的庞大使团，于1793年，也就是乾隆五十八年夏天，浩浩荡荡来到中国。英国人对这个神秘的国度充满好奇。他们相信，中国就像马可·波罗游记中所写的那样，黄金遍地，人人都身穿绫罗绸缎。然而，一踏上中国的土地，他们马上发现和他们想象中的完全不一样，是触目惊心的贫困。

清王朝雇用了许多老百姓来到英使团的船上，为英国人端茶倒水，扫地做饭。英国人注意到这些人都如此消瘦，在普通中国人中，人们很难找到类似英国公民的啤酒大肚或英国农夫喜气洋洋的脸。每次接到英国人的残羹剩饭，他们都要千恩万谢；对英国人用过的茶叶，他们总是贪婪地争抢，然后煮水泡着喝。

可以说，使团一路上享受的是乾隆皇帝最慷慨的礼遇。刚到大沽口，两名中国官员带着大量作为礼物的食品在此迎候。这个见面礼出乎英国人意料。过于丰盛的礼物似乎证明了马可·波罗笔下中国的超级富庶。然而，运送食物的中国船只刚刚离开，一个意想不到的场

面出现了：因为中国人送来的食物过多，并且有些猪和家禽已经在路上碰撞而死，所以英国人把一些死猪死鸡从使船“狮子号”上扔下了大海。岸上看热闹的中国人一见，争先恐后跳下海，去捞英国人的弃物。这个细节一下子暴露了中国的尴尬。毫无疑问，乾隆皇帝是中国历史上最伟大的皇帝之一。乾隆统治下的中国，称之为中国历史上最大的盛世，也毫不为过。那么，为什么我们五千年文化结出的盛世，在英国人眼中竟然如此黯淡呢？

其实，我们仔细分析就会发现，这没什么大惊小怪的。在中国，历来有价值的东西就不是物质本身，它通常和人们的身份、地位连在一起，成为身份、地位的象征或炫耀摆谱的资本。而吃，尤其如此。几千年来，中国普通人，尤其是农民，主要食物是粗粮和青菜，肉蛋奶都少得可怜，通常情况下，在春荒之际，都要采摘野菜才能度日，所以才有了英国人看到的一幕幕。其实，在乾隆时代，民众吃糠咽菜的记载比比皆是。

有人会说，乾隆帝不是推广种番薯吗？你说的没错！番薯这种农作物从明代就自美洲经南洋输入我国了。明人徐光启在《农政全书》里就已经详细地记述了番薯的种植、贮藏、加工方法，也讲到了番薯育苗越冬、剪茎分种、扦插、窖藏干藏等技术，应该是最早系统介绍番薯种植法的著作。而到了清乾隆时期，为了应对粮荒，曾经大面积种植番薯。但是番薯也有其弱点，营养低且单一、味道差，可深加工的价值少。作为一时的救急尚可，长期为主食必然导致人的营养不良，面如菜色，身体素质大幅下降，也必然影响人的正常智力发育。乾隆时期的人口数量大爆炸，再加之中国本来就是地少人多的国家，所以说，普通老百姓能吃上番薯，也就算是不错的了。

也有的人说，清朝不是有人发明出了“耐饥丸”吗？咋还不行呢？您不说我倒是忘了，清朝的确有一种“方便”食品叫“耐饥丸”。做法如下：取半锅糯米，炒到发黄，倒石臼里备用。再取半锅红枣，蒸熟后，去皮去核，也倒入石臼中。然后用大杵使劲捣，把石臼里的糯米和红枣捣烂捣匀，捣成糊状，再挖出来，团成鸡蛋大的丸子，铺在苇叶上晒干即成。

清朝李化楠说过：这种耐饥丸最能耐饥，吃一丸，保半天不饿。他在浙江余姚当县令的时候，曾经号召广大群众趁丰年多制些耐饥丸储备起来，遇上灾年战争无粮时，可以取出救荒。可以看出“耐饥丸”的做法还是很讲究的，但那也是粮食，真正有余粮，谁还会做那玩意？这不都是逼的嘛！

其实，大清朝到了道光年间，国情已经是每况愈下，一日不如一日，内忧外患，灾害频生。老百姓衣不蔽体，食不果腹，纷纷铤而走险，揭竿起义。与老百姓相呼应的，就是大清朝官员们的“吃”。大清朝官员们的吃，可谓吃出了花样翻新，吃出了创意新颖，吃出了空前绝后。袁枚在《续新齐谐》里记录了一则河道总督赵世显与里河同知张灏斗富的故事。

跟晋朝石崇王恺斗富不同，这二位比赛宴会点灯，甚至不惜动用军队。赵世显，自康熙四十七年（1708年）十一月从山东巡抚任上调河道总督，至康熙六十年（1721年）十二月被免去河道总督一职，在任十三年。对于正二品大员的赵世显来说，虽然年俸银仅有一百五十两，可挥霍吃喝已算作是“小菜一碟”，珍奇古玩更是入眼的亦无几何。而敢于斗富的同知张灏，则区区正五品而已。袁枚虽然没有正面描摹酒宴的丰肴佳馔，却尽力铺陈灯烛的奇巧奢靡，由此，我们不难窥见清朝官吏侈汰的吃喝风。况且，仅凭官吏的俸银，是无法应付这种狂吃胡喝的。

光绪重臣李岳瑞在《春冰室野乘》中说：南河岁修经费，每年五六百万金，然实用之工程者，不及十分之一，其余悉以供官吏之挥

霍。一时饮食衣服，车马玩好，莫不斗奇逞巧，其奢汰有帝王所不及者。书中还详细辑录了道光年间南河河道总督的数款菜式。其选料、烹饪和吃法，无不令人瞠目结舌。

清代咸丰朝重臣年羹尧宴请，据说一次可吃掉几十口猪！先把猪圈起来，让人用藤条不断鞭打猪的脊背。猪不堪忍受，只得拼命跑，一直到累死。然后，取猪里脊两条。据说，此种方法可使猪里脊大量充血，味极鲜美。而“其余皆腥臭不可闻”，弃之河中。吃鹅也有绝招。置鹅于大笼中，下面生火，令鹅跑死。然后取鹅蹼数片。一顿要吃多少只鹅，不敢想象！还有吃骆驼，就更加残忍。先将骆驼绑在树上，烧上一大锅开水，再把滚水浇在驼峰上。待骆驼被烫死，取驼峰食之，余皆弃河中。吸猴脑咱就不说了，想想都觉得恐怖。甚至，制作豆腐也有数十种之多。“且须于数月前，购集材料，选派工人，统计所需非数百金不能餐来其一箸”。一席酒宴，常吃上三天三夜，“故河工宴客，往往酒阑人倦，各自引去，从未有终席者”。而且，十天半个月则来一次宴客，贪污公款吃喝之风恣肆横行。连李岳瑞也不禁哀叹：河如是，普通吏治，益可想见，宜乎大乱之成，痛毒遂遍于海内也。

虽然清朝统治着跟明朝势不两立，但明朝饮食的奢侈却被清朝全盘继承了下来。此时，我不禁想起《左传·训俭示康》中的两句话：俭，德之共也；侈，恶之大也。

贾谊在他的《论积贮疏》中也说：食者甚众，是天下之大残也；淫侈之俗，日日以长，是天下之大贼也。残贼公行，莫之惑之；大命将泛，莫之振救。这句话，倒像是大清朝末期的写照。

当吃不再是为了填饱肚子、增加卡路里，而成为一种饕餮（tāo tìe），一种惯性，一种无节制的攀比时，就像一群食腐动物在疯狂撕咬一具朽尸，结局可想而知！李闯王来，明朝国库里连买子弹的钱都

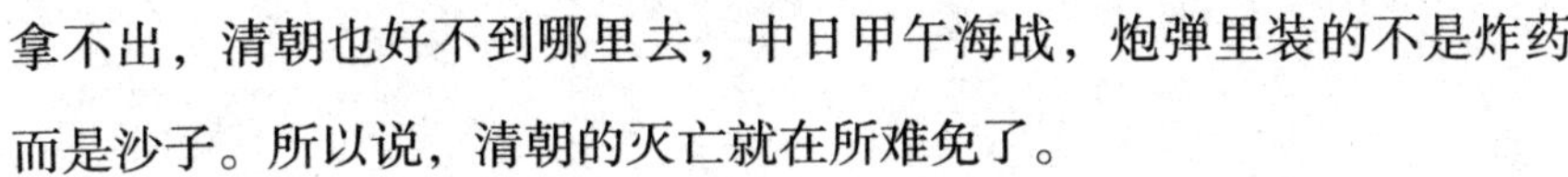

拿不出，清朝也好不到哪里去，中日甲午海战，炮弹里装的不是炸药而是沙子。所以说，清朝的灭亡就在所难免了。

由于内忧外患，1912年2月12日溥仪下诏退位，清朝灭亡。

结尾照例总结：清朝有名厨，有特色美食，其实现代饮食、菜系、风味在清朝已经定型，至今我们也没跳出那时的圈子。不过话说回来，虽然清朝有灿烂的饮食文化，但这并不能阻挡它的灭亡。

后记

说实话，我并不想写后记，因为真的不知该如何谈起，最初我就是想查找一下古代的名菜佳肴，以便开发出一些失传的美食，毕竟我只是厨师，还得吃饭，还得为了自己的饭碗去奔波。但是，在查找资料的过程中，让我发现了许多隐藏在浩森历史烟波中的秘密。

记得有位名人说过：民以食为天。几千年以来，虽然人在变，朝代也在更迭，但还原历史我们都错了。历史并没有变化，原料变了，口味变了，态度变了，但变的这些都是外壳，其实里面什么都没变。从周代共和元年起至今，关于吃的、做吃的著述从未间断过，中国饮食历史之悠久，内容之丰富，是任何国家和民族都望尘莫及的。当然，这么厚重的中华饮食历史并不是我这二三十万字就能说得明白讲得清楚的。当然，事物有美的一面就有丑的一面，对于中华饮食好的一面我们要继承、要传扬，但对于中国饮食文化中的糟粕部分，我们也不必刻意掩饰。

伊尹、彭祖、易牙这些历史名人能让我们铭记，历史上那些名菜佳肴也能让我们铭记，发生在历史上的关于吃喝的事儿更能让我们铭记，历史就像一条流淌的河，再过一千年，还是能让我们铭记。所有发生的，是因为它有发生的理由，能超越口腹之欲的人毕竟还是少数，然而我们终究不能超越，因为我们都得吃。

所有的错误，我们都知道，但终究改不掉。能改的，那是圣人或是出家人，不能改的，叫作普通人或是“饕餮”之徒。

虽然历史不会重演，但肯定还有续集，今后该发生的还是会发生，不该发生的也肯定会发生。记得有位很厉害的历史学家说过：人类从历史中汲取的最大教训就是忘记历史。

我看历史，探究历史，总觉得心里酸酸的，当然，这是直白的说法，文绉绉一点儿讲，就是悲观。我本人虽然也很幽默，但对很多事情都很悲观，因为我经常发现，历史有着惊人相似的地方，无一例外。每一个朝代的建立、崛起和它的没落，跟“吃”都有着千丝万缕的联系。

曾经有人问我，你一个厨师不好好研究菜品，怎么能有闲心了解那么多你不应该了解的东西？我说我不知道。跟我一起炒菜的同行说：吃饱了撑的。我没话说。

不管文章写得如何，但总归是出版了。在此，我要感谢中国纺织出版社卢志林主任对我的帮助，也感谢清华大学饮食中心各级领导对我的支持与鼓励。

最后再跟大家啰唆几句。由于本人不是研究历史的专家，学识较浅，资料有限，文中细节定有不妥之处，这也是我用“侃”字写饮食历史的原因之一，所以，还请方家指教。

最后送一首自己作的小诗给大家，我所要跟大家说的，大致就在其中了吧！

当世俗的眼光无情地扫过我的拙文，
当熊熊的炉火炙热地烤着我的脸庞，
我依然固执地拿起被我遗忘的笔墨，
在无尽的遐想中——寻找未来！
当每天第一缕阳光映在我的窗帘，
当每天橘红色的路灯伴着我晚归，

我依然固执地用长满老茧的双手，
在曲折的人生上写下——坚持就是未来！
我要用热情征服迷茫的前途，
我要用笔杆书写生活的激情，
用激情和坚韧打动未来！
当嘲讽的话语向我扑来，
当飞溅的热油把我烫伤，
我依旧卷起袖管，
烹出人间美味，
用汗水征服人生，
因为——相信未来！
不管人们如何对我，
那些轻蔑的微笑、辛辣的嘲讽，
那些轮回的彷徨、执着的无望，
都是希望的灯塔、真理的坐标。
我坚信未来绝不负我。
不管前路如何崎岖，
不管征程如何艰险，
都要勇往直前！
无须害怕，
无须绝望，
无须犹豫，
因为——路就在脚下！

王俊

2014年3月于清华

参考书目

[1] 丁文．中国通史 天津：天津古籍出版社。

[2] 司马迁．二十四史 天津：天津古籍出版社。

[3] 邱树森．新编中国通史 北京：《光明日报》出版社。

[4] 杜福祥．中国名食百科 太原：山西人民出版社。

[5] 朱伟．考吃 北京：中国书店出版社。

[6] 司马光．资治通鉴 长沙：岳麓书社。

[7] 黎虎．汉唐饮食文化史 北京：北京师范大学出版社。

[8] 吴泽．中国历史大辞典 上海：上海辞书出版社。

[9] 佚名．中国烹饪 北京：中国烹饪杂志社。

[10] 佚名．中国食品 北京：中国食品杂志社。

[11] 佚名．四川烹饪 成都：四川烹饪杂志出版社。

[12] 杜青海．中国黔菜 北京：中央文献出版社。

[13] 胡有名．古代礼制风俗漫谈 北京：中华书局。

[14] 朱锡彭、陈连生．宣南饮食文化 华黎出版社

[15] 王为国．新资治通鉴 北京：《光明日报》出版社。

[16] 李春祥．新编筵席集锦 北京：知识产权出版社。

[17] 李玉莹．食物的往事追忆 桂林：广西师范大学出版社。

[18] 刘枋．吃的艺术 桂林：广西师范大学出版社。

[19] 朱元豪．中国淮扬菜新风集 北京：文化艺术出版社。

[20] 冯梦龙．东周列国志 合肥：安徽文艺出版社。

[21] 冯克诚．中国通史 西宁：青海人民出版社。

[22] 魏洛．中国宰相全传 呼和浩特：内蒙古人民出版社。

[23] 洪世涤．秦始皇 上海：上海人民出版社。

[24] 吴晗．朱元璋传 北京：人民出版社。

[25] 曹雪芹．红楼梦 北京：人民文学出版社。

[26] 吴伟斌．白居易传 哈尔滨：长春出版社。

[27] 赵克尧．唐太宗传 北京：人民出版社。

[28] 武荣益．隋文帝 北京：北京图书馆出版社。

[29] 仲富兰．文化寻根 上海：上海古籍出版社。

[30] 徐亮．知道点中国文化 桂林：贵州人民出版社。

[31] 罗贯中．三国演义 北京：人民文学出版社。

[32] 施耐庵．水浒传 北京：人民文学出版社。

[33] 郭成康．康乾盛世历史报告 北京：中国言实出版社。

[34] 高奇．走进中国民俗殿堂 济南：山东大学出版社。

[35] 刘应斗．中国王侯全传 北京：工商出版社。

[36] 李昊．中国饮食文化 北京：外文出版社。

[37] 王学泰．中国饮食文化史 北京：中国青年出版社。

[38] 杨敏之．中国历史反贪全书 长沙：湖南大学出版社。

[39] 棘青．图说世界饮食文化 长春：吉林人民出版社。

[40] 徐君．妓女史 上海：上海文艺出版社。

[41] 耿洪森．养生秘典 合肥：安徽人民出版社。

[42] 文天行．名人养生精要 成都：巴蜀书社。

[43] 培华．万事由来 天津：天津社会科学院出版社。

[44] 苑华．中华上下五千年 昆明：云南人民出版社。